- 案例名称 证券公司名片设计
- 视频位置 多媒体教学\2.9 证券公司名片设计.avi
- 难易指数 ★☆☆☆☆

- 案例名称 传媒公司名片设计
- 视频位置 多媒体教学\2.10 传媒公司名片设计.avi
- 难易指数 ★☆☆☆☆

- 案例名称 网络公司名片设计
- 视频位置 多媒体教学\2.11 网络公司名片设计.avi
- 难易指数 ★★☆☆☆

- 案例名称 地产公司名片设计
- 视频位置 多媒体教学\2.12 地产公司名片设计.avi
- 难易指数 ★★☆☆☆

- 案例名称 印刷公司名片设计
- 视频位置 多媒体教学\2.13 印刷公司名片设计.avi
- 难易指数 ★★☆☆☆

- 案例名称 社交公司名片设计
- 视频位置 多媒体教学\2.14 社交公司名片设计.avi
- 难易指数 ★★☆☆☆

- 案例名称 课后习题1——卡通名片设计
- 视频位置 多媒体教学\2.16.1 课后习题1——卡通名片设计.avi
- 难易指数 ★★☆☆☆

- 案例名称 课后习题2——运动名片设计
- 视频位置 多媒体教学\2.16.2 课后习题2——运动名片设计.avi
- 难易指数 ★★☆☆☆

- 案例名称 课后习题3——数码公司名片设计
- 视频位置 多媒体教学\2.16.3 课后习题3——数码公司名片设计.avi
- 难易指数 ★☆☆☆☆

- 案例名称 课后习题4——科技公司名片设计
- 视频位置 多媒体教学\2.16.4 课后习题4——科技公司名片设计.avi
- 难易指数 ★★☆☆☆

- 案例名称 折纸按钮
- 视频位置 多媒体教学\3.8 折纸按钮.avi
- 难易指数 ★★☆☆☆

- 案例名称 音量旋钮
- 视频位置 多媒体教学\3.9 音量旋钮.avi
- 难易指数 ★★☆☆☆

- 案例名称 加速图标
- 视频位置 多媒体教学\3.10 加速图标.avi
- 难易指数 ★★★☆☆

- 案例名称 写实收音机
- 视频位置 多媒体教学\3.11 写实收音机.avi
- 难易指数 ★★★☆☆

- 案例名称 存储数据界面
- 视频位置 多媒体教学\3.12 存储数据界面.avi
- 难易指数 ★★★☆☆

- 案例名称 卓云安全大师界面
- 视频位置 多媒体教学\3.13 卓云安全大师界面.avi
- 难易指数 ★★★★☆

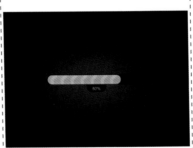

- 案例名称 课后习题1——糖果进度条设计
- 视频位置 多媒体教学\3.15.1 课后习题1——糖果进度条设计.avi
- 难易指数 ★★☆☆☆

- 案例名称 课后习题2——音乐图标设计
- 视频位置 多媒体教学\3.15.2 课后习题2——音乐图标设计.avi
- 难易指数 ★★☆☆☆

- 案例名称 课后习题3——邮箱图标设计
- 视频位置 多媒体教学\3.15.3 课后习题3——邮箱图标设计.avi
- 难易指数 ★★★☆☆

- 案例名称 课后习题4——社交应用登录界面设计
- 视频位置 多媒体教学\3.15.4 课后习题4——社交应用登录界面设计.avi
- 难易指数 ★★★☆☆

- 案例名称 厨卫电器促销POP设计
- 视频位置 多媒体教学\4.4 厨卫电器促销POP设计.avi
- 难易指数 ★★☆☆☆

- 案例名称 商场促销POP设计
- 视频位置 多媒体教学\4.5 商场促销POP设计.avi
- 难易指数 ★★☆☆☆

- 案例名称 音乐主题POP设计
- 视频位置 多媒体教学\4.6 音乐主题POP设计.avi
- 难易指数 ★★★☆☆

- 案例名称 锅具用品POP设计
- 视频位置 多媒体教学\4.7 锅具用品POP设计.avi
- 难易指数 ★★★☆☆

- 案例名称 通信POP设计
- 视频位置 多媒体教学\4.8 通信POP设计.avi
- 难易指数 ★★☆☆☆

- 案例名称 沙滩风情POP设计
- 视频位置 多媒体教学\4.9 沙滩风情POP设计.avi
- 难易指数 ★★☆☆☆

- 案例名称 课后习题1——美食POP设计
- 视频位置 多媒体教学\4.11.1 课后习题1——美食POP设计.avi
- 难易指数 ★★☆☆☆

- 案例名称 课后习题2——节日折扣POP设计
- 视频位置 多媒体教学\4.11.2 课后习题2——节日折扣POP设计.avi
- 难易指数 ★★☆☆☆

- 案例名称 课后习题3——蛋糕POP设计
- 视频位置 多媒体教学\4.11.3 课后习题3——蛋糕POP设计.avi
- 难易指数 ★★☆☆☆

- 案例名称 课后习题4——地产POP设计
- 视频位置 多媒体教学\4.11.4 课后习题4——地产POP设计.avi
- 难易指数 ★★★☆☆

- 案例名称 KTV宣传单设计
- 视频位置 多媒体教学\5.6 KTV宣传单设计.avi
- 难易指数 ★★☆☆☆

- 案例名称 圣诞主题DM单设计
- 视频位置 多媒体教学\5.7 圣诞主题DM单设计.avi
- 难易指数 ★★☆☆☆

- 案例名称 家电DM广告设计
- 视频位置 多媒体教学\5.8 家电DM广告设计.avi
- 难易指数 ★★☆☆☆

- 案例名称 地产DM单页广告设计
- 视频位置 多媒体教学\5.9 地产DM单页广告设计.avi
- 难易指数 ★★☆☆☆

- 案例名称 街舞三折页DM广告设计
- 视频位置 多媒体教学\5.10 街舞三折页DM广告设计.avi
- 难易指数 ★★★☆☆

- 案例名称 课后习题1——博览会DM广告设计
- 视频位置 多媒体教学\5.12.1 课后习题1——博览会DM广告设计.avi
- 难易指数 ★★☆☆☆

- 案例名称 课后习题2——手机DM单广告设计
- 视频位置 多媒体教学\5.12.2 课后习题2——手机DM单广告设计.avi
- 难易指数 ★★☆☆☆

- 案例名称 课后习题3——知识竞赛DM单广告设计
- 视频位置 多媒体教学\5.12.3 课后习题3——知识竞赛DM单广告设计.avi
- 难易指数 ★★☆☆☆

- 案例名称 招聘海报设计
- 视频位置 多媒体教学\6.6 招聘海报设计.avi
- 难易指数 ★☆☆☆☆

- 案例名称 美食大优惠海报设计
- 视频位置 多媒体教学\6.7 美食大优惠海报设计.avi
- 难易指数 ★★☆☆☆

- 案例名称 婚戒海报设计
- 视频位置 多媒体教学\6.8 婚戒海报设计.avi
- 难易指数 ★★☆☆☆

- 案例名称 环保手机海报设计
- 视频位置 多媒体教学\6.9 环保手机海报设计.avi
- 难易指数 ★★★☆☆

- 案例名称 汽车音乐海报设计
- 视频位置 多媒体教学\6.10 汽车音乐海报设计.avi
- 难易指数 ★★★☆☆

- 案例名称 课后习题1——3G宣传海报设计
- 视频位置 多媒体教学\6.12.1 课后习题1——3G宣传海报设计.avi
- 难易指数 ★★☆☆☆

- 案例名称 课后习题2——地产海报设计
- 视频位置 多媒体教学\6.12.2 课后习题2——地产海报设计.avi
- 难易指数 ★★☆☆☆

- 案例名称 课后习题3——草莓音乐吧海报设计
- 视频位置 多媒体教学\6.12.3 课后习题3——草莓音乐吧海报设计.avi
- 难易指数 ★★★☆☆

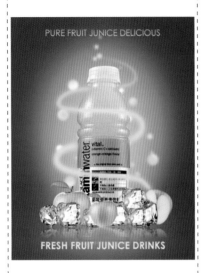

- 案例名称 课后习题4——饮料海报设计
- 视频位置 多媒体教学\6.12.4 课后习题4——饮料海报设计.avi
- 难易指数 ★★★☆☆

- 案例名称 旅游文化杂志封面设计
- 视频位置 多媒体教学\7.7 旅游文化杂志封面设计.avi
- 难易指数 ★★☆☆☆

- 案例名称 潮流主题封面设计
- 视频位置 多媒体教学\7.8 潮流主题封面设计.avi
- 难易指数 ★★☆☆☆

- 案例名称 文艺小说封面设计
- 视频位置 多媒体教学\7.9 文艺小说封面设计.avi
- 难易指数 ★★★☆☆

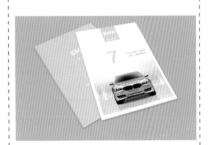

- 案例名称 汽车杂志封面设计
- 视频位置 多媒体教学\7.10 汽车杂志封面设计.avi
- 难易指数 ★★★☆☆

- 案例名称 课后习题1——旅游杂志封面设计
- 视频位置 多媒体教学\7.12.1 课后习题1——旅游杂志封面设计.avi
- 难易指数 ★★☆☆☆

- 案例名称 课后习题2——公司宣传册封面设计
- 视频位置 多媒体教学\7.12.2 课后习题2——公司宣传册封面设计.avi
- 难易指数 ★★☆☆☆

- 案例名称 课后习题3——科技封面装帧设计
- 视频位置 多媒体教学\7.12.3 课后习题3——科技封面装帧设计.avi
- 难易指数 ★★☆☆☆

- 案例名称 课后习题4——工业封面装帧设计
- 视频位置 多媒体教学\7.12.4 课后习题4——工业封面装帧设计.avi
- 难易指数 ★★★☆☆

- 案例名称 节能灯包装设计
- 视频位置 多媒体教学\8.9 节能灯包装设计.avi
- 难易指数 ★★☆☆☆

- 案例名称 法式面包包装设计
- 视频位置 多媒体教学\8.10 法式面包包装设计.avi
- 难易指数 ★★☆☆☆

- 案例名称 果干包装设计
- 视频位置 多媒体教学\8.11 果干包装设计.avi
- 难易指数 ★★☆☆☆

- 案例名称 油鸡包装设计
- 视频位置 多媒体教学\8.12 油鸡包装设计.avi
- 难易指数 ★★★☆☆

- 案例名称　果酱包装设计
- 视频位置　多媒体教学\8.13 果酱包装设计.avi
- 难易指数　★★★☆☆

- 案例名称　咖啡杯包装设计
- 视频位置　多媒体教学\8.14 咖啡杯包装设计.avi
- 难易指数　★★★☆☆

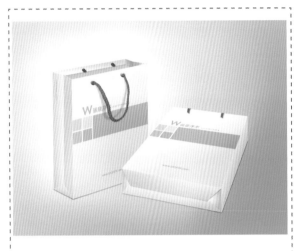

- 案例名称　课后习题1——简约手提袋包装设计
- 视频位置　多媒体教学\8.16.1 课后习题1——简约手提袋包装设计.avi
- 难易指数　★★★☆☆

- 案例名称　课后习题2——巧克力包装设计
- 视频位置　多媒体教学\8.16.2 课后习题2——巧克力包装设计.avi
- 难易指数　★★☆☆☆

- 案例名称　课后习题3——饼干包装设计
- 视频位置　多媒体教学\8.16.3 课后习题3——饼干包装设计.avi
- 难易指数　★★★☆☆

Photoshop CC+ Illustrator CC 平面设计实用教程

水木居士　编著

人民邮电出版社
北　京

图书在版编目（ＣＩＰ）数据

Photoshop CC+Illustrator CC平面设计实用教程 /
水木居士编著. -- 北京 : 人民邮电出版社，2018.1（2024.7重印）
ISBN 978-7-115-46638-9

Ⅰ. ①P… Ⅱ. ①水… Ⅲ. ①图象处理软件—教材
Ⅳ. ①TP391.41

中国版本图书馆CIP数据核字(2017)第272123号

内 容 提 要

本书是一本讲解商业平面设计的全案例教程，在编写过程中从读者角度出发，以深入浅出、直观易懂的写作方式，将 Photoshop 和 Illustrator 软件结合，来讲解平面设计应用案例的制作。

本书主要由平面设计基础知识、商业名片设计、UI 图标及界面设计、艺术 POP 广告设计、DM 广告设计、精美海报设计、封面装帧设计及商业包装设计 8 章组成，技法全面、案例经典，具有较强的针对性和实用性。读者在动手实践的过程中可以学习到设计思路，同时掌握软件的使用技巧，了解不同设计案例的制作流程，充分体验软件学习和平面设计的乐趣，真正做到学以致用。在每个案例的讲解过程中都列出了详细的操作步骤，全面解析案例的制作方法。

本书附赠教学资源，包括书中所有案例的素材文件及效果源文件，同时还包括所有案例及课后习题的多媒体高清有声教学视频，帮助读者提高学习效率。另外，为方便老师教学，本书还提供了 PPT 教学课件，以供参考。

本书适合从事平面广告设计、工业设计、企业形象策划、产品及包装造型、印刷排版等工作的人员及设计爱好者学习使用，还可以作为社会培训学校、大中专院校相关专业的教学参考书及上机实践指导用书。

◆ 编　　著　水木居士
　　责任编辑　张丹阳
　　责任印制　陈　犇
◆ 人民邮电出版社出版发行　　北京市丰台区成寿寺路 11 号
　　邮编　100164　电子邮件　315@ptpress.com.cn
　　网址　https://www.ptpress.com.cn
　　固安县铭成印刷有限公司印刷
◆ 开本：787×1092　1/16　　　　　彩插：4
　　印张：20　　　　　　　　　　　2018 年 1 月第 1 版
　　字数：547 千字　　　　　　　　2024 年 7 月河北第 14 次印刷

定价：49.00 元

读者服务热线：(010)81055410　印装质量热线：(010)81055316
反盗版热线：(010)81055315
广告经营许可证：京东市监广登字 20170147 号

前　言

平面设计也称为视觉传达设计，它是以视觉作为沟通和表现形式，通过多种方式来创造及结合符号、图片和文字来传达想法或信息的视觉表现。平面设计师可以利用视觉艺术、版面制作、计算机软件等方面的专业技巧，来达到创作视觉设计的目的。今天从事平面设计的从业人员越来越多，从业人员的水平参差不齐，其中不乏设计爱好者，他们对设计抱有极大的热情，但缺乏正确的指导，甚至对设计工具的使用水平也高低不一，在这种情况下《Photoshop CC+ Illustrator CC 平面设计实用教程》一书为他们指明了正确的方向。

《Photoshop CC+ Illustrator CC 平面设计实用教程》涵盖了Photoshop、Illustrator的相关知识与技巧，通过对本书中精品案例的学习，可以使读者在与专业的对话之间掌握设计技巧的能力，仅凭本书即可熟练运用Photoshop、Illustrator，在设计创意之旅中得到全方位的提升。

本书采用生动的图文编写形式，将Photoshop、Illustrator两种软件相结合来完成案例的创作，同时将各种设计理论与实际案例融合在一起。通过案例的学习，读者在学习理论知识的同时还能掌握设计软件的操作技巧，真正做到理论与实践并重。

本书的主要特色包括以下4点。

全案例操作：通过Photoshop、Illustrator两种软件全案例操作，使读者从根本上掌握软件及设计知识。

最全面案例：包括基础的商业名片设计、商业海报设计、封面装帧设计等设计分类的实例。

最超值赠送：所有案例素材+所有案例源文件+高清语音教学视频。

高清有声教学：所有案例高清语音教学，体会大师面对面、手把手的教学。

本书附赠教学资源，包括"案例文件""素材文件""多媒体教学"和"PPT课件"4个文件夹，其中"案例文件"包含本书所有案例的原始分层PSD和AI格式文件；"素材文件"包含本书所有案例用到的素材文件；"多媒体教学"包含本书所有课堂案例和课后习题的高清多媒体有声视频教学录像文件；"PPT课件"包含本书方便任课老师教学使用的PPT课件。读者扫描"资源下载"二维码，即可获得下载方式。

资源下载

本书的参考学时为66学时，其中讲授环节为44学时，实训环节为22学时，各章的参考学时参见下表。

章节	课程内容	学时分配	
		讲授学时	实训学时
第1章	平面设计基础知识	3	
第2章	商业名片设计	6	3
第3章	UI图标及界面设计	8	4
第4章	艺术POP广告设计	5	3
第5章	DM广告设计	7	3
第6章	精美海报设计	5	3
第7章	封面装帧设计	4	3
第8章	商业包装设计	6	3

为了使读者轻松自学并深入了解如何使用Photoshop和Illustrator进行平面设计，本书在版面结构上尽量做到清晰明了，如下图所示。

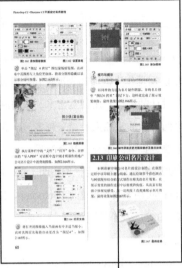

课堂案例：包含大量的案例详解，使大家深入掌握软件的基础知识以及各种功能的作用。

技巧与提示：针对软件的实用技巧及制作过程中的难点进行重点提示。

课后习题：安排重要的制作习题，让大家在学完相应内容以后继续强化所学技术。

本书由水木居士编著，在此感谢所有创作人员对本书付出的艰辛。在创作的过程中，由于时间仓促，疏漏之处在所难免，希望广大读者批评指正。如果在学习过程中发现问题或有更好的建议，欢迎发邮件到 bookshelp@163.com。

编者
2017年9月

目 录 CONTENTS

目录 CONTENTS

目 录 CONTENTS

目 录 CONTENTS

目 录 CONTENTS

第1章

平面设计基础知识

内容摘要

在当今信息相当重要的时代，平面设计是企业宣传的重要手段。本章从平面设计的基础知识开始，详细讲解平面设计的基本概念、流程、常用软件及常用尺寸等内容。希望读者充分掌握本章内容，为以后的平面设计打下基础。

课堂学习目标

- 了解平面设计的基础概念
- 了解平面设计的常用软件及应用范围
- 掌握颜色的基本原理与概念
- 了解平面设计的流程
- 掌握平面设计的常用尺寸及印刷知识
- 掌握图像基础知识

1.1 平面设计的基本概念

平面设计泛指具有艺术性和专业性，以"视觉"作为沟通和表现的方式，将不同的基本图形，按照一定的规则在平面上组合成图案，借此做出用来传达想法或信息的视觉表现，平面设计即平面广告设计。"平面广告设计"这个术语源于英文"Graphic"，在现代平面设计形成前，这个术语泛指各种通过印刷方式形成的平面艺术形式。"平面"这个术语指作品不仅是二维空间的、平面的，而且还可以批量生产，并因此与单张单件的艺术品区别开来。

平面设计的英文名称为Graphic Design，Graphic常被翻译为"图形"或者"印刷"，其作为"图形"的涵盖面要比"印刷"大。因此，广义的图形设计，就是平面设计，主要在二度空间范围内以轮廓线划分图与底之间的界限，描绘形象。也有人将Graphic Design翻译为"视觉传达设计"，即用视觉语言进行传递信息和表达观点的设计，这是一种以视觉媒介为载体，向大众传播信息和情感的造型性活动。此定义始于20世纪80年代，如今视觉传达设计所涉及的领域在不断地扩大，已远远超出平面设计的范畴。

设计一词来源于英文"Design"，平面设计在生活中无处不在，如小的宣传册、路边广告牌等。每当翻开一本版式明快、色彩跳跃、文字流畅、设计精美的杂志时，都给人一种爱不释手的感觉，即使对其中的文字内容并没有什么兴趣，有些精致的广告也能吸引你。这就是平面设计的魅力。它能把一种概念、一种思想通过精美的构图、版式和色彩，传达给看到它的人。平面设计的设计范围和门类建筑包括工业、环艺、装潢、展示、服装、平面设计等。

设计是有目的的策划，平面设计是这些策划将要采取的形式之一，在平面设计中需要用视觉元素来传播你的设想和计划，用文字和图形把信息传达给观众，让人们通过这些视觉元素了解你的设想和计划，这才是设计的真正定义。

1.2 平面设计的一般流程

平面设计的过程是有计划有步骤的渐进式不断完善的过程，设计的成功与否在很大程度上取决于理念是否准确，考虑是否完善。设计之美永无止境，完善取决于态度。平面设计的一般流程如下。

1.前期沟通

客户提出要求，并提供公司的背景、企业文化、企业理念以及其他相关资料。设计师这时一般还要做一个市场调查，以做到心中有数。

2.达成合作意向

通过沟通达成合作意向，然后签订合作协议。这时，客户一般要支付少量的预付款，以便开始设计工作。

3.设计师分析设计

设计师根据前期的沟通及市场调查，配合客户提供的相关信息，制作出初稿，一般要有2~3个方案，以便让客户选择。

4.第一次客户审查

将前面设计的几个方案提交给客户审查，以满足客户要求。

5.客户提出修改意见

客户对提交的方案提出修改意见，以供设计师修改。

6.第二次客户审查

根据客户的要求，设计师再次进行分析修改，确定最终的设计方案，完成设计。

7.包装印刷

双方确定设计方案，然后经设计师处理后，提交给印刷厂进行印制，完成设计。

1.3 平面设计常用的软件

平面设计软件一直是应用的热门领域，可以将其划分为图像绘制和图像处理两个部分，下面简单介绍平面设计的一些常用软件的情况。

1. Adobe Photoshop

Photoshop是Adobe公司旗下著名的图像处理软件之一，是集图像扫描、编辑修改、图像制作、广告创意、图像输入与输出于一体的图形图像处理软件，深受广大平面设计人员和计算机美术爱好者的喜爱。这款美国Adobe公司的软件一直是图像处理领域的"巨无霸"在出版印刷、广告设计、美术创意、图像编辑等领域得到了极为广泛的应用。

Photoshop的专长在于图像处理，而不是图形创作。有必要区分一下这两个概念。图像处理是对已有的位图图像进行编辑加工处理及运用一些特殊效果，其重点在于对图像的处理加工；图形创作是按照自己的构思创意，使用矢量图形来设计图形，这类软件主要有Adobe公司的著名软件Illustrator和Freehand，不过Freehand已经快要淡出历史舞台了。

平面设计是Photoshop应用最为广泛的领域，无论是我们正在阅读的图书封面，还是大街上看到的招贴、海报，这些具有丰富图像的平面印刷品，基本上都需要运用Photoshop软件对图像进行处理。

2.Adobe Illustrator

Illustrator是美国Adobe公司推出的专业矢量绘图工具，是出版、多媒体和在线图像的工业标准矢量插画软件。Adobe公司Adobe Systems Inc，始创于1982年，是广告、印刷、出版和Web领域首屈一指的图形设计、出版和成像软件设计公司，同时也是世界上第二大桌面软件公司。公司为图形设计人员、专业出版人员、文档处理机构和Web设计人员，以及商业用户和消费者提供了首屈一指的软件。

无论您是生产印刷出版线稿的设计者和专业插画家、生产多媒体图像的艺术，还是互联网页或在线内容的制作者，都会发现Illustrator 不仅仅是一个艺术产品工具，而且能适合大部分小型设计到大型的复杂项目。

3. CorelDRAW

CorelDRAW Graphics Suite是一款由世界顶尖软件公司之一的加拿大Corel公司开发的，集矢量图形设计、矢量动画、页面设计、网站制作、位图编辑、印刷排版、文字编辑处理和图形高品质输出于一体的平面设计软件，深受广大平面设计人员的喜爱，目前在广告制作、图书出版等方面得到广泛的应用，与Illustrator、Freehand软件的功能类似。

CorelDRAW图像软件是一套屡获殊荣的图形、图像编辑软件，它包含两个绘图应用程序：一个用于矢量图及页面设计；另一个用于图像编辑。这套绘图软件组合带给用户强大的交互式工具，使用户可创作出多种富于动感的特殊效果及点阵图像，即时效果在简单的操作中就可得到实现——而不会丢失当前的工作。CorelDRAW全方位的设计及网页功能可以融合到用户现有的设计方案中，灵活性十足。

CorelDRAW软件非凡的设计能力广泛地应用于商标设计、标志制作、模型绘制、插图描画、排版及分色输出等诸多领域。用于商业设计和美术设计的个人计算机上大都安装了CorelDRAW。

4. Adobe InDesign

Adobe的InDesign是一个定位于专业排版领域的全新软件，是面向公司专业出版方案的新平台，由Adobe公司1999年9月1日发布。InDesign博众家之长，从多种桌面排版技术汲取精华，如将QuarkXPress和Corel－Ventura（Corel公司的一款排版软件）等以高度结构化程序方式与较自然化的PageMaker方式相结合，为杂志、书籍、广告等灵活多变、复杂的设计工作提供了一系列更完善的排版功能，尤其该软件是基于一个创新的、面向对象的开放体系（允许第三方进行二次开发扩充加入功能），大大增加了专业设计人员用排版工具软件表达创意和观点的能力，虽然出道较晚，但在功能上却更加完美与成熟。

5. Adobe PageMaker

PageMaker是由创立桌面出版概念的公司之一Aldus于1985年推出的，后来在升级至5.0版本时，被Adobe公司在1994年收购。PageMaker提供了一套完整的工具，用来产生专业、高品质的出版刊物。它的稳定性、高品质及多变化的功能特别受到使用者的赞赏。另外，在6.5版中添加的一些新功能，让我们能够以多样化、高生产力的方式，通过印刷或是Internet来出版作品。为与Adobe Photoshop 5.0配合使用，在6.5版中提供了相当多的新功能，PageMaker在界面上及使用上就如同Adobe Photoshop、Adobe Illustrator及其他Adobe的产品一样，让我们可以更容易地运用Adobe的产品。最重要的一点是，在PageMaker的出版物中，置入图的方式较好。通过链接的方式置入图，可以确保印刷时的清晰度，这一点在彩色印刷时尤其重要。

PageMaker操作简便但功能全面。借助丰富的模板、图形及直观的设计工具，用户可以迅速入门。作为最早的桌面排版软件，PageMaker曾取得过不错的业绩，但在后期与QuarkXPress的竞争中一直处于劣势。由于PageMaker的核心技术相对陈旧，在7.0版本之后，Adobe公司便停止了对其更新升级，而代之以新一代排版软件——InDesign。

6. Adobe Freehand

Freehand是Adobe公司软件中的一员，简称FH，是一款功能强大的平面矢量图形设计软件，无论要做广告创意、书籍海报、机械制图，还是要绘制建筑蓝图，Freehand都是一件强大、实用而又灵活的利器。

Freehand是一款全方位的、可适合不同应用层次用户需要的矢量绘图软件，可以在一个流程化的图形创作环境中，提供从设计理念完美地过渡到实现设计、制作、发布所需要的一切工具，而且这些操作都在同一个操作平台中完成，其最大的优点是可以充分发挥人的想象空间，始终以创意为先来指导整个绘图，目前在印刷排版、多媒体、网页制作等领域得到了广泛的应用。

7. QuarkXPress

QuarkXpress是Quark公司的产品之一，是世界上使用最广泛的版面设计软件。它被世界上先进的设计师、出版商和印刷厂用来制作宣传手册、杂志、书本、广告、商品目录、报纸、包装、技术手册、年度报告、贺卡、刊物、传单、建议书等。它把专业排版、设计、彩色和图形处理功能、专业作图工具、文字处理、复杂的印前作业等，全部集成在一个应用软件中。因为QuarkXPress有Mac OS版本和Windows 95/98、Windows NT版本，所以可以方便地在跨平台环境下工作。

QuarkXPress是世界上出版商使用的先进的主流设计产品，它精确的排版、版面设计和彩色管理工具为从构思到输出等设计的每一个环节，都提供前所未有的命令和控制。QuarkXPress中文版还针对中文排版特点增加和增强了许多中文处理的基本功能，包括简-繁字体混排、文字直排、单字节直转横、转行禁则、附加拼音或注音、字距调整、中文标点选项等。作为一个完全集成的出版软件包，QuarkXPress是一款为印刷和电子传递而设计的单一内容的开创性应用软件。

1.4 平面广告软件的应用范围

平面设计是一门历史最悠久、应用最广泛、功能最基础的应用设计艺术。在设计服务业中，平面设计是所有设计的基础，也是设计业中应用范围最为广泛的类别。平面设计已经成为现代销售推广不可缺少的一个设计方式，平面设计的范围也变得越来越大、越来越广。

1. 广告创意设计

广告创意设计是平面软件应用较为广泛的领域之一，无论是大街上看到的招贴、海报、POP，还是拿在手中的书籍、报纸、杂志等，基本上都应用了平面设计软件进行处理。常用软件是Photoshop、Illustrator、CorelDRAW、Freehand。图1.1所示为广告创意设计效果。

图1.1 广告创意设计效果

图1.1 广告创意设计效果（续）

2. 数码照片处理

  平面设计软件中Photoshop具有强大的图像修饰功能。利用这些功能，可以快速修复一张破损的老照片，也可以修复人脸上的斑点等缺陷，还可以完成照片的校色、修正、美化肌肤等。图1.2所示为数码照片处理效果。

图1.2 数码照片处理效果（续）

3. 影像创意合成

  平面设计软件还可以将多个影像进行创意合成，将原本风马牛不相及的对象组合在一起，也可以使用"狸猫换太子"的手段使图像发生面目全非的巨大变化。当然在这方面Photoshop是最擅长的。常用软件是Photoshop、Illustrator。图1.3所示为平面设计在影像创意合成中的应用。

图1.2 数码照片处理效果

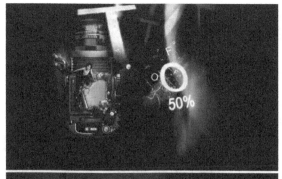

4. 插画设计

插画,英文统称为Illustration,源自于拉丁文"Illustraio",意指照亮之意,插画在中国俗称插图。今天通行于国外市场的商业插画包括出版物插图、卡通吉祥物、影视与游戏美术设计和广告插画4种形式。实际在中国,插画已经遍布于平面和电子媒体、商业场馆、公众机构、商品包装、影视演艺海报、企业广告,甚至T恤、日记本、贺年片。常用软件是Illustrator、CorelDRAW。图1.4所示为插画设计效果。

图1.3 影像创意合成设计

图1.4 插画设计效果

图1.4 插画设计效果（续）

5. 网页设计

网站是企业向用户和网民提供信息的一种方式，是企业开展电子商务的基础设施和信息平台，离开网站去谈电子商务是不可能的。使用平面设计软件不但可以处理网页所需的图片，还可以制作整个网页版面，并可以为网页制作动画效果。常用软件是Photoshop、Illustrator、CorelDRAW、Freehand。图1.5所示为网页设计效果。

图1.5 网页设计效果

图1.5 网页设计效果（续）

6. 特效艺术字

艺术字广泛应用于宣传、广告、商标、标语、黑板报、企业名称、会场布置、展览会及商品包装和装潢，各类广告、报纸杂志和书籍的装贴上等，越来越被大众喜欢。艺术字是经过专业的字体设计师艺术加工的汉字变形字体，字体特点符合文字含义，具有美观有趣、易认易识、醒目张扬等特性，是一种有图案意味或装饰意味的字体变形。利用平面设计软件可以制作出许多美妙奇异的特效艺术字。常用软件是Photoshop、Illustrator、CorelDRAW。图1.6所示为特效艺术字效果。

图1.6 特效艺术字效果

7. 室内外效果图后期处理

现在的装修效果图已经不是原来那种只把房子建起来，摆放东西就可以的了，随着三维技术软件的成熟，从业人员的水平越来越高，现在的装修效果图基本可以与装修实景图媲美。效果图通常可以理解为对设计者的设计意图和构思进行形象化再现

的形式。现有多见到的是手绘效果图和计算机效果图。在制作建筑效果图时，许多的三维场景是利用三维软件制作出来的，但其中的人物及配景，还有场景的颜色通常是通过平面设计软件后期添加的，这样不但节省了大量的渲染输出时间，还可以使画面更加美化、真实。常用软件是Photoshop。图1.7所示为室内外效果图后期处理效果。

图1.7 室内外效果图后期处理效果

8. 绘制和处理游戏人物或场景贴图

现在大多数三维软件贴图都离不开平面软件，特别是Photoshop。3ds Max、Maya等三维软件的人物或场景模型贴图，通常都是使用Photoshop进行绘制或处理后应用在三维软件中的，如人物的面部、皮肤贴图，游戏场景的贴图和各种有质感的材质效果都是使用平面软件绘制或处理的。常用软件是Photoshop、Illustrator、CorelDRAW。图1.8所示为游戏人物和场景贴图效果。

图1.8 游戏人物或场景贴图效果

1.5 平面设计的常用尺寸

纸张的大小一般是按照国家制定的标准生产的。在设计时还要注意纸张的开版，以免造成不必要的浪费，印刷常用纸张开数如表1.1所示。

表1.1 印刷常用纸张开数

正度纸张：787mm×1092mm		大度纸张：889mm×1194mm	
开数（正）	尺寸	开数（大）	尺寸
2开	540mm×780mm	2开	590mm×880mm
3开	360mm×780mm	3开	395mm×880mm
4开	390mm×543mm	4开	440mm×590mm
6开	360mm×390mm	6开	395mm×440mm
8开	270mm×390mm	8开	295mm×440mm
16开	195mm×270mm	16开	220mm×2950mm
32开	195mm×135mm	32开	220mm×145mm
64开	135mm×95mm	64开	110mm×145mm

名片，又称卡片，中国古代称名刺，是标示姓名及其所属组织、公司单位和联系方法的纸片。名片是新朋友互相认识、自我介绍最快捷有效的方法。名牌常用尺寸如表1.2所示。

表1.2 名片的常用尺寸

类别	方角	圆角
横版	90mm×55mm	85mm×54mm
竖版	50mm×90mm	54mm×85mm
方版	90mm×90mm	90mm×95mm

除了纸张和名片尺寸，还应该认识其他一些常用的设计尺寸，如表1.3所示。

表1.3 常用的设计尺寸

类别	标准尺寸	4开	8开	16开
IC卡	85mm×54mm			
三折页广告				210mm×285mm
普通宣传册				210mm×285mm
文件封套	220mm×305mm			
招贴画	540mm×380mm			

续表

类别	标准尺寸	4开	8开	16开
挂旗		540mm×380mm	376mm×265mm	
手提袋	400mm×285mm×80mm			
信纸、便条	185mm×260mm			210mm×285mm

1.6 印刷输出知识

设计完成的作品，还需要将其印刷出来，以做进一步的封装处理。现在的设计师，不但要精通设计，还要熟悉印刷流程及印刷知识，从而使制作出来的设计流入社会，实现其设计的目的及价值。在设计完成的作品进入印刷流程前，还要注意几个问题。

1.字体

印刷中字体是需要注意的地方，不同的字体有不同的使用习惯。一般来说，宋体主要用于印刷物的正文部分；楷体一般用于印刷物的批注、提示或技巧部分；黑体由于字体粗壮，所以一般用于各级标题及需要醒目的位置；如果用到其他特殊的字体，注意在印刷前将字体随同印刷物一起交到印刷厂，以免出现字体的错误。

2.字号

字号即字体的大小，一般国际上通用的是点制，也可称为磅制，在国内以号制为主。一般常见的有三号、四号、五号等。字号标称数越小，字形越大，如三号字比四号字大，四号字比五号字大。常用字号与磅数换算表如表1.4所示。

表1.4 常用字号与磅数换算表

字号	磅数
小五号	9磅
五号	10.5磅
小四号	12磅
四号	16磅
小三号	18磅

续表

字号	磅数
三号	24磅
小二号	28磅
二号	32磅
小一号	36磅
一号	42磅

3.纸张

纸张的规格是指纸张制成后，经过修整切边所裁成的尺寸。过去以"开"来表示纸张的大小（如8开、16开等），现多采用图标标准，以A0、A1、A2、B1、B2……来表示纸张的幅面规格。

4.颜色

在交付印刷厂前，分色参数将对图片转换时的效果好坏起到决定性的作用。对分色参数的调整，将在很大程度上影响图片的转换，所有的印刷输出图像文件，都要使用CMYK的色彩模式。

5.格式

在进行印刷提交时，还要注意文件的保存格式，一般用于印刷的图形格式为EPS格式，当然TIFF也是较常用的，但要注意软件本身的版本，不同的版本有时会出现打不开的情况，这样也不能印刷。

6.分辨率

通常，在制作阶段就已经将分辨率设计好了，但输出时也要注意，根据不同的印刷要求，会有不同的印刷分辨率设计，一般报纸采用的分辨率为125~170dpi，杂志、宣传品采用的分辨率为300dpi，高品质书籍采用的分辨率为350~400dpi，宽幅面采用的分辨率为75~150dpi，如大街上随处可见的海报。

1.7 印刷的分类

印刷也分为多种类型，不同的包装材料也有着不同的印刷工艺，大致可以分为凸版印刷、平版印刷、凹版印刷和孔版印刷4大类。

1.凸版印刷

凸版印刷比较常见，也比较容易理解，如人们常用的印章，便利用了凸版印刷。凸版印刷的印刷面是突出的，油墨浮在凸面上，在印刷物上经过压力作用而形成印刷，而凹陷的面由于没有油墨，也就不会产生变化。

凸版印刷又包括活版与橡胶版两种。凸版印刷色调浓厚，一般用于信封、名片、贺卡、宣传单等的印刷。

2.平版印刷

平版印刷在印刷面上没凸出与凹陷之分，它利用水与油不相溶的原理进行印刷，将印纹部分保持一层油脂，而非印纹部分吸收一定的水分，在印刷时带有油墨的印纹部分便印刷出颜色，从而形成印刷。

平版印刷制作简便，成本低，可以进行大数量的印刷，且色彩丰富，一般用于海报、报纸、包装、书籍、日历、宣传册等的印刷。

3.凹版印刷

凹版印刷与凸版印刷正好相反，印刷面是凹进的，当印刷时，将油墨装于版面上，油墨自然积于凹陷的印纹部分，然后将凸起部分的油墨擦干净，再进行印刷。由于它的制版印刷等费用较高，一般性的印刷很少使用。

凹版印刷使用寿命长，线条精美，印刷数量大，不易造假，一般用于钞票、股票、礼券、邮票等的印刷。

4.孔版印刷

孔版印刷就是通过孔状印纹漏墨而形成透过式印刷，像学校常用的用钢针在蜡纸上刻字然后印刷学生考卷，这种就是孔版印刷。

孔版印刷油墨浓厚，色调鲜丽，由于是透过式印刷，所以它可以进行各种弯曲的曲面印刷，这是其他印刷所不能的，一般用于圆形、罐、桶、金属板、塑料瓶等的印刷。

1.8 平面设计师职业简介

平面设计师是用设计语言将产品或被设计媒体的特点和潜在价值表现出来，展现给大众，从而产生商业价值和物品流通。

1.平面设计师的分类

平面设计师主要分为美术设计及版面编排两大类。

美术设计主要是融合工作条件的限制及创意而设计出一个新的版面样式或构图，用以传达设计者的主观意念；而版面编排则是以创设出来的版面样式或构图为基础，将文字置入页面中达到一定的页数或构图，以便完成成品。

美术设计及版面编排两者的工作内容差不多，关联性高，经常由同一个平面设计师来执行，但因为一般认为美术设计工作比版面编排更具创意，因此一旦细分工作时，美术设计的薪水待遇会比版面编排高，而且多数的新手会先从学习版面编排开始，然后再进阶到美术设计。

2.优秀平面设计师的基本要求

要成为优秀的平面设计师，应该具备以下几点。

（1）具有较强的市场感受能力和把握能力。

（2）要对产品和项目的诉求点有挖掘能力和创造能力，不能抄袭。

（3）具有一定的美术基础，有一定的美学鉴定能力。

（4）对作品的市场匹配性有判断能力。

（5）有较强的客户沟通能力。

（6）熟练掌握相关平面设计软件，如矢量绘图软件CorelDRAW 或 Illustrator、图像照片处理软件Photoshop、文字排版软件PageMaker、方正排版或InDesign，掌握设计的各种表现技法，从草图构思到设计成形。

3.平面设计师认证

Adobe中国认证平面设计师证书（Adobe China Certified Designer，ACCD）是Adobe公司为通过Adobe平面设计产品软件认证考试组合者统一颁发的证书。

Adobe考试由Adobe公司在中国授权的考试单位组织进行。通过该考试可获得Adobe中国认证平面设计师证书。如果您想成为一位图形设计师、网页设计师、多媒体产品开发商或广告创意专业人士，"Adobe中国认证平面设计师证书"正是您所需的。"Adobe中国认证平面设计师"将被Adobe公司授予正式认证证书。作为一位高技能、专家水平的Adobe软件产品用户，可以享受Adobe公司给予的特殊待遇，可以授权用户在宣传资料中使用ACCD称号和Adobe认证标志，以及在Adobe和相关Web网页上公布个人资料等。

被Adobe认证的设计师可在宣传材料上使用Adobe项目标志，向同事、客户和老板展示Adobe的正式认证，从而可以有更多就业、重用、升迁的机会，去展示非凡的才华。要获得Adobe中国认证设计师（ACCD）证书要求通过以下4门考试。

①Adobe Photoshop；

②Adobe Illustrator；

③Adobe InDesign；

④Adobe Acrobat。

1.9 颜色的基本原理与概念

颜色是设计中的关键元素，本节详细讲解色彩的原理、色调、色相、饱和度和对比度的概念及色彩模式。

1.9.1 色彩原理

黄色是由红色和绿色构成的，没有用到蓝色；因此，蓝色和黄色便是互补色。绿色的互补色是洋红色，红色的互补色是青色。当光的波长叠加在一起时，会得到更明亮的颜色，所以原色被称为加色。将光的所有颜色都加到一起，就会得到最明亮的光线——白光。因此，当看到一张白纸时，所有的红、绿、蓝波长都会反射到人眼中。当看到黑色时，光的红、绿、蓝波长都完全被物体吸收了，因此就没有任何光线反射到人眼中。

在色轮中，颜色排列在一个圆中，以显示彼此之间的关系，如图1.9所示。

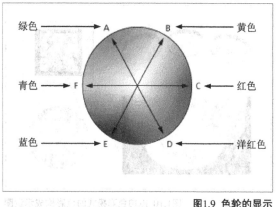

图1.9 色轮的显示

原色沿圆圈排列，彼此之间的距离完全相等。每种次级色都位于两种原色之间。在这种排列方式中，每种颜色都与自己的互补色直接相对，色轮中每种颜色都位于产生它的两种颜色之间。

通过色轮可以看出将黄色和洋红色加在一起便产生红色。因此，如果要从图像中减去红色，只需减少黄色和洋红色的百分比即可。要为图像增加某种颜色，其实是要减去它的互补色。例如，要使图像更红一些，实际上是减少青色的百分比。

1.9.2 原色

原色，又称为基色，三基色（三原色）是指红（R）、绿（G）、蓝（B）三色，是调配其他色彩的基本色。原色的色纯度最高、最纯净、最鲜艳，可以调配出绝大多数色彩，而其他颜色不能调配出三原色。

加色三原色基于加色法原理。人的眼睛是根据所看见的光的波长来识别颜色的。可见光谱中的大部分颜色可以由3种基本色光按不同的比例混合而成，这3种基本色光的颜色就是红（Red）、绿（Green）、蓝（Blue）三原色光。这3种光以相同的比例混合且达到一定的强度，就呈现白色；若3种光的强度均为零，就是黑色。这就是加色法原理，加色法原理被广泛应用于电视机、监视器等主动发光的产品中。其原理如图1.10所示。

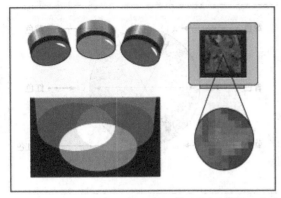

图1.10 RGB色彩模式的色彩构成示意图

减色原色是指当按照不同的组合将一些颜料添加在一起时，可以创建一个色谱。减色原色基于减色法原理。与显示器不同，在打印、印刷、油漆、绘画等靠介质表面的反射被动发光的场合，物体所呈现的颜色是光源中被颜料吸收后所剩余的部分，所以其成色的原理称为减色法原理。打印机使用减色原色（青色、洋红色、黄色和黑色颜料），并通过减色混合来生成颜色。减色法原理被广泛应用于各种被动发光的场合。减色法原理中的三原色颜料分别是青（Cyan）、品红（Magenta）和黄（Yellow）。通常所说的CMYK模式就是基于这种原理，如图1.11所示。

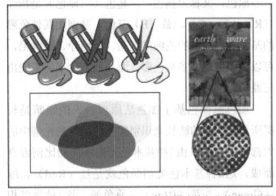

图1.11 CMYK色彩模式的色彩构成示意图

1.9.3 色调、色相、饱和度、对比度

在学习使用图像处理的过程中，常接触到有关图像的色调、色相（Hue）、饱和度（Saturation）和对比度（Brightness）等基本概念，HSB颜色模型如图1.12所示。下面对它们进行简单介绍。

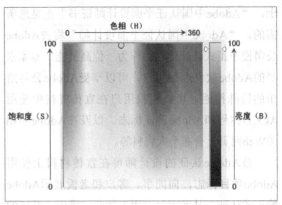

图1.12 HSB颜色模型

1. 色调

色调是指图像原色的明暗程度。调整色调就是指调整其明暗程度。色调的范围为0~255，共有256种色调。如图1.13所示的灰度模式，就是将黑色到白色之间连续划分成256个色调，即由黑到灰，再由灰到白。

图1.13 灰度模式

2. 色相

色相，即各类色彩的相貌称谓。色相是一种颜色区别于其他颜色最显著的特性，在0~360°的标准色轮上，按位置度量色相。它用于判断颜色是红、绿或其他的色彩感觉。对色相进行调整是指在多种颜色之间变化。

3. 饱和度

饱和度是指色彩的强度或纯度，也称为彩度或色度。对色彩的饱和度进行调整也就是调整图像的彩度。饱和度表示色相中灰色分量所占的比例，它使用从 0（灰色）至 100%的百分比来度量，当饱和度降低为0时，则会变成一个灰色图像，增加饱和度会增加其彩度。在标准色轮上，饱和度从中心到边缘递增。饱和度受到屏幕亮度和对比度的双重影响，一般亮度好、对比度高的屏幕可以得到很好的色饱和度。

4. 对比度

对比度是指不用颜色之间的差异。调整对比度就是调整颜色之间的差异。提高对比度，则两种颜色之间的差异会变得很明显。通常使用从0%（黑色）至100%（白色）的百分比来度量。例如，提高一幅灰度图像的对比度，将使其黑白分明，达到一定程度时将成为黑、白两色的图像。

1.9.4　色彩模式

在Photoshop中色彩模式用于决定显示和打印图像的颜色模型。Photoshop默认的色彩模式是RGB模式，但用于彩色印刷的图像色彩模式却必须使用CMYK模式。其他色彩模式还包括"位图""灰度""双色调""索引颜色""Lab颜色"和"多通道"模式。

图像模式之间可以相互转换，但需要注意的是，当从色域空间较大的图像模式转换到色域空间较小的图像模式时，常常会有一些颜色丢失。色彩模式命令集中于"图像"|"模式"子菜单中，下面分别介绍各色彩模式的特点。

1.　位图模式

位图模式的图像也称为黑白图像或1位图像，其位深度为1，因为它只使用两种颜色值（即黑色和白色）来表现图像的轮廓，黑白之间没有灰度过渡色。使用位图模式的图像仅有两种颜色，因此此类图像占用的内存空间也较少。

2.　灰度模式

灰度模式的图像由256种颜色组成，因为每个像素可以用8位或16位来表示，因此色调表现得比较丰富。

将彩色图像转换为灰度模式时，所有的颜色信息都将被删除。虽然Photoshop允许将灰度模式的图像再转换为彩色模式，但是原来已丢失的颜色信息不能再返回。因此，在将彩色图像转换为灰度模式之前，可以选择"存储为"命令保存一个备份图像。

 技巧与提示

通道可以把图像从任何一种彩色模式转换为灰度模式，也可以把灰度模式转换为任何一种彩色模式。

3.　双色调模式

双色调模式是在灰度图像上添加一种或几种彩色的油墨，以达到有彩色的效果，但比起常规的CMYK四色印刷，其成本大大降低。

4.　RGB模式

RGB模式是Photoshop默认的色彩模式。这种色彩模式由红（R）、绿（G）和蓝（B）3种颜色的不同颜色值组合而成。

RGB色彩模式使用RGB模型为图像中每一个像素的RGB分量分配一个0~255范围内的强度值。例如，纯红色R值为255，G值为0，B值为0；灰色的R、G、B值相等（除了0和255）；白色的R、G、B值都为255；黑色的R、G、B值都为0。RGB图像只使用3种颜色，就可以使它们按照不同的比例混合，在屏幕上重现16 777 216种颜色，因此RGB色彩模式下的图像非常鲜艳。

在RGB模式下，每种RGB成分都可使用从0（黑色）到255（白色）的值。例如，亮红色使用R值246、G值20和B值50。当所有3种成分值相等时，产生灰色阴影。当所有成分的值均为255时，结果是纯白色；当所有成分的值均为0时，结果是纯黑色。

技巧与提示

由于RGB色彩模式所能够表现的颜色范围非常宽广，因此将此色彩模式的图像转换成为其他包含颜色种类较少的色彩模式时，则有可能丢色或偏色。这也就是RGB色彩模式下的图像在转换成为CMYK并印刷出来后颜色会变暗发灰的原因。所以，对于要印刷的图像，必须依照色谱准确地设置其颜色。

5.　索引模式

索引模式与RGB和CMYK模式的图像不同，索引模式依据一张颜色索引表控制图像中的颜色，在此色彩模式下，图像的颜色种类最高为256，因此图像文件小，只有同条件下RGB模式图像的1/3，从而可以大大减少文件所占的磁盘空间，缩短图像文件在网络上的传输时间，被较多地应用于网络中。

但对于大多数图像而言，使用索引色彩模式保存后可以清楚地看到颜色之间过渡的痕迹，因此索引模式下的图像常有颜色失真的现象。

可以转换为索引模式的图像模式有RGB色彩模式、灰度模式和双色调模式。执行"索引颜色"命令后，将弹出如图1.14所示的"索引颜色"对话框。

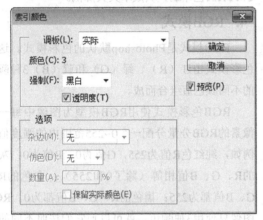

图1.14 "索引颜色"对话框

技巧与提示

将图像转换为索引颜色模式后，图像中的所有可见图层将被合并，所有隐藏的图层将被扔掉。

"索引颜色"对话框中各选项的含义说明如下。

（1）"调板"：在"调板"下拉列表中选择调色板的类型。

（2）"颜色"：在"颜色"数值框中输入需要的颜色过渡级，最大为256级。

（3）"强制"：在"强制"下拉列表中选择颜色表中必须包含的颜色，默认状态选择"黑白"选项，也可以根据需要选择其他选项。

（4）"透明度"：勾选"透明度"复选框转换模式时，将保留图像透明区域，对于半透明的区域以杂边填充。

（5）"杂边"：在"杂边"下拉列表中可以选择杂边。

（6）"仿色"：在"仿色"下拉列表中选择仿色的类型，其中包括"扩散""图案"和"杂色"3种类型，也可以选择"无"选项，不使用仿色。使用仿色的优点在于，可以使用颜色表内部的颜色模拟不在颜色表中的颜色。

（7）"数量"：如果选择"扩散"选项，可以在"数量"数值框中设置颜色抖动的强度，数值越大，抖动的颜色越多，但图像文件所占的内存也越大。

（8）"保留实际颜色"：勾选"保留实际颜色"复选框，可以防止抖动颜色表中的颜色。

对于任何一个索引模式的图像，执行菜单栏中的"图像"|"模式"|"颜色表"命令，在弹出的如图1.15所示的"颜色表"对话框中应用系统自带的颜色排列，或自定义颜色。在"颜色表"下拉列表中包含有"自定""黑体""灰度""色谱""系统（Mac OS）"和"系统（Windows）"6个选项，除"自定"选项外，其他每一个选项都有相应的颜色排列效果。选择"自定"选项，颜色表中显示为当前图像的256种颜色。单击一个色块，在弹出的拾色器中选择另一种颜色，以改变此色块的颜色，在图像中，此色块所对应的颜色也将被改变。

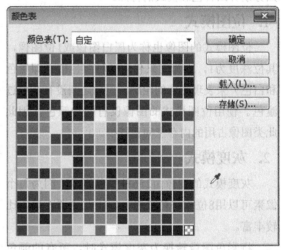

图1.15 "颜色表"对话框

将图像转换为索引模式后，对于被转换前颜色值多于256种的图像，会丢失许多颜色信息。虽然还可以从索引模式转换为RGB、CMYK的模式，但Photoshop无法找回丢失的颜色，所以在转换之前应该备份原始文件。

6. CMYK模式

CMYK模式是用于工业印刷的标准色彩模式，即基于油墨的光吸收/反射特性，眼睛看到的颜色实际上是物体吸收白光中特定频率的光而反射其余的光的颜色。如果要将RGB等其他色彩模式的图像输出并进行彩色印刷，必须要将其模式转换为CMYK色彩模式。

CMYK色彩模式的图像由4种颜色组成，青（C）、洋红（M）、黄（Y）和黑（K），每一种颜色对应一个通道即用来生成四色分离的原色。根据这4个通道，输出中心制作出青色、洋红色、黄色和黑色4张胶版。每种CMYK四色油墨可使用从0至100%的值。为最亮颜色指定的印刷色油墨颜色百分比较低，而为较暗颜色指定的百分比较高。例如，亮红色可能包含2%青色、93%洋红、90%黄色和0%黑色。在印刷图像时，将每张胶版中的彩色油墨组合起来以产生各种颜色。

7. Lab色彩模式

Lab色彩模式是Photoshop在不同色彩模式之间转换时使用的内部安全格式。它的色域能包含RGB色彩模式和CMYK色彩模式的色域。因此，要将RGB模式的图像转换成CMYK模式的图像，Photoshop会先将RGB模式转换成Lab模式，然后由Lab模式转换成CMYK模式，只不过这一操作是在内部进行而已。

8. 多通道模式

在多通道模式中，每个通道都合用256灰度级存放着图像中颜色元素的信息。该模式多用于特定的打印或输出。当将图像转换为多通道模式时，可以使用下列原则：原始图像中的颜色通道在转换后的图像中变为专色通道；通过将CMYK图像转换为多通道模式，可以创建青色、洋红、黄色和黑色专色通道；通过将RGB图像转换为多通道模式，可以创建青色、洋红和黄色专色通道；通过从RGB、CMYK或Lab图像中删除一个通道，可以自动将图像转换为多通道模式；若要输出多通道图像，请以Photoshop DCS 2.0格式存储图像，这对有特殊打印要求的图像非常有用。例如，如果图像中只使用了一两种或两三种颜色。

1.10 图像基础知识

Photoshop的基本概念主要包括位图、矢量图和分辨率的知识，在使用软件前了解这些基本知识，有利于后期的设计制作。

1.10.1 认识位图和矢量图

平面设计软件制作的图像类型大致分为两种：位图与矢量图。Photoshop虽然可以置入多种文件类型（包括矢量图），但是在处理矢量图方面还是有局限。不过Photoshop在处理位图方面的能力是其他软件不能及的，这也正是它的成功之处。下面对这两种图像进行逐一介绍。

1. 位图图像

位图图像在技术上称为栅格图像，它使用像素表现图像。每个像素都分配有特定的位置和颜色值。在处理位图时所编辑的是像素，而不是对象或形状。位图图像与分辨率有关，也可以说位图包含固定数量的像素。因此，如果在屏幕上放大比例或以低于创建时的分辨率来打印它们，则将丢失其中的细节使图像产生锯齿现象。

位图图像的优点：位图能够制作出色彩和色调变化丰富的图像，可以逼真地表现自然界的景象，同时也可以很容易地在不同软件之间交换文件。

位图图像的缺点：无法制作真正的3D图像，并且图像缩放和旋转时会产生失真的现象，同时文件较大，对内存和磁盘空间容量的需求也较高，用数码相机和扫描仪获取的图像都属于位图。

图1.16、图1.17所示为位图及其放大后的效果图。

图1.16 位图放大前

图1.17 位图放大后

2. 矢量图像

矢量图像有时称为矢量形状或矢量对象，是由称为矢量的数学对象定义的直线和曲线构成的。矢量根据图像的几何特征对图像进行描述，基于这种特点，矢量图像可以任意移动或修改，而不会丢失细节或影响清晰度，因为矢量图像是与分辨率无关的，即当矢量图像放大时将保持清晰的边缘。因此，对于将在各种输出媒体中按照不同大小使用的图稿（如徽标），矢量图像是最佳选择。

- 矢量图像的优点：矢量图像也可以说是向量式图像，用数学的矢量方式来记录图像内容，以线条和色块为主。例如，一条线段的数据只需要记录两个端点的坐标、线段的粗细和色彩等，因此它的文件所占的容量较小，也可以很容易地进行放大、缩小或旋转等操作，并且不会失真，精确度较高并可以制作3D图像。
- 矢量图像的缺点：不易制作色调丰富或色彩变

化太多的图像，而且绘制出的图形不是很逼真，无法像照片一样精确地描写自然界的景象，同时也不易于在不同的软件间交换文件。

图1.18、图1.19所示为一个矢量图放大前后的效果图。

图1.18 矢量图放大前

图1.19 矢量图放大后

技巧与提示

因为计算机的显示器是通过网格上的"点"显示来成像的，因此矢量图像和位图图像在屏幕上都是以像素显示的。

1.10.2 认识位深度

位深度也称为色彩深度，用于指定图像中的每个像素可以使用的颜色信息数量。计算机之所以能够表示图形，是采用了一种称为"位"（bit）的记数单位来记录所表示图形的数据。当这些数据按照一定的编排方式被记录在计算机中时，就构成了一个数字图形的计算机文件。"位"是计算机存储器里的最小单元，它用来记录每一个像素颜色的值。图形的色彩越丰富，"位"的值就会越大。每一个像素在计算机中所使用的这种位数就是"位深度"。例如，位深度为1的图像的像素有两个可能的值：黑色和白色。位深度为8的图像有2⁸（用2的8次幂即256）个可能的值。位深度为8的灰度模式图像有256个可能的灰色值。24位颜色可称为真彩色，位深度是24，它能组合成2的24次幂种颜色，即16 777 216种颜色（或称千万种颜色），超过了人眼能够分辨的颜色数量。Photoshop不但可以处理8位/通道的图像，还可以处理包含16位/通道或32位/通道的图像。

在Photoshop中可以轻松在8位/通道、16位/通道和32位/通道中进行切换，执行菜单栏中的"图像"|"模式"命令，然后在子菜单中选择8位/通道、16位/通道或32位/通道即可完成切换。

1.10.3 像素尺寸和打印分辨率

像素尺寸和分辨率关系到图像的质量和大小，像素和分辨率成正比，像素越大，分辨率也越高。

1. 像素尺寸

要想理解像素尺寸，首先要认识像素，像素（Pixel）是图形单元（Picture Element）的简称，是位图图像中最小的完整单位。这种最小的图形的单元能在屏幕上显示通常是单个的染色点，像素不能再划分为更小的单位。像素尺寸其实就是整个图像总的像素数量。像素越大，图像的分辨率也越大，打印尺寸在不降低打印质量的同时也越大。

2. 打印分辨率

分辨率就是指在单位长度内含有的点（即像素）的多少。打印的分辨率就是每英寸图像含有多少个点或者像素，分辨率的单位为dpi，如72dpi就表示该图像每英寸含有72个点或者像素。因此，在知道图像的尺寸和图像分辨率的情况下，就可以精确地计算该图像中全部像素的数目。每英寸的像素越多，分辨率越高。

在数字化图像中，分辨率的大小直接影响图像的质量，分辨率越高，图像就越清晰，所产生的文件就越大，在工作中所需的内存和CPU处理时间就越长。所以在创作图像时，不同品质、不同用途的图像应该设置不同的图像分辨率，这样才能最合理地制作生成图像作品。例如，要打印输出的图像分辨率就需要高一些，若仅在屏幕上显示使用分辨率就可以低一些。

另外，图像文件的大小与图像的尺寸和分辨率息息相关。当图像的分辨率相同时，图像的尺寸越大，图像文件的大小也就越大。当图像的尺寸相同时，图像的分辨率越大，图像文件的大小也就越大。图1.20所示为两幅相同的图像，分辨率分别为72dpi和300dpi，缩放比例为200时的不同显示效果。

图1.20 分辨率不同显示效果

1.10.4 认识图像格式

图像的格式决定了图像的特点和使用，不同格式的图像在实际应用中区别非常大，不同的用途决定使用不同的图像格式，下面讲解不同格式的含义及应用。

1. PSD格式

这是著名的Adobe公司的图像处理软件Photoshop的专用格式Photoshop Document（PSD）。PSD其实是Photoshop进行平面设计的一张"草稿图"，它里面包含有图层、通道、遮罩等多种设计的样稿，以便于下次打开时可以修改上一次的设计。在Photoshop所支持的各种图像格式中，PSD的存取速度比其他格式快很多，功能也很强大。由于Photoshop得到越来越广泛的应用，所以我们有理由相信，这种格式也会逐步流行起来。

2. EPS格式

PostScript可以保存数学概念上的矢量对象和光栅图像数据。把PostScript定义的对象和光栅图像存放在组合框或页面边界中，就成了EPS（Encapsulated PostScript）文件。EPS文件格式是Photoshop可以保存的其他非自身图像格式中比较独特的一个，因为它可以包含光栅信息和矢量信息。

Photoshop保存下来的EPS文件可以支持除多通道之外的任何图像模式。尽管EPS文件不支持Alpha通道，但它的另外一种存储格式DCS（Desktop Color Separations）可以支持Alpha通道和专色通道。EPS格式支持剪切路径并用来在页面布局程序或图表应用程序中为图像制作蒙版。

Encapsulate PostScript文件大多用于印刷及在Photoshop和页面布局应用程序之间交换图像数据。当保存EPS文件时，Photoshop将弹出一个"EPS选项"对话框，如图1.21所示。

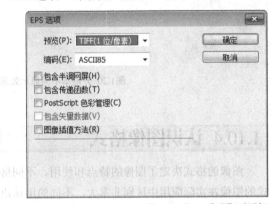

图1.21 "EPS选项"对话框

在保存EPS文件时指定的"预览"方式决定了要在目标应用程序中查看的低分辨率图像。选择"TIFF"选项，在Windows和Mac OS系统之间共享EPS文件。8位预览所提供的显示品质比1位预览高，但文件大小也更大。也可以选择"无"选项。在编码中，ASCII是最常用的格式，尤其是在Windows环境中，但是它所用的文件也是最大的。

"二进制"的文件比ASCII要小一些，但很多应用程序和打印设备都不支持。该格式在Macintosh平台上应用较多。JPEG编码使用JPEG压缩，这种压缩方法会损失一些数据。

3. PDF格式

PDF（Portable Document Format）是Adobe Acrobat所使用的格式，这种格式是为了能够在大多数主流操作系统中查看文件。

尽管PDF格式被看作保存包含图像和文本图层的格式，但是它也可以包含光栅信息。这种图像数据常常使用JPEG压缩格式，同时它也支持ZIP压缩格式。以PDF格式保存的数据可以通过万维网（World Wide Web）传送，或传送到其他PDF文件中。以Photoshop PDF格式保存的文件可以是位图、灰阶、索引色、RGB、CMYK及Lab颜色模式，但不支持Alpha通道。

4.Targa（*.TGA;*.VDA;*.ICB;*.VST）格式

Targa格式专用于电视广播，此种格式广泛应用于个人计算机领域，用户可以在3DS中生成TGA文件，在Photoshop、Freehand、Painter等应用程序软件中将此种格式的文件打开，并可以对其进行修改。该格式支持一个Alpha通道32位RGB文件和不带Alpha通道的索引颜色、灰度、16位和24位RGB文件。

5. TIFF格式

TIFF（Tagged Image File Format）是应用较广泛的图像文件格式之一，运行于各种平台上的大多数应用程序都支持该格式。TIFF能够有效地处理多种颜色深度、Alpha通道和Photoshop的大多数图像格式。TIFF格式的出现是为了便于在软件之间进行图像数据的交换。

TIFF文件支持位图、灰阶、索引色、RGB、CMYK和Lab等图像模式。RGB、CMYK和灰阶图像中都支持Alpha通道，TIFF文件还可以包含文件信息命令创建的标题。

TIFF支持任意的LZW压缩格式，LZW是光栅图像中应用最广泛的一种压缩格式。因为LZW压缩是无损失的，所以不会有数据丢失。使用LZW压缩方式可以大大减小文件的大小，特别是包含大面积单色区的图像。但是LZW压缩文件要花很长的时间来打开和保存，因为该文件必须要进行解压缩和压缩。图1.22所示为进行TIFF格式存储时弹出的"TIFF选项"对话框。

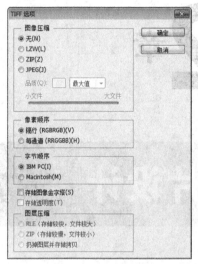

图1.22 "TIFF选项"对话框

Photoshop将会在保存时提示用户选择图像的"压缩方式"，以及是否使用IBM个人计算机或Macintosh机上的"字节顺序"。

由于TIFF格式已被广泛接受，而且TIFF可以方便地进行转换，因此该格式常用于出版和印刷业中。另外，大多数扫描仪也都支持TIFF格式，这使得TIFF格式成为数字图像处理的最佳选择。

6. PCX

PCX文件格式是Zsoft公司在20世纪80年代初期设计的，当时是专用于存储该公司开发的PC Paintbrush绘图软件所生成的图像画面数据；后来成为MS-DOS平台下常用的格式，在DOS系统时代，它使这一平台下的绘图、排版软件多用PCX格式。进入Windows操作系统后，它已经成为PC端上较为流行的图像文件格式。

第2章

商业名片设计

────────── 内容摘要 ──────────

名片设计是指对名片进行艺术化、个性化处理，以体现个
人及公司等的职业、主题信息的特点，它的重点在于传达名片
主题的信息形象。在制作过程中一定要遵循其定位、特点，同
时完美地表现出最终形象。本章的学习可以使读者掌握各类名
片的制作重点。

────────── 课堂学习目标 ──────────

- 了解名片的分类及构成
- 学习名片的保存及颜色规范
- 了解名片的设计规格和规范
- 掌握常见名片的制作方法和技巧

2.1 关于名片设计

名片是现代人的一种交流工具，也是一种自我独立媒体的体现载体。名片具有3个重要的意义，一是宣传自我；二是宣传企业；三是作为联系卡。

名片设计就是利用相关软件对名片进行艺术加工处理。要想引起人们的注意，就需要进行名片设计。名片设计要简明扼要、主题突出，从纸张选择到版面设计、从后期印刷到工艺处理，都要与艺术设计相结合。

2.2 名片的分类

当今社会，名片的使用已经相当普遍，所以分类也是五花八门，并没有统一的标准，不过最常见的分类如下。

（1）按名片的用途分类，即名片的使用目的，名片可分为3类：商业名片、公用名片和个人名片。

（2）按排版方式分类，名片可分为3类：横版名片、竖版名片、折卡名片。

（3）按印刷色彩分类，名片可分为4类：单色名片、双色名片、彩色名片和真彩色名片。

（4）按印刷方式分类，名片可分为3类：数码名片、胶印名片和特种名片。

（5）按印刷表面分类，名片可分为2类：单面印刷名片和双面印刷名片。

（6）按名片的性质分类，名片可分为3类：身份标识类名片、业务行为标识类名片和企业CI系统名片。

（7）按设计分类，名片可分为漫画名片、透明名片、二维码名片、圆角名片、个性名片等。

（8）按材质分类，名片可分为纸质名片、金属名片、塑料名片、PVC名片、皮革名片、竹简名片、丝绸名片等。不同名片效果如图2.1所示。

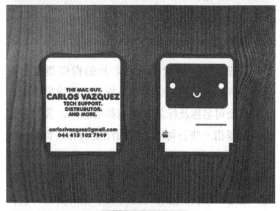

图2.1 不同名片效果

图2.1 不同名片效果（续）

2.3 名片的构成

要设计名片，就需要对名片的构成要素有充分的了解。名片的构成要素是指名片的信息组成，一般指公司名称及标志、图案和信息项。公司名称及标志即指一些公司或企业的注册商标，即logo和公司名称；图案是构成名片特有的色块构成；信息项是指名片持有人的姓名、职务、广告语、联系方式、地址、单位、业务范围等文字性的信息。设计名片时，一般公司的标志应放在版面的左上角，当然这并不是固定的，也可以放在其他的位置，还可以将标志以半透明的状态放大作为底衬来使用。

图案在使用上要简洁大方，颜色不要太多，为了和公司达到统一的效果，一般以公司的标准色和辅助色为主，一般不要超过3种颜色。

文字的应用是名片中最重要的部分，对于一般比较正规版式的名片，一般以宋体和黑体或者其二变体为主，正文内容一般用方正中等线、汉仪中等线、华文中宋、微软雅黑等常见正规字体，英文字体一般以Arial字体居多，正文以6号为佳，最小不得小于5号。在设计上要注意字体的大小、粗细和颜色的不同应用相结合，兼顾阅读的同时，强调设计意识，形成相衬相托、错落有致、美观大方的名片。名片构成要素如图2.2所示。

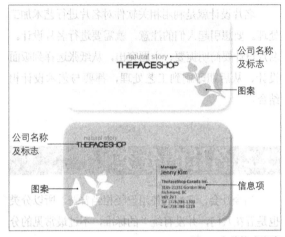

图2.2 名片构成要素

2.4 名片设计尺寸

名片通常都是随身携带的，而为了更好地保护名片，很多人还会用名片盒将名片装好。随着时代的发展，越来越多的人追求个性，名片的尺寸也就变得越来越不规则，但如果名片的尺寸过于特殊，他人就很难找到合适的名片夹放置名片。因此，在设计名片时，在追求个性的同时也要兼顾名片的尺寸，虽然名片尺寸的设计不是绝对的，但大多数人还是采用标准的尺寸设计名片，以便他人保存。

标准名片尺寸有90mm×50mm、90mm×100mm、90mm×108mm。其中，国内标准名片设计尺寸为90mm×54mm，但一般名片设计需要出血位，在设计名片时4边需各留出1mm出血位，所以出血的设计尺寸为92mm×56mm。

折叠名片标准尺寸有90mm×94mm、90mm×108mm、90mm×90mm、54mm×180mm等尺寸形式。国内常见的折卡名片尺寸为90mm×108mm，折叠名片的使用情况往往是因为名片文字信息内容多，需要用折叠名片体现或体现设计师的创意设计。而90mm×50mm是欧美公司常用的名片尺寸，90mm×100mm是欧美歌手常用的折叠名片尺寸；如果想要个性时尚一些，不妨采用一些特殊的窄版尺寸，如90mm×45mm、90mm×40mm。图2.3所示为90mm×54mm和90mm×50mm名片的对比效果。

图2.3　90mm×54mm和90mm×50mm名片的对比效果

常用的标准名片横、竖版及出血、成品尺寸以表格的形式进行罗列，如下表所示。

表 名片常用尺寸表

	成品尺寸		出血尺寸	
	横版	竖版	横版	竖版
中式标准名片	90mm×54mm	54mm×90mm	92mm×56mm	56mm×92mm
窄式标准名片	90mm×45mm	45mm×90mm	92mm×47mm	47mm×92mm
美式标准名片	90mm×50mm	50mm×90mm	92mm×52mm	52mm×92mm

2.5 常用名片样式

常见名片样式可分为横版直角名片、竖版直角名片、横版圆角名片、竖版圆角名片、对角圆角名片、异形名片等。常见名片样式如图2.4所示。

横版直角名片

竖版直角名片

横版圆角名片

竖版圆角名片

对角圆角名片

图2.4 常用名片样式

异形名片

图2.4 常用名片样式（续）

2.6 名片设计规范

设计国内标准名片要认清名片的几个重要规范区域，以免在设计时出现问题，这里将其分为3个区：出血区、裁切区和版心区。名片设计规范如图2.5所示。

图2.5 名片设计规范参考

1.出血区

内外两条线之间为1mm的出血位置。此位置在后期的裁切中将被裁切掉，此处一般会有裁切线显示，如图2.5中的蓝线就是裁切线，为了使大家看得清楚，我用了使蓝色得实线显示，不同的软件的裁切线会有差异，不过用法是相同的。在设计时，用户要注意将图片或色块放在上、下或左、右两侧的出血位置，否则可能会由于裁切的偏差产生名片四周与边框不对称的情况，使名片精美度大打折扣。

2.裁切区

红线与黑线之间为裁切区。该区域一般在新建

画布时会自动设置，当然也可以手动设置，一般该区域的大小为距版心边缘3mm。在设计名片时要注意，重要的名片信息不要放在这里，除非是一些通版的图片或色块，如一些边框或花纹，否则可能会由于裁切的偏差产生不对称现象。

3.版心区

黑线内部的区域即为版心区。版心区是名片设计的核心部位，名片的所有重要信息都要设计在这个区域，切勿将重要信息放在此区域之外，否则可能会出现问题。

2.7 名片保存规范

名片设计完成后，需要交到印厂进行印刷，由于计算机间的差异，如软件版本、字体库等原因，文件在打开时会产生不同的变化，所以在印刷前还需要根据印厂要求进行保存，设计完成后可以提前打电话到印厂核实保存注意事项，以符合印厂要求。当然，对于大部分印厂来说，保存也是有规范的，只要按规范保存，通常都不会有问题。

1.如果使用CorelDRAW软件设计名片，可以将其保存成CorelDRAW软件的官方格式，即CDR格式，但要求版本要尽量低些。例如，使用的是CorelDRAW 最新版本X6，那么可以将其保存成9.0或更低的版本，并要确认将所有文字转换为曲线，专业称为转曲，这样可以避免输出制版时因找不到字体而出现乱码。同时，所有的描边也要转换成填充，而且要确认设计中使用的图片分辨率不低于300dpi，如果有特效图形，最好将其转换成CMYK模式的位图。

> **技巧与提示**
>
> 有人会问：为何要将版本保存成低版本，用高版本不行吗？其实高版本保存也是可以的，只是大家可能了解，印厂的计算机所装的版本一般比较低，他们不会随软件的更新进行更新，如果你保存成高版本，有可能印厂的计算机就打不开该文件，那么也就没法印刷了，所以保存成低版本可以避免这样的麻烦。

2.如果使用Freehand、Illustrator软件设计名片，可以将其保存成EPS格式，并保存成低版本，还要确认将所有文字转换为曲线。

3.如果使用Photoshop软件设计名片，可以将其保存成PNG格式或JPG格式，而且要保证分辨率不低于300dpi。

4.设计完稿时注意将名片正、反面并列展示或分文件正、反面展示，以方便印厂印刷。

5.设计名片过程中，线条的精细不能低于0.1mm，否则印刷时将无法显现。

技巧与提示

不管使用哪种软件设计名片，在保存时最好再保存一份GPJ格式的图片预览，并分类放在不同的文件夹中，以方便印厂对照，这样可以及时发现由于使用不同计算机打开时产生的变化。

2.8 名片颜色规范

在设计名片时，还要注意色彩的使用。大家知道，所有显示器的显示模式都为RGB，而印刷的颜色模式为CMYK，由于模式的不同，如果不注意颜色，设计的名片在计算机上显示和印刷出来的成品效果有时候会出现非常大的差别，一般在设计时注意以下几点即可。

（1）设计名片时，所有使用颜色的部分使用CMYK颜色进行填充，如果使用RGB填充，可以在成品时转换成CMYK模式查看有没有颜色偏差，以避免印刷出成品时产生较大的颜色偏差。

（2）在使用文字时，尽量避免填充多种颜色，在使用黑色文字时，注意将CMYK的K值设为100。

（3）同一款名片设计的色调应基本一致，色彩明度统一，而且要按照企业的标准色和辅助色来设计，和企业达到浑然一体的感觉。

2.9 证券公司名片设计

本例讲解证券公司名片的设计制作，证券业一直以来以红色为吉祥色，因此此款名片在设计过程中，以激情红为主色调，同时与灰色图形进行搭配，整个名片具有不错的视觉效果，最终效果如图2.6所示。

扫码看视频

图2.6 最终效果

素材位置：素材文件\第2章\证券公司名片
案例位置：案例文件\第2章\制作证券公司名片正面.ai、制作证券公司名片背面.ai、证券公司名片立体效果.psd
视频位置：多媒体教学\2.9 证券公司名片设计.avi
难易指数：★☆☆☆☆

2.9.1 使用Illustrator制作证券公司名片正面效果

01 执行菜单栏中的"文件"|"新建"命令，在弹出的"新建文档"对话框中设置"宽度"为90mm，"高度"为54mm，新建一个空白画板，如图2.7所示。

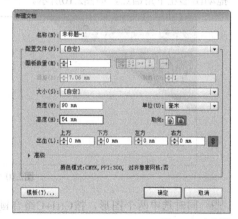

图2.7 新建文档

02 选择工具箱中的"矩形工具"■，绘制一个矩形，将"填色"更改为红色（R：155，G：41，B：46），"描边"为无，如图2.8所示。

图2.8 绘制矩形

(03) 选择工具箱中的"直接选择工具" ，选中矩形右下角锚点将其删除，并将左侧描点向上拖动，如图2.9所示。

图2.9 删除锚点

(04) 选中图形，按Ctrl+C组合键将其复制，再按Ctrl+Shift+V组合键将其粘贴，将粘贴的图形"填色"更改为红色（R：198，G：42，B：46）。

(05) 选择工具箱中的"直接选择工具" ，向上拖动图形左下角锚点，如图2.10所示。

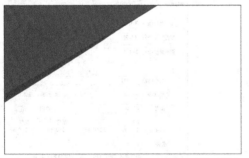

图2.10 拖动锚点

(06) 同时选中两个图形，按Ctrl+C组合键将其复制，再按Ctrl+Shift+V组合键将其粘贴，单击鼠标右键，在弹出的菜单中选择"变换"|"对称"命令，在弹出的对话框中勾选"水平"单选按钮，完成之后单击"确定"按钮。

(07) 将图形移至原图形下方，并等比缩小，如图2.11所示。

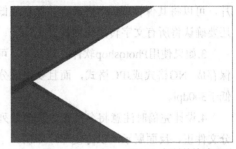

图2.11 复制并粘贴图形

(08) 选中粘贴后的上方图形，将其"填色"更改为灰色（R：210，G：210，B：210），选中下方图形，将其"填色"更改为灰色（R：195，G：195，B：195），如图2.12所示。

图2.12 更改颜色

(09) 选择工具箱中的"文字工具" ，添加文字，如图2.13所示。

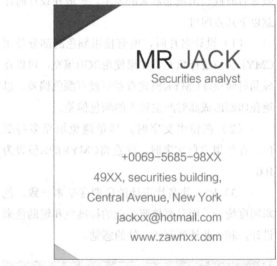

图2.13 添加文字

(10) 执行菜单栏中的"文件"|"打开"命令，打开"图标.ai"文件，将打开的素材拖入文字旁边位置并适当缩小，同时更改颜色，如图2.14所示。

图2.14 添加素材

⑪ 执行菜单栏中的"文件"|"打开"命令，打开"标志.ai""二维码.ai"文件，将打开的素材拖至适当位置并适当缩放，如图2.15所示。

图2.15 添加素材

2.9.2　使用Illustrator制作证券公司名片背面效果

① 执行菜单栏中的"文件"|"新建"命令，在弹出的"新建文档"对话框中设置"宽度"为90mm，"高度"为54mm，新建一个空白画板，如图2.16所示。

图2.16 新建文档

② 选择工具箱中的"矩形工具"，绘制一个矩形，将"填色"更改为灰色（R：195，G：195，B：195），"描边"为无，如图2.17所示。

图2.17 绘制矩形

③ 选择工具箱中的"直接选择工具"，拖动矩形右上角锚点，如图2.18所示。

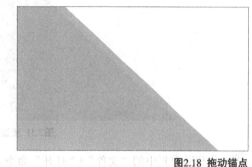

图2.18 拖动锚点

④ 选中图形，按Ctrl+C组合键将其复制，再按Ctrl+Shift+V组合键将其粘贴，将粘贴的图形"填色"更改为灰色（R：210，G：210，B：210）。

⑤ 选择工具箱中的"直接选择工具"，选择右侧的描点向左拖动，如图2.19所示。

图2.19 拖动锚点

⑥ 同时选中两个图形，按Ctrl+C组合键将其复制，再按Ctrl+Shift+V组合键将其粘贴，单击鼠标右键，在弹出的菜单中选择"变换"|"对称"命令，在弹出的对话框中勾选"垂直"单选按钮，完

成之后单击"确定"按钮,如图2.20所示。

图2.20 变换图形

⑦ 分别选中粘贴后图形,将其"填色"更改为红色(R:155,G:41,B:46)及红色(R:198,G:42,B:46),如图2.21所示。

图2.21 更改填色

⑧ 执行菜单栏中的"文件"|"打开"命令,打开"二维码.ai、标志.ai"文件,将打开的素材拖入适当位置并适当缩放,如图2.22所示。

图2.22 添加素材

2.9.3 使用Photoshop制作证券公司名片立体效果

① 执行菜单栏中的"文字"|"新建"命令,在弹出的"新建"对话框中设置"宽度"为80毫米,"高度"为60毫米,"分辨率"为300像素/英寸,新建一个空白画布,如图2.23所示。

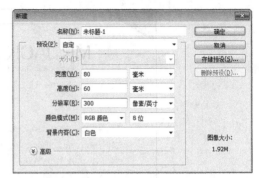

图2.23 新建画布

② 将画布填充为灰色(R:230,G:230,B:230),如图2.24所示。

图2.24 填充颜色

③ 执行菜单栏中的"文件"|"打开"命令,打开"名片正面.ai""名片背面.ai"文件。

④ 在打开的文档中,单击面板底部的"创建新图层" 按钮,新建一个"图层2"图层,将其移至"图层1"图层下方,并将其填充为白色。

⑤ 将两个图层合并,并将图层名称更改为"正面"后拖入新建画布中,如图2.25所示。

图2.25 添加素材

06 按Ctrl+T组合键对图像执行"自由变换"命令，单击鼠标右键，从弹出的快捷菜单中选择"扭曲"命令，拖动变形框控制点将图像变形，完成之后按Enter键确认，如图2.26所示。

图2.26 添加图像

07 以同样方法将名片背面图像拖至当前画布中，并将其变形，如图2.27所示。

图2.27 将图像变形

08 在"图层"面板中，选中"正面"图层，单击面板底部的"添加图层样式" *fx* 按钮，从弹出的菜单中选择"投影"命令。

09 在弹出的"图层样式"对话框中将"不透明度"更改为20%，取消"使用全局光"复选框，将"角度"更改为90度，"距离"更改为1像素，"大小"更改为1像素，完成之后单击"确定"按钮，如图2.28所示。

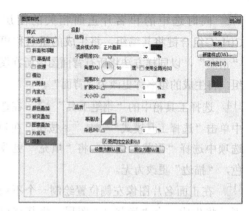

图2.28 设置投影

10 选中"正面"图层，将图像向上复制多份，如图2.29所示。

11 在"正面"图层名称上单击鼠标右键，从弹出的快捷菜单中选择"拷贝图层样式"命令。在"背面"图层名称上单击鼠标右键，从弹出的快捷菜单中选择"粘贴图层样式"命令，效果如图2.30所示。

图2.29 复制图像　　　　图2.30 粘贴图层样式

12 以同样方法将"背面"图层中图像复制多份，制作出立体堆叠效果，如图2.31所示。

图2.31 复制图像

⑬ 同时选中的和名片正面相关的图层，按Ctrl+G组合键将其编组，将生成的组名称更改为"正面"，以同样方法将所有背面图像所在图层编组，将生成的组名称更改为"背面"。

⑭ 选择工具箱中的"钢笔工具" ✐，在选项栏中单击"选择工具模式" 路径 ⬦ 按钮，在弹出的选项中选择"形状"选项，将"填充"更改为黑色，"描边"更改为无。

⑮ 在正面名片图像左侧位置绘制一个不规则图形，将生成一个"形状 1"图层，将其移至"正面"组下方，如图2.32所示。

⑯ 在"图层"面板中，选中"形状 1"图层，单击面板底部的"添加图层蒙版" ▣ 按钮，为其添加图层蒙版，如图2.33所示。

图2.32 绘制图形

图2.33 添加图层蒙版

⑰ 选择工具箱中的"画笔工具" ✏，在画布中单击鼠标右键，在弹出的面板中选择一种圆角笔触，将"大小"更改为150像素，"硬度"更改为0%，如图2.34所示。

⑱ 将前景色更改为黑色，在图形上部分区域涂抹将其隐藏，如图2.35所示。

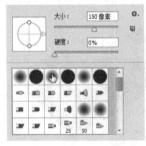

图2.34 设置笔触

图2.35 隐藏图形

⑲ 在"图层"面板中，选中"正面"组，单击面板底部的"添加图层样式" fx 按钮，在弹出的菜单中选择"渐变叠加"命令。

⑳ 在弹出的"图层样式"对话框中将"混合模式"更改为叠加，"不透明度"更改为60%，"渐变"更改为黑色到白色，完成之后单击"确定"按钮，如图2.36所示。

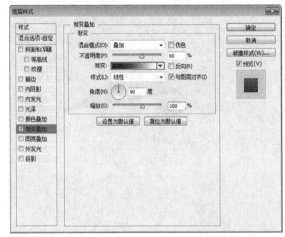
图2.36 设置渐变叠加

㉑ 在"正面"组名称上单击鼠标右键，从弹出的快捷菜单中选择"拷贝图层样式"命令，在"背面"组名称上单击鼠标右键，从弹出的快捷菜单中选择"粘贴图层样式"命令，复制"形状1"图层，放置在"背面"组之后，并为其制作阴影，这样就完成了效果制作，最终效果如图2.37所示。

图2.37 最终效果

2.10 传媒公司名片设计

本例讲解传媒公司名片的设计制作，传媒公司代表着一种文化，具有很强的意味，因此在设计过程中采用与公司文化相搭配的主色调，同时以醒目的文字信息与之相结合，最终效果如图2.38所示。

扫码看视频

图2.38 最终效果

素材位置：素材文件\第2章\传媒公司名片
案例位置：案例文件\第2章\制作传媒公司名片正面.ai、制作传媒公司名片背面.ai、传媒公司名片立体效果.psd
视频位置：多媒体教学\2.10 传媒公司名片设计.avi
难易指数：★☆☆☆☆

2.10.1 使用Illustrator制作传媒公司名片正面效果

01 执行菜单栏中的"文件"|"新建"命令，在弹出的"新建文档"对话框中设置"宽度"为90mm，"高度"为54mm，新建一个空白画板，如图2.39所示。

图2.39 新建文档

02 选择工具箱中的"矩形工具" ▇，绘制一个矩形，将"填色"更改为紫色（R：137，G：56，B：94），"描边"为无，如图2.40所示。

图2.40 绘制矩形

03 在矩形顶部和底部分别绘制两个橙色（R：240，G：130，B：50）矩形，如图2.41所示。

图2.41 绘制矩形

04 选择工具箱中的"椭圆工具" ⬭，将"填色"更改为白色，"描边"为橙色（R：240，G：130，B：50），"粗细"为1像素，按住Shift键绘制一个圆形，如图2.42所示。

图2.42 绘制圆

05 将圆向右侧平移复制两份，如图2.43所示。

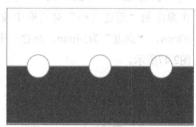

图2.43 复制圆

06 执行菜单栏中的"文件"|"打开"命令，打开"图标.ai"文件，将打开的素材拖至圆的位置并适当缩放，如图2.44所示。

图2.44 添加素材

07 选择工具箱中的"横排文字工具" **T**，添加

41

文字（方正兰亭黑），如图2.45所示。

图2.45 添加文字

⑧ 执行菜单栏中的"文件"|"打开"命令，打开"二维码.ai"文件，将打开的素材拖至名片右上角位置并适当缩放，如图2.46所示。

图2.46 添加素材

2.10.2 使用Illustrator制作传媒公司名片背面效果

① 执行菜单栏中的"文件"|"新建"命令，在弹出的"新建文档"对话框中设置"宽度"为90mm，"高度"为54mm，新建一个空白画板，如图2.47所示。

图2.47 新建文档

② 选择工具箱中的"矩形工具" ，绘制一个与画板相同大小的矩形，将"填色"更改为紫色（R：137，G：56，B：94），"描边"为无，如图2.48所示。

图2.48 绘制矩形

③ 在刚才绘制的矩形底部再次绘制一个橙色（R：240，G：130，B：50）矩形，如图2.49所示。

图2.49 绘制图形

④ 选择工具箱中的"横排文字工具" T ，添加文字（Vogue Bold、方正兰亭黑），如图2.50所示。

图2.50 添加文字

2.10.3 使用Photoshop制作传媒公司名片立体效果

① 执行菜单栏中的"文字"|"新建"命令，在弹出的"新建"对话框中设置"宽度"为80毫米，"高度"为60毫米，"分辨率"为300像素/英寸，新建一个空白画布，如图2.51所示。

图2.51 新建画布

② 执行菜单栏中的"文件"|"打开"命令，打开"名片正面.ai、背景.jpg"文件，将背景图像拖

入新建画布中。

⑩ 在打开的"名片正面"文档中，单击面板底部的"创建新图层" 🔲 按钮，新建一个"图层2"图层，将其移至"图层 1"图层下方，并将其填充为白色。

⑩ 将两个图层合并，并将图层名称更改为"正面"后拖入新建画布中，如图2.52所示。

图2.52 添加素材

⑩ 按Ctrl+T组合键对图像执行"自由变换"命令，单击鼠标右键，从弹出的快捷菜单中选择"扭曲"命令，拖动变形框控制点将图像变形，完成之后按Enter键确认，如图2.53所示。

图2.53 将图像变形

⑩ 以同样方法将名片背面添拖入当前画布中并变形，如图2.54所示。

图2.54 添加素材

⑩ 在"图层"面板中，选中"正面"图层，单击面板底部的"添加图层样式" fx 按钮，在弹出的菜单中选择"投影"命令。

⑩ 在弹出的"图层样式"对话框中将"混合模式"更改为正常，"颜色"更改为棕色（R：38，G：17，B：11），"不透明度"更改为80%，"距离"更改为3像素，"大小"更改为5像素，完成之后单击"确定"按钮，如图2.55所示。

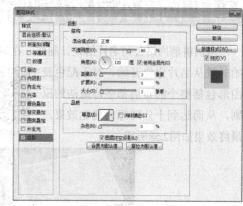

图2.55 设置投影

⑩ 在"正面"图层名称上单击鼠标右键，从弹出的快捷菜单中选择"拷贝图层样式"命令，在"背面"图层名称上单击鼠标右键，从弹出的快捷菜单中选择"粘贴图层样式"命令，效果如图2.56所示。

图2.56 复制并粘贴图层样式

⑩ 在"图层"面板中，同时选中两个图层，按Ctrl+G组合键将其编组，单击面板底部的"添加图层样式" fx 按钮，在弹出的菜单中选择"渐变叠加"命令。

⑪ 在弹出的对话框中将"混合模式"更改为柔光，"不透明度"更改为50%，"渐变"更改为黑色到白色，完成之后单击"确定"按钮，这样就完成了效果制作最终效果如图2.57所示。

43

图2.57 最终效果

2.11 网络公司名片设计

本例讲解网络公司名片的设计制作，在制作开始时就从名片定位开始，对于配色及图形包括整个的布局都坚持简洁的原则，从而达到十分理想的视觉效果，最终效果如图2.58所示。

扫码看视频

图2.58 最终效果

素材位置：素材文件\第2章\网络公司名片设计
案例位置：案例文件\第2章\网络公司名片设计.ai、网络公司名片设计展示.psd
视频位置：多媒体教学\2.11 网络公司名片设计.avi
难易指数：★★☆☆☆

2.11.1 使用Illustrator制作网络公司名片正面效果

(01) 执行菜单栏中的"文件"|"新建"命令，在弹出的"新建文档"对话框中设置"宽度"为90mm，"高度"为55mm，"出血"为3mm，设置完成后单击"确定"按钮，新建一个画板。如图2.59所示。

图2.59 新建画板

(02) 选择工具箱中的"矩形工具" ▭ ，绘制1个与画板大小相同的矩形，并将其填充为白色。

(03) 选择"矩形工具" ▭ ，在画板中单击鼠标左键，在弹出的"矩形"对话框中将"宽度"更改为85mm，"高度"更改为50mm，完成后单击"确定"按钮，如图2.60所示。

图2.60 设置矩形

(04) 选中刚创建的矩形，并将其填充为蓝绿色（R：30，G：174，B：158），再将其与画板对齐，如图2.61所示。

图2.61 绘制图形

(05) 选择工具箱中的"矩形工具" ▭ ，在刚才所绘制的图形上绘制多个细长的矩形，并将其填充为白色，如图2.62所示。

图2.62 绘制图形

(06) 选择工具箱中的"矩形工具" ▭ ，在刚才所绘制的图形上再次绘制一个矩形，并将其填充为白色，如图2.63所示。

(07) 选中所绘制的图形，选择工具箱中的"自由变换工具" ▦ ，将光标移至图形顶部向右侧拖动，将图形变形，如图2.64所示。

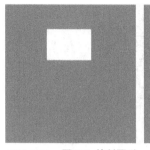
图2.63 绘制图形

图2.64 变形图形

08 选择工具箱中的"矩形工具" ▣，在刚才经过变形的图形上绘制一条倾斜的矩形并旋转后形成一种分割的效果，再将其填充为蓝绿色（R：30，G：174，B：158），如图2.65所示。

图2.65 绘制图形

09 选择工具箱中的"直线段工具" ╱，在画布中刚才所绘制的图形下方位置，按住Shift键水平拖动，绘制一条线段，在选项栏中设置"填充"为无，"描边"为白，"描边粗细"为0.5pt，如图2.66所示。

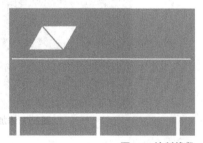
图2.66 绘制线段

10 选择工具箱中的"文字工具" T，在画板中适当位置添加文字，如图2.67所示。

图2.67 添加文字

11 执行菜单栏中的"文件"|"打开"命令，打开"图标.ai"文件，将打开的素材拖入所绘制的图形适当位置并适当缩小，将其填充为白色，如图2.68所示。

图2.68 添加素材

12 选择工具箱中的"文字工具" T，在画板中适当位置添加文字，这样就完成了效果制作，名片正面效果如图2.69所示。

图2.69 添加文字及名片正面效果

2.11.2 使用Illustrator制作网络公司名片背面效果

01 选择工具箱中的"画板工具" ▢，在画板中选中刚才所新建的画板，按住Alt+Shift组合键向右侧拖动，将其复制，此时将生成一个新的画板。选择工具箱中的"矩形工具" ▣，绘制一个与画板大小相同的矩形，并将其填充为白色，如图2.70所示。

图2.70 新建画板并绘制图形

45

02 选中名片正面的蓝绿色矩形，按住Alt+Shift组合键将其拖至新建的画布中，如图2.71所示。

图2.71 复制图形

03 同时选中名片正面的经过变形的白色矩形及用于分割图形的蓝绿色矩形，按住Alt+Shift组合键将其拖至新建的画布中，再按住Alt+Shift组合键将其等比例放大，如图2.72所示。

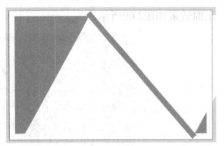

图2.72 复制图形

04 选中变形后的白色矩形，在选项栏中将其"不透明度"更改为10%，如图2.73所示。

图2.73 更改不透明度

05 选中最下方的蓝绿色矩形，按Ctrl+C组合键将其复制，再按Ctrl+F组合键将其粘贴至原图形前方，再按Ctrl+Shift+J组合键将其移至所有图形最上方，如图2.74所示。

06 同时选中该画板中所有的图形，执行菜单栏中的"对象"|"剪切蒙版"|"建立"命令，将部分图形隐藏，如图2.75所示。

图2.74 复制图形　　　　图2.75 隐藏图形

07 选中名片正面白色细长线段，按住Alt键将其拖至当前画板中靠底部位置，再将其延长，如图2.76所示。

图2.76 复制并变形图形

08 选择工具箱中的"文字工具" T，在画板中适当位置添加文字，这样就完成了效果制作，名片背面效果如图2.77所示。制作完成后，将其保存为"网络公司名片设计.ai"文件。

图2.77 添加文字及名片背面

技巧与提示

使用Illustrator或Photoshop制作完成品或半成品后，将其进行保存，以供后面制作使用，以后的案例也都要遵循这个原则，不再提示。

2.11.3 使用Photoshop制作网络公司名片立体效果

01 执行菜单栏中的"文件"|"新建"命令，在

弹出的"新建"对话框中设置"宽度"为12厘米，"高度"为9厘米，"分辨率"为150像素/英寸，"颜色模式"为RGB颜色，新建一个空白画布，如图2.78所示。

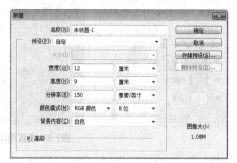

图2.78 新建画布

02 执行菜单栏中的"文件"|"打开"命令，打开"木板.jpg"文件，将打开的素材拖入画布中并适当缩小，此时其图层名称将自动更改为"图层1"。

03 选中"图层1"图层，在画布中按Ctrl+T组合键对其执行"自由变换"命令，单击鼠标右键，从弹出的快捷菜单中选择"扭曲"命令，将光标移至变形框控制点向右拖动，将图像变形，完成后按Enter键确认，如图2.79所示。

图2.79 变形图像

04 在"图层"面板中，选中"图层1"图层，将其拖至面板底部的"创建新图层" 按钮上，复制一个"图层1拷贝"图层，如图2.80所示。

05 选中"图层1"图层，执行菜单栏中的"图像"|"调整"|"去色"命令，将当前图像中的颜色信息去除，如图2.81所示。

图2.80 复制图层 **图2.81 去色**

06 选中"图层1拷贝"图层，执行菜单栏中的"图像"|"调整"|"色相/饱和度"命令，在弹出的"色相/饱和度"对话框中，设置通道为"黄色"，将"饱和度"更改为 - 70，如图2.82所示。

图2.82 调整黄色

07 选择"红色"通道，将"饱和度"更改为 - 30，完成后单击"确定"按钮，如图2.83所示。

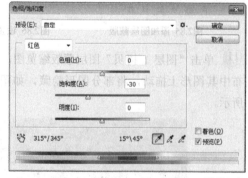

图2.83 调整红色

08 选中"图层1拷贝"图层，执行菜单栏中的"图像"|"调整"|"色阶"命令，在弹出的"色阶"对话框中将其数值更改为（17，1，247），完成后单击"确定"按钮，如图2.84所示。

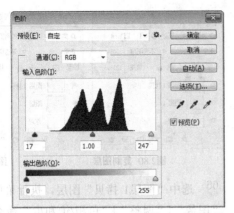

图2.84 调整色阶

09 在"图层"面板中,选中"图层1拷贝"图层,单击面板底部的"添加图层蒙版" ▣ 按钮,为图层添加图层蒙版,如图2.85所示。

10 选择工具箱中的"渐变工具" ▣,在选项栏中单击"点按可编辑渐变"按钮,在弹出的"渐变编辑器"对话框中选择"黑,白渐变",如图2.86所示,设置完成后单击"确定"按钮,再单击选项栏中的"径向渐变" ▣ 按钮。

图2.85 添加图层蒙版　　图2.86 设置渐变

11 单击"图层 1 拷贝"图层蒙版缩览图,在画布中其图形上拖动,将部分图形隐藏,如图2.87所示。

图2.87 隐藏图形

12 在"图层"面板中,选中"图层 1 拷贝"图层,将其图层混合模式设置为"正片叠底","不透明度"更改为70%,如图2.88所示。

图2.88 设置图层混合模式

13 在"图层"面板中,选中"图层 1 拷贝"图层,将其拖至面板底部的"创建新图层" ▣ 按钮上,复制一个"图层 1 拷贝 2"图层。

14 在"图层"面板中,选中"图层 1 拷贝 2"图层,单击面板上方的"锁定透明像素" ▣ 按钮,将当前图层中的透明像素锁定,将图层填充为黑色,如图2.89所示。

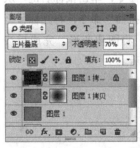

图2.89 锁定透明像素并填充颜色

技巧与提示

在选中当前图层缩览图锁定透明像素填充颜色的时候,注意不要单击蒙版缩览图。

15 在"图层"面板中,选中最上方的图层,按Ctrl+Alt+Shift+E组合键执行"盖印可见图层"命令,此时将生成一个"图层2"图层。

16 选中"图层2"图层,执行菜单栏中的"图像"|"调整"|"色彩平衡"命令,在弹出的"色彩平衡"对话框中将"色阶"更改为(-7,-5,0),完成后单击"确定"按钮,如图2.90所示。

48

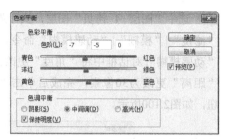

图2.90 调整色彩平衡

⑰ 选中"图层2"图层,执行菜单栏中的"图像"|"调整"|"色阶"命令,在弹出的"色彩平衡"对话框中将其数值更改为(15,0.89,222),完成后单击"确定"按钮,如图2.91所示。

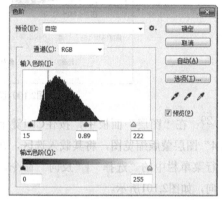

图2.91 调整色阶

⑱ 执行菜单栏中的"文件"|"打开"命令,在弹出的"导入"对话框中选中刚才所制作的"网络公司名片设计.ai",选中"1"缩览图,如图2.92所示。也可以直接从Illustrator软件中拖过来。

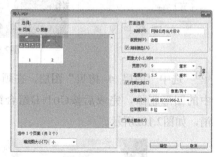

图2.92 打开素材

⑲ 将打开的图像拖入当前画布中,此时其图层名称将自动更改为"图层3",选中"图层3"图层,按Ctrl+T组合键对其执行"自由变换"命令,单击鼠标右键,从弹出的快捷菜单中选择"扭曲"命令,将图形扭曲变形,完成后按Enter键确认,如图2.93所示。

图2.93 添加图形并变形

⑳ 在"图层"面板中,选中"图层 3"图层,将其拖至面板底部的"创建新图层" 按钮上,复制一个"图层 3 拷贝"图层。

㉑ 在"图层"面板中,选中"图层 3 拷贝"图层,在画布中按Ctrl+T组合键对其执行"自由变换"命令,单击鼠标右键,从弹出的快捷菜单中选择"扭曲"命令,将图形扭曲变形,完成后按Enter键确认,再选中"图层 3 拷贝"图层,将其向下移至"图层 3"图层下方,如图2.94所示。

图2.94 变形图形并更改图层顺序

㉒ 选择工具箱中的"多边形套索工具" ,在画布中刚才经过变形的图形下方位置绘制一个不规则选区,如图2.95所示。

㉓ 单击"图层"面板底部的"创建新图层" 按钮,新建一个"图层4"图层,如图2.96所示。

图2.95 绘制选区　　图2.96 新建图层

㉔ 选中"图层 4"图层,在画布中将选区填充为白色,填充完成后按Ctrl+D组合键将选区取消,如图2.97所示。

图2.97 填充颜色

㉕ 在"图层"面板中,选中"图层 4"图层,将其拖至面板底部的"创建新图层" 按钮上,复制一个"图层 4拷贝"图层。

㉖ 在"图层"面板中,选中"图层4 拷贝"图层,单击面板上方的"锁定透明像素" 按钮,将当前图层中的透明像素锁定,在画布中将图层填充为深灰色(R:46,G:46,B:46),如图2.98所示。

图2.98 锁定透明像素并填充颜色

㉗ 选中"图层 4 拷贝"图层,执行菜单栏中的"滤镜"|"杂色"|"添加杂色"命令,在弹出的"添加杂色"对话框中,将"数量"更改为10%,分别勾选"高斯分布"单选按钮和"单色"复选框,设置完成后单击"确定"按钮,如图2.99所示。

图2.99 设置添加杂色

㉘ 选中"图层 4 拷贝"图层,执行菜单栏中的"滤镜"|"模糊"|"动感模糊"命令,在弹出的"动感模糊"对话框中将"角度"更改为165度,"距离"更改为30像素,完成后单击"确定"按钮,如图2.100所示。

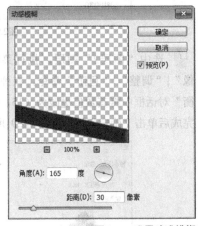

图2.100 设置动感模糊

㉙ 在"图层"面板中,按住Ctrl键单击"图层4"图层蒙版缩览图,将其载入选区,在画布中执行菜单栏中的"选择"|"反向"命令,将选区反向,如图2.101所示。

图2.101 载入选区

㉚ 选中"图层 4 拷贝"图层,在画布中将选区中的图形删除,完成后按Ctrl+D组合键将选区取消,如图2.102所示。

图2.102 删除图形

㉛ 在"图层"面板中，选中"图层 4"图层，单击面板底部的"添加图层样式" *fx* 按钮，在弹出的菜单中选择"渐变叠加"命令，在弹出的"图层样式"对话框中将"渐变"填充为黑色到灰色（R：100，G：100，B：100），"角度"更改为75度，完成后单击"确定"按钮，如图2.103所示。

图2.103 设置渐变叠加

㉜ 在"图层 4"图层上单击鼠标右键，从弹出的快捷菜单中选择"拷贝图层样式"命令，在"图层 4 拷贝"图层上单击鼠标右键，从弹出的快捷菜单中选择"粘贴图层样式"命令，如图2.104所示。

图2.104 复制并粘贴图层样式

㉝ 在"图层"面板中，双击"图层 4 拷贝"图层样式名称，在弹出的"图层样式"对话框中将"混合模式"更改深色，"不透明度"更改为50%，勾选"反向"复选框，"样式"更改为径向，"角度"更改为0度，完成后单击"确定"按钮，如图2.105所示。

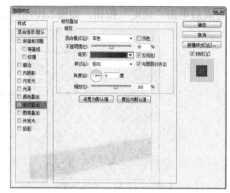

图2.105 设置渐变叠加

㉞ 选择工具箱中的"多边形套索工具" ，在画布中图形靠底部位置绘制一个不规则选区，如图2.106所示。

㉟ 单击"图层"面板底部的"创建新图层" 按钮，新建一个"图层5"图层，选中"图层5"图层，将其向下移至"图层3"图层的下方，如图2.107所示。

图2.106 绘制选区　图2.107 新建图层并更改图层顺序

㊱ 选中"图层5"图层，将选区填充为黑色，填充完成后按Ctrl+D组合键将选区取消，如图2.108所示。

图2.108 填充颜色

㊲ 选中"图层5"图层，执行菜单栏中的"滤镜"|"模糊"|"高斯模糊"命令，在弹出的"高斯模糊"对话框中将"半径"更改为2像素，设置

完成后单击"确定"按钮，如图2.109所示。

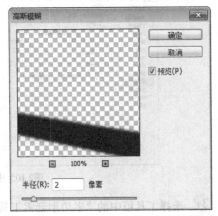

图2.109 设置高斯模糊

(38) 选择工具箱中的"多边形套索工具" ⚡，在图形靠底部位置绘制一个不规则选区，如图2.110所示。

(39) 单击"图层"面板底部的"创建新图层" 🔲 按钮，新建一个"图层6"图层，选中"图层5"图层，将其向下移至"图层5"下方，如图2.111所示。

图2.110 绘制选区 **图2.111 新建图层并更改图层顺序**

(40) 选中"图层6"图层，在画布中将选区填充为黑色，填充完成后按Ctrl+D组合键将选区取消，如图2.112所示。

图2.112 填充颜色

(41) 选中"图层6"图层，按Ctrl+Alt+F组合键

打开"高斯模糊"对话框，将"半径"更改为10像素，设置完成后单击"确定"按钮，如图2.113所示。

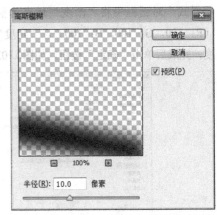

图2.113 设置高斯模糊

(42) 选中"图层6"图层，将其图层"不透明度"更改为80%，如图2.114所示。

图2.114 更改图层不透明度

(43) 在"图层"面板中，选中"图层3拷贝"图层，将其拖至面板底部的"创建新图层" 🔲 按钮上，复制一个"图层3拷贝2"图层，如图2.115所示。

(44) 在"图层"面板中，选中"图层3拷贝"图层，单击面板上方的"锁定透明像素" 🔲 按钮，将当前图层中的透明像素锁定，将图层填充为黑色，如图2.116所示。

图2.115 复制图层 **图2.116 锁定透明像素并填充颜色**

㊺　选中"图层 3 拷贝"图层，执行菜单栏中的"滤镜"|"模糊"|"高斯模糊"命令，在弹出的"高斯模糊"对话框中将"半径"更改为4像素，设置完成后单击"确定"按钮，如图2.117所示。

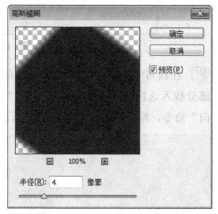

图2.117 设置高斯模糊

㊻　选中"图层 3 拷贝"图层，将其图层"不透明度"更改为70%，这样就完成了展示效果的制作，名片最终展示效果如图2.118所示。

图2.118 更改图层不透明度及最终效果

2.12 地产公司名片设计

本例讲解地产公司名片的设计制作，地产公司类的宣传在设计、制作方面以简洁、大气为主，所以此款名片在设计中采用了沉稳的颜色及简洁的文字信息摆放，最终效果如图2.119所示。

扫码看视频

图2.119 最终效果

素材位置：素材文件\第2章\地产公司名片设计
案例位置：案例文件\第2章\地产公司名片设计.ai、地产公司名片设计展示.psd
视频位置：多媒体教学\2.12 地产公司名片设计.avi
难易指数：★★☆☆☆

2.12.1 使用Photoshop制作地产公司名片背景效果

①　执行菜单栏中的"文件"|"新建"命令，在弹出的"新建"对话框中设置"宽度"为90毫米，"高度"为55毫米，"分辨率"为300像素/英寸，"颜色模式"为RGB颜色，新建一个空白画布，如图2.120所示。

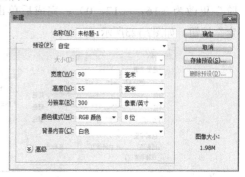

图2.120 新建画布

②　执行菜单栏中的"文件"|"打开"命令，打开"名片材质.jpg"文件，将打开的素材拖入画布中并适当缩放至与画布大小相同，此时其图层名称将自动更改为"图层1"，如图2.121所示。

图2.121 添加素材

③　选中"图层1"图层，执行菜单栏中的"图像"|"调整"|"色相/饱和度"命令，在弹出的"色相/饱和度"对话框中勾选"着色"复选框，将"色相"更改为65，"饱和度"更改为20，完成后单击"确定"按钮，如图2.122所示。

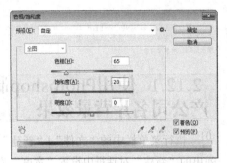

图2.122 设置色相饱和度

04 执行菜单栏中的"图像"|"调整"|"色彩平衡"命令，在弹出的"色相平衡"对话框中将"色阶"更改为（16，-17，0），完成后单击"确定"按钮，如图2.123所示。

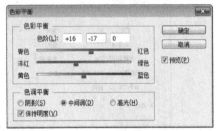

图2.123 设置色彩平衡

05 执行菜单栏中的"图像"|"调整"|"曲线"命令，在弹出的"曲线"对话框中，将曲线向上提，增加整个图像亮度，完成后单击"确定"按钮，如图2.124所示。

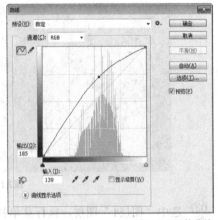

图2.124 调整曲线

06 执行菜单栏中的"图像"|"调整"|"曝光度"命令，在弹出的"曝光度"对话框中将"曝光度"更改为0.26，完成后单击"确定"按钮，如图2.125所示。

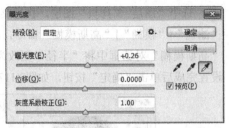

图2.125 调整曝光度

07 在画布中按Ctrl+Alt+2组合键将图像中的高光部分载入选区，再执行菜单栏中的"选择"|"反向"命令，将选区反向，如图2.126所示。

图2.126 载入选区

08 选中"图层1"图层，执行菜单栏中的"图层"|"新建"|"通过拷贝的图层"命令，此时将生成一个"图层2"图层。

09 在"图层"面板中，选中"图层2"图层，将其图层"混合模式"设置为"滤色"，如图2.127所示，将调整好的名片材质文档存储为"名片材质.psd"。

图2.127 设置图层混合模式

2.12.2 使用Illustrator制作地产公司名片的正面

01 执行菜单栏中的"文件"|"新建"命令，

在弹出的"新建文档"对话框中设置"宽度"为90mm，"高度"为55mm，"出血"为3mm，设置完成后单击"确定"按钮，建一个画板，如图2.128所示。

图2.128 新建画板

技巧与提示

在新建画布时单击"使所有设置相同" ⚙ 按钮，则只需要输入一边的出血尺寸，其他3个边的数值会自动更改。

02 执行菜单栏中的"文件"|"打开"命令，打开"名片材质.psd"文件，将打开的素材图像拖入Illustrator创建的画板中并与画板对齐，如图2.129所示。

图2.129 添加素材

03 选择工具箱中的"文字工具" T，在画板中适当位置添加文字，如图2.130所示。

图2.130 添加文字

04 执行菜单栏中的"文件"|"打开"命令，打开"logo.psd"文件，将打开的素材图像拖入画板中左上方位置，这样就完成了效果制作，名片正面效果如图2.131所示。

图2.131 添加素材及正面效果

2.12.3 使用Illustrator制作地产公司名片的背面效果

01 选择工具箱中的"画板工具" ▯，在画板中选中刚才新建的画板，按住Alt+Shift组合键向右侧拖动，将其复制，此时将生成一个新的画板。

02 选择工具箱中的"矩形工具" ▯，绘制一个与画板大小相同的矩形，并将其填充为深红色（R：132，G：27，B：29），如图2.132所示。

图2.132 绘制图形

03 执行菜单栏中的"文件"|"打开"命令，打开"logo.psd"文件，将打开的素材图像拖入中间位置，这样就完成了效果制作，名片背面效果如图2.133所示。

图2.133 添加素材及背面效果

2.12.4 使用Photoshop制作地产公司名片的展示效果

01 执行菜单栏中的"文件"|"新建"命令，在弹出的"新建"对话框中设置"宽度"为12厘米，"高度"为9厘米，"分辨率"为150像素/英寸，"颜色模式"为RGB颜色，新建一个空白画布，如图2.134所示。

图2.134 新建画布

02 执行菜单栏中的"文件"|"打开"命令，打开"木板.jpg"文件，将打开的素材拖入画布中并适当缩放，此时其图层名称将自动更改为"图层1"，如图2.135所示。

图2.135 添加素材

03 选中"图层1"图层，在画布中按Ctrl+Alt+2组合键将图像中的高光部分载入选区，如图2.136所示。

04 选中"图层1"图层，执行菜单栏中的"图层"|"新建"|"通过拷贝的图层"命令，此时将生成一个"图层2"图层，如图2.137所示。

图2.136 载入选区　　　图2.137 通过拷贝的图层

05 在"图层"面板中，选中"图层2"图层，将其图层混合模式设置为"柔光"，如图2.138所示。

图2.138 设置图层混合模式

06 选中"图层2"图层，执行菜单栏中的"图像"|"调整"|"色阶"命令，在弹出的"色阶"对话框中将其数值更改为（25，1.33，255），完成后单击"确定"按钮，如图2.139所示。

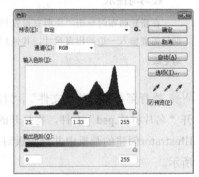

图2.139 调整色阶

07 在"图层"面板中，同时选中"图层2"及"图层1"图层，执行菜单栏中的"图层"|"合并图层"命令，将图层合并，此时将生成一个"图层2"图层，如图2.140所示。

图2.140 合并图层

08 选中"图层2"图层，执行菜单栏中的"图像"|"调整"|"可选颜色"命令，在弹出的"可选颜色"对话框中，选择"颜色"为黄色，将"青色"更改为23%，"黑色"更改为﹣6%，如图

2.141所示。

图2.141 调整黄色

⑨ 选择"颜色"为绿色，将"青色"更改为40%，"黑色"更改为－20%，如图2.142所示。

图2.142 调整绿色

⑩ 选中"颜色"为中性色，将"青色"更改为－10%，"黑色"更改为－16%，完成后单击"确定"按钮，如图2.243所示。

图2.143 调整中性色

⑪ 选中"图层2"图层，执行菜单栏中的"图像"|"调整"|"色阶"命令，在弹出的"色阶"对话框中将其数值更改为（15，1.14，255），完成后单击"确定"按钮，如图2.144所示。

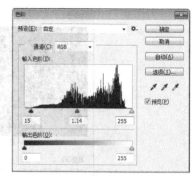

图2.144 调整色阶

⑫ 选择工具箱中的"矩形工具" ，在选项栏中将"填充"更改为棕色（R：74，G：40，B：18），"描边"为无，在画布中绘制一个与画布大小相同的矩形，此时将生成一个"矩形1"图层，如图2.145所示。

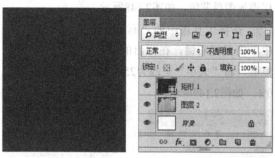

图2.145 绘制图形

⑬ 在"图层"面板中，选中"矩形1"图层，执行菜单栏中的"图层"|"栅格化"|"形状"命令，将当前图形删格化，如图2.146所示。

图2.146 栅格化形状

⑭ 选中"矩形1"图层，执行菜单栏中的"滤镜"|"杂色"|"添加杂色"命令，在弹出的"添加杂色"对话框中，将"数量"更改为2%，分别勾选"高斯分布"单选按钮和"单色"复选框，完成后单击"确定"按钮，如图2.147所示。

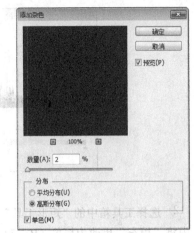

图2.147 添加杂色

⑮ 在"图层"面板中，选中"矩形1"图层，单击面板底部的"添加图层蒙版"  按钮，为其图层添加图层蒙版，如图2.148所示。

⑯ 选择工具箱中的"画笔工具" ，在画布中单击鼠标右键，在弹出的面板中选择一种圆角笔触，将"大小"更改为250像素"硬度"更改为0%，如图2.149所示。

图2.148 添加图层蒙版　　　图2.149 设置画笔

⑰ 单击"矩形1"图层蒙版缩览图，在画布中其图形上部分区域涂抹，将部分图形隐藏，如图2.150所示。

图2.150 隐藏图形

⑱ 在"图层"面板中，选中"矩形1"图层，将其图层混合模式设置为"正片叠底"，"不透明度"更改为80%，如图2.151所示。

图2.151 设置图层混合模式

❓ 技巧与提示

　当隐藏部分图形以后可以选择工具箱中的"画笔工具" ，将前景色更改为黑色，再设置合适的笔触，单击"矩形1"图层蒙版缩览图，在画布中部分区域涂抹，继续隐藏图形使效果更加自然。

⑲ 在"图层"面板中，选中最上方的图层，按Ctrl+Alt+Shift+E组合键执行"盖印可见图层"命令，此时将生成一个"图层3"图层。

⑳ 选中"图层3"图层，执行菜单栏中的"图像"|"调整"|"色阶"命令，在弹出的"色阶"对话框中将其数值更改为（32，1.19，246），完成后单击"确定"按钮，如图2.152所示。

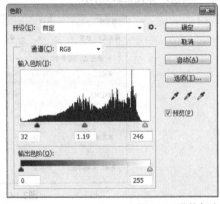

图2.152 调整色阶

㉑ 执行菜单栏中的"文件"|"打开"命令，在弹出的"导入PDF"对话框中选中刚才所制作的地产公司名片设计中的正面图像，如图2.153所示。

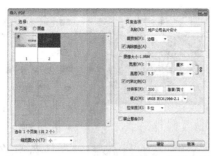

图2.153 打开文档

㉒ 将打开的图像拖入当前画布中并适当缩小，此时其图层名称将自动更改为"图层4"，如图2.154所示。

图2.154 添加图形

㉓ 在"图层"面板中，选中"图层4"图层，将其拖至面板底部的"创建新图层" 按钮上，复制一个"图层4拷贝"图层，如图2.155所示。

㉔ 在"图层"面板中，选中"图层4"图层，单击面板上方的"锁定透明像素" 按钮，将当前图层中的透明像素锁定，将图层填充为黑色，如图2.156所示，填充完成后再次单击此按钮将其解除锁定。

图2.155 复制图层　图2.156 锁定透明像素并填充颜色

㉕ 选中"图层4"图层，执行菜单栏中的"滤镜"|"模糊"|"高斯模糊"命令，在弹出的"高斯模糊"对话框中将"半径"更改为2像素，设置

完成后单击"确定"按钮，如图2.157所示。

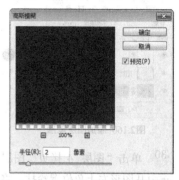

图2.157 设置高斯模糊

㉖ 选中"图层4"图层，将其图层"不透明度"更改为40%，如图2.158所示。

图2.158 更改图层不透明度

㉗ 在"图层"面板中，同时选中"图层4拷贝"及"图层4"图层，执行菜单栏中的"图层"|"合并图层"命令，将图层合并，此时将生成一个"图层4拷贝"图层，如图2.159所示。

图2.159 合并图层

㉘ 在"图层"面板中，选中"图层4拷贝"图层，单击面板底部的"添加图层蒙版" 按钮，为其图层添加图层蒙版，如图2.160所示。

㉙ 选择工具箱中的"画笔工具" ，在画布中单击鼠标右键，在弹出的面板中选择一种圆角笔触，将"大小"更改为20像素"硬度"更改为100%，如图2.161所示。

图2.160 添加图层蒙版

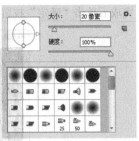

图2.161 设置画笔

㉚ 单击"图层 4 拷贝"图层蒙版缩览图，在画布中其图形左上角位置涂抹，将部分图形隐藏以显示部分绿叶图像，如图2.162所示。

图2.162 隐藏图像

㉛ 执行菜单栏中的"文件"|"打开"命令，在弹出的"导入PDF"对话框中选中刚才所制作的地产公司名片设计中的背面图像，如图2.163所示。

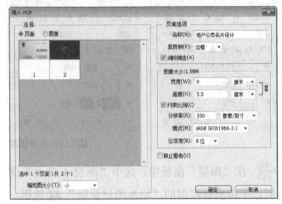

图2.163 打开文档

㉜ 将打开的图像拖入当前画布中并适当缩小，此时其图层名称将自动更改为"图层4"，如图2.164所示。

图2.164 添加图形

技巧与提示

在添加图形的时候，需要注意添加的图形阴影的位置。

㉝ 以同样的方法为名片制作阴影，并将名片移至"图层4 拷贝"图层下方，这样就完成了展示效果制作，最终效果如图2.165所示。

图2.165 制作阴影并更改图层顺序及展示效果

2.13 印刷公司名片设计

本例讲解印刷公司名片的设计制作，在制作过程中以印刷主题为线索，通过绘制多个彩色圆点与树状图形结合的方式制作出精美的名片效果，在展示效果的制作过程中以俯视的角度，从而富有较强立体视觉感受，在一定程度上直观地展示名片效果，最终效果如图2.166所示。

扫码看视频

图2.166 最终效果

素材位置：无
案例位置：案例文件\第2章\印刷公司名片正面效果设计.ai、印刷公司名片背面效计.ai、印刷公司名片展示效果设计.psd
视频位置：多媒体教学\2.13 印刷公司名片设计.avi
难易指数：★★☆☆☆

2.13.1　使用Illustrator制作印刷公司名片正面效果

01 执行菜单栏中的"文件"|"新建"命令，在弹出的"新建文档"对话框中设置"宽度"为90mm，"高度"为54mm，新建一个空白画板，如图2.167所示。

图2.167 新建文档

02 选择工具箱中的"矩形工具" ，将"填色"更改为灰色（R：242，G：242，B：242），在画板中绘制一个与其大小相同的矩形，如图2.168所示。

图2.168 绘制图形

03 选择工具箱中的"钢笔工具" ，将"填色"更改为黑色，在画板左侧位置绘制一个树状不规则图形，如图2.169所示。

图2.169 绘制图形

04 选择工具箱中的"椭圆工具" ，将"填色"更改为绿色（R：155，G：184，B：66），在刚才绘制的图形上方绘制一个椭圆图形，如图2.170所示。

05 选中图形，将其复制数份，并将部分图形缩小且更改其颜色，如图2.171所示。

图2.170 绘制图形　　图2.171 复制并变换图形

06 选择工具箱中的"文字工具" ，在画布适当位置添加文字，这样就完成了效果制作，最终效果如图2.172所示。

图2.172 添加文字及最终效果

2.13.2　使用Illustrator制作印刷公司名片背面效果

01 执行菜单栏中的"文件"|"新建"命令，在弹出的"新建文档"对话框中设置"宽度"为90mm，"高度"为54mm，新建一个空白画板，如图2.173所示。

图2.173 新建文档

02 选择工具箱中的"矩形工具" ▭ ，将"填色"更改为灰色（R：178，G：178，B：178），在画板中绘制一个与其大小相同的矩形，如图2.174所示。

图2.174 绘制图形

03 选择工具箱中的"钢笔工具" ✎ ，将"填色"更改为黑色，在画板左侧位置绘制一个不规则图形，如图2.175所示。

图2.175 绘制图形

04 选择工具箱中的"椭圆工具" ⬭ ，将"填色"更改为绿色（R：155，G：184，B：66），在刚才绘制的图形上方绘制一个椭圆图形，如图2.176所示。

05 选中图形，将其复制数份，并将部分图形缩小且更改其颜色，如图2.177所示。

图2.176 绘制图形　　图2.177 复制并变换图形

06 选择工具箱中的"文字工具" T ，在画布适当位置添加文字，这样就完成了效果制作，如图2.178所示。

图2.178 添加文字

07 选择工具箱中的"矩形工具" ▭ ，将"填色"更改为任意颜色，绘制一个与画板相同大小的图形，如图2.179所示。

图2.179 绘制图形

08 同时选中所有图形，单击鼠标右键，从弹出的快捷菜单中选择"建立剪切蒙版"命令，将多余图形隐藏，这样就完成了效果制作，最终效果如图2.180所示。

图2.180 隐藏图形及最终效果

2.13.3 使用Photoshop制作印刷公司名片立体效果

01 执行菜单栏中的"文件"|"新建"命令，在弹出的"新建"对话框中设置"宽度"为7厘米，"高度"为5厘米，"分辨率"为300像素/英寸，"颜色模式"为RGB颜色，新建一个空白画布，如图2.181所示。

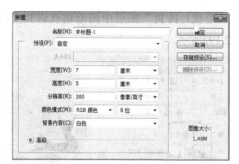

图2.181 新建画布

(02) 将其填充为灰色（R：230，G：227，B：224），如图2.182所示。

图2.182 填充颜色

(03) 执行菜单栏中的"文件"|"打开"命令，打开"印刷公司名片正面效果设计.ai"文件，将打开的素材拖入画布中并适当缩小，以同样的方法打开"印刷公司名片背面效果设计.ai"文件，分别将打开的名片图像拖入画布中并适当缩小，其图层名称将分别更改为"图层1""图层2"，将"图层2"移至"图层1"图层下方，如图2.183所示。

(04) 选中"图层1"图层，按Ctrl+T组合键对其执行"自由变换"命令，当出现变形框以后单击鼠标右键，从弹出的快捷菜单中选择"扭曲"命令，拖动变形框控制点将图像变形，完成之后按Enter键确认，如图2.184所示。

图2.183 添加图像

图2.184 将图像变形

技巧与提示

当出现变形框以后可以按住Ctrl键拖动变形框控制点将图像扭曲。

(05) 选择工具箱中的"钢笔工具"，在选项栏中单击"选择工具模式"路径按钮，在弹出的选项中选择"形状"，将"填充"更改为黑色，"描边"更改为无，在适当位置绘制一个不规则图形，此时将生成一个"形状1"图层，如图2.185所示。

图2.185 绘制图形

(06) 在"图层"面板中，选中"形状1"图层，单击面板底部的"添加图层蒙版"按钮，为其图层添加图层蒙版，如图2.186所示。

(07) 选择工具箱中的"画笔工具"，在画布中单击鼠标右键，在弹出的面板中选择一种圆角笔触，将"大小"更改为250像素，"硬度"更改为0%，如图2.187所示。

图2.186 添加图层蒙版　　图2.187 设置笔触

(08) 将前景色更改为黑色，在其图像上部分区域涂抹将其隐藏制作投影效果，如图2.188所示。

图2.188 隐藏图像

63

技巧与提示

在隐藏图像的时候可以在选项栏中不断更改画笔不透明度，这样制作出的投影效果更加真实。

⑨ 在"图层"面板中，选中"图层1"图层，单击面板底部的"添加图层样式" *fx* 按钮，在菜单中选择"投影"命令，在弹出的"图层样式"对话框中将"不透明度"更改为10%，取消"使用全局光"复选框，将"角度"更改为55度，"距离"更改为4像素，"大小"更改为4像素，完成之后单击"确定"按钮，如图2.189所示。

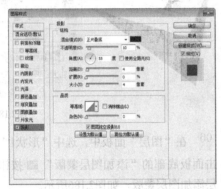

图2.189 设置投影

⑩ 选中"图层2"图层，以同样的方法按Ctrl+T组合键对其执行"自由变换"命令，当出现变形框以后单击鼠标右键，从弹出的快捷菜单中选择"扭曲"命令，拖动变形框控制点将图像变形，完成之后按Enter键确认，如图2.190所示。

图2.190 将图像变形

⑪ 在"图层"面板中，选中"形状1"图层，将其拖至面板底部的"创建新图层" 🖺 按钮上，复制一个"形状1 拷贝"图层，将"形状1 拷贝"图层移至"图层2"下方，如图2.191所示。

⑫ 选择工具箱中的"直接选择工具" ▹，拖动

"形状1 拷贝"图层中图形锚点将其变形，如图2.192所示。

图2.191 复制图层

图2.192 调整投影

技巧与提示

为了投影更加真实，在调整图形锚点之后再利用"画笔工具" ✐ 将投影隐藏或者显示，对其进行进一步调整以适应当前名片的投影效果。

⑬ 在"图层1"图层上单击鼠标右键，从弹出的快捷菜单中选择"拷贝图层样式"命令，在"图层2"图层上单击鼠标右键，从弹出的快捷菜单中选择"粘贴图层样式"命令，双击"图层2"图层样式名称，在弹出的对话框中将"混合模式"更改为正常，"颜色"为白色，"不透明度"更改为60%，将"角度"更改为75度，"距离"更改为1像素，"大小"更改为0像素，完成之后单击"确定"按钮，这样就完成了效果制作，最终效果如图2.193所示。

图2.193 最终效果

2.14 社交公司名片设计

本例讲解社交公司名片的设计制作，此款名片的正面十分简洁，整个文字信息直观明了，与直观的logo图像组合成一个贴近公司文化的名片，

扫码看视频

在本例中依旧采用经典的原生木质图像，最终效果如图2.194所示。

图2.194 最终效果

素材位置：素材文件\第2章\社交公司名片
案例位置：案例文件\第2章\社交公司名片正面效果设计.ai、社交公司名片背面效果设计.ai、社交公司名片展示效果设计.psd
视频位置：多媒体教学\2.14 社交公司名片设计.avi
难易指数：★★☆☆☆

2.14.1　使用Illustrator制作社交公司名片正面效果

01 执行菜单栏中的"文件"|"新建"命令，在弹出的"新建文档"对话框中设置"宽度"为90mm，"高度"为54mm，新建一个空白画板，如图2.195所示。

图2.195 新建文档

02 选择工具箱中的"圆角矩形工具" ▢，"圆角半径"设置为4mm，将"填色"更改为浅蓝色（R：247，G：250，B：252），在画板中绘制一个与画板大小相同的圆角矩形，如图2.196所示。

图2.196 绘制图形

03 选择工具箱中的"圆角矩形工具" ▢，将"填色"更改为蓝色（R：0，G：218，B：253），在画板顶部按住Shift键绘制一个圆角矩形，如图2.197所示。

图2.197 绘制图形

04 选择工具箱中的"添加锚点工具" ✍，在圆角矩形右下角单击添加锚点，如图2.198所示。

05 选择工具箱中的"转换锚点工具" ⊦，单击添加的锚点，如图2.199所示。

图2.198 添加锚点　　　　**图2.199 转换锚点**

06 选择工具箱中的"直接选择工具" ▷，选中经过转换的锚点拖动将图形变形，如图2.200所示。

图2.200 将图形变形

07 选择工具箱中的"椭圆工具" ⬭，将"填色"更改为白色，在经过变形的图形左上角绘制一个椭圆图形，如图2.201所示。

08 选中椭圆图形，按住Alt键向右下角方向拖动将其复制，再将复制生成的图形等比缩小，如图2.202所示。

图2.201 绘制图形　　图2.202 复制并变换图形

⑨　选择工具箱中的"文字工具" T，在画板适当位置添加文字，这样就完成了效果制作，最终效果如图2.203所示。

图2.203 添加文字及最终效果

2.14.2　使用Illustrator制作社交公司名片背面效果

①　执行菜单栏中的"文件"|"新建"命令，在弹出的"新建文档"对话框中设置"宽度"为90mm，"高度"为54mm，如图2.204所示。

图2.204 新建文档

②　新建一个空白画板，选择工具箱中的"圆角矩形工具" ，将"填色"更改为蓝色（R：0，G：218，B：253），在画板中绘制一个与画板大小相同的圆角矩形，如图2.205所示。

图2.205 绘制图形

③　以刚才同样的方法绘制logo图形，如图2.206所示。

图2.206 绘制图形

④　选择工具箱中的"文字工具" T，在画板适当位置添加文字，这样就完成了效果制作，最终效果如图2.207所示。

图2.207 最终效果

2.14.3　使用Photoshop制作社交公司名片立体效果

①　执行菜单栏中的"文件"|"打开"命令，打开"木板.jpg"文件，如图2.208所示。

图2.208 打开素材

02 在"图层"面板中，选中"背景"图层，将其拖至面板底部的"创建新图层"按钮上，复制一个"背景 拷贝"图层，如图2.209所示。

03 选中"背景 拷贝"图层，将其图层混合模式更改为"正片叠底"，如图2.210所示。

图2.209 复制图层　　图2.210 设置图层混合模式

04 在"图层"面板中，选中"图层1"图层，单击面板底部的"添加图层蒙版"按钮，为其图层添加图层蒙版，如图2.211所示。

05 选择工具箱中的"画笔工具"，在画布中单击鼠标右键，在弹出的面板中选择一种圆角笔触，将"大小"更改为250像素，"硬度"更改为0%，如图2.212所示。

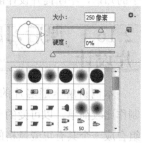

图2.211 添加图层蒙版　　图2.212 设置笔触

06 将前景色更改为黑色，在其图像上部分区域涂抹将其隐藏，如图2.213所示。

图2.213 隐藏图像

技巧与提示

在隐藏图像的时候可以不断调整画笔大小及不透明度，这样经过隐藏后的加深效果更加自然。

07 执行菜单栏中的"文件"|"打开"命令，打开"社交公司名片正面效果设计.ai"文件，将打开的素材拖入画布中并适当缩小，以同样的方法打开"社交公司名片背面效果设计.ai"文件，分别将打开的名片图像拖入画布中并适当缩小，其图层名称将分别更改为"图层1""图层2"，将"图层2"移至"图层1"图层下方，如图2.214所示。

图2.214 添加素材

08 选中"图层1"图层，按Ctrl+T组合键对其执行"自由变换"命令，当出现变形框以后单击鼠标右键，从弹出的快捷菜单中选择"扭曲"命令，拖动变形框控制点将图像变形，完成之后按Enter键确认，以同样的方法选中"图层2"图层，将图像变形，如图2.215所示。

图2.215 将图像变形

09 在"图层"面板中，选中"图层2"图层，单击面板底部的"添加图层样式"按钮，在菜单中选择"投影"命令，在弹出"图层样式"的对话框中将"不透明度"更改为20%，"距离"更改为2像素，"大小"更改为3像素，完成之后单击"确定"按钮，如图2.216所示。

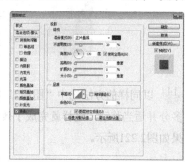

图2.216 设置投影

⑩ 在"图层2"图层上单击鼠标右键，从弹出的快捷菜单中选择"拷贝图层样式"命令，在"图层1"图层上单击鼠标右键，从弹出的快捷菜单中选择"粘贴图层样式"命令，如图2.217所示。

图2.217 复制并粘贴图层样式

⑪ 在"图层"面板中，选中"图层1"图层，将其拖至面板底部的"创建新图层" 按钮上，复制一个"图层1 拷贝"图层，如图2.218所示。

⑫ 双击"图层1 拷贝"图层样式名称，在弹出的对话框中将"距离"更改为1像素，再将图像稍微移动，如图2.219所示。

图2.218 复制图层　　图2.219 修改样式

⑬ 选中"图层1 拷贝"图层，将其复制数份，并适当移动，如图2.220所示。

图2.220 移动图像

⑭ 以同样的方法选中"图层2"图层，将其复制多份并适当移动，这样就完成了效果制作，最终效果如图2.221所示。

图2.221 复制移动图像及最终效果

2.15　本章小结

名片是一个人、一种职业的独立媒体，是自我宣传的一种媒介，本章从名片设计的基础知识讲起，详细讲解了多种名片的制作方法和技巧。

2.16　课后习题

名片在现实生活中使用率相当的高，鉴于它的重要性，本章有针对性地安排了4个综合名片的制作过程作为课后习题，以供读者练习，用于强化所学的知识，不断提升设计能力。

2.16.1　课后习题1——卡通名片设计

本例讲解卡通名片的设计制作，此款名片的制作比较简单，以可爱的卡通笑脸与形象的对话框组合成一个具有可爱风格的名片正面效果；以与正面图案相对应的图像和简洁明了的文字信息组合成一个完美的名片背面效果；以贴近真实世界中的纹理作为背景完美地展示出色的卡通名片效果，最终效果如图2.222所示。

扫码看视频

图2.222 最终效果

素材位置：　素材文件\第2章\卡通名片
案例位置：　案例文件\第2章\卡通名片正面效果设计.ai、卡通名片背面效果设计.ai、卡通名片展示效果设计.psd
视频位置：　多媒体教学\2.16.1　课后习题1——卡通名片设计.avi
难易指数：　★★☆☆☆

步骤分解如图2.223所示。

图2.223　步骤分解图

2.16.2　课后习题2——运动名片设计

本例讲解运动名片的设计制作，此款名片在制作过程中以体现运动的本质为主，通过对象形化的不规则图形进行组合，营造视觉上的运动感；在展示效果制作上以透视视角背景与名片主题相对应，整个展示效果体现出运动的特点，同时添加的虚化效果也加深了展示效果的真实感，最终效果如图2.224所示。

扫码看视频

图2.224　最终效果

素材位置：　素材文件\第2章\运动名片
案例位置：　案例文件\第2章\运动名片正面效果设计.ai、运动名片背面效果设计.ai、运动名片展示效果设计.psd
视频位置：　多媒体教学\2.16.2　课后习题2——运动名片设计.avi
难易指数：　★★☆☆☆

步骤分解如图2.225所示。

图2.225　步骤分解图

2.16.3　课后习题3——数码公司名片设计

本例讲解数码公司名片的设计制作，由于是数码公司，所以在配色方面尽量采用具有科技感的色调，最终效果如图2.226所示。

扫码看视频

图2.226　最终效果

素材位置：素材文件\第2章\数码公司名片设计
案例位置：案例文件\第2章\数码公司名片设计正面.ai、数码公司名片设计背面.ai、数码公司名片设计展示.psd
视频位置：多媒体教学\2.16.3 课后习题3——数码公司名片设计.avi
难易指数：★☆☆☆☆

步骤分解如图2.227所示。

图2.227 步骤分解图

2.16.4 课后习题4——科技公司名片设计

本例讲解科技公司名片的设计制作，此款名片信息简洁，整个版式布局舒适，背面采用logo与简洁文字说明组合的方式，与正面的布局相呼

扫码看视频

应，以实木为背景与名片的随意摆放相结合，整体上随意却大气，最终效果如图2.228所示。

图2.228 最终效果

素材位置：素材文件\第2章\科技公司名片
案例位置：案例文件\第2章\科技公司名片正面效果设计.ai、科技公司名片背面效果设计.ai、科技公司名片展示效果设计.psd
视频位置：媒体教学\2.16.4 课后习题4——科技公司名片设计.avi
难易指数：★★☆☆☆

步骤分解如图2.229所示。

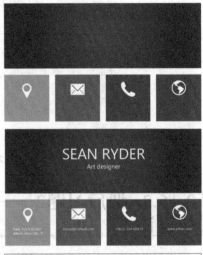

图2.229 步骤分解图

第3章

UI图标及界面设计

───── 内容摘要 ─────

　　互联网时代越来越多的智能设备丰富了人们的生活，智能设备通常通过触摸屏幕与使用者进行交互，此途径在操作过程中具有极大的便利性，这与屏幕中的图标是分不开的。本章从图标与界面的使用角度进行设计与制作，通过绘制与应用对应的图标与功能图像提升交互界面的美观与使用性。UI图标及界面设计制作比较简单，重点在于对图标及界面本身定位，如漂亮的外观、较强的可识别性等的把握。通过本章的学习，读者可以熟练掌握UI图标及界面的设计与制作。

───── 课堂学习目标 ─────

- 了解UI设计单位及图像格式
- 了解UI设计与团队合作关系
- 学习UI设计的配色
- 了解UI设计准则
- 了解智能手机操作系统
- 掌握UI图标及界面的设计技巧

3.1 认识UI设计

UI（User Interface）即用户界面，UI设计是指对软件的人机交互、操作逻辑、界面美观的整体设计。它是系统和用户之间进行交互和信息交换的媒介，它实现信息的内部形式与人类可以接受形式之间的转换，好的UI设计不仅能让软件变得有个性、有品位，还能让软件的操作变得舒适、简单、自由，充分体现软件的定位和特点，如今人们所说的UI设计大体由以下3个部分组成。

1.图形界面设计（Graphical User Interface）

图形界面是指采用图形方式显示的用户操作界面，图形界面使用户在完美视觉效果上感觉十分明显。图形界面向用户展示功能、模块、媒体等信息。

在国内通常人们提起的视觉设计师就是指设置图形界面的设计师，一般从事此类行业的设计师大多经过专业的美术培训，有一定的专业背景或者指相关的其他从事设计行业的人员。

2.交互设计（Interaction Design）

交互设计在于定义人造物的行为方式(人工制品在特定场景下的反应方式)相关的界面。

交互设计的出发点在于研究人在和物交流过程中，人的心理模式和行为模式，并在此研究基础上设计出可提供的交互方式，以满足人对使用人工物的需求。交互设计是设计方法，而界面设计是交互设计的自然结果。同时界面设计不一定由显意识交互设计驱动，然而界面设计必然自然包含交互设计（人和物是如何进行交流的）。

交互设计师首先进行用户及潜在用户的研究，设计人造物的行为，并从有用、可用及易用性等方面来评估设计质量。

3.用户研究（User Study）

同软件开发测试一样，UI设计中也会有用户测试，其工作的主要内容是测试交互设计的合理性以及图形设计的美观性。一款应用经过交互设计、图形界面设计等工作之后，需要最终的用户测试才可上线，此项工作尤为重要，通过测试可以发现应用中某个地方的不足，或者不合理性。

3.2 常用单位解析

在UI界面设计中，单位的应用非常关键，下面介绍常用单位的使用。

1.英寸

长度单位，从计算机的屏幕到电视机，再到各类多媒体设备的屏幕大小（通常指屏幕对角的长度，而手持移动设备、手机等屏幕也沿用了这个概念）。

2.分辨率

屏幕物理像素的总和，用屏幕宽乘以屏幕高的像素数来表示，如笔记本电脑上的1366px×768px，液晶电视上的1200px×1080px，手机上的480px×800px和640px×960px等。

3.网点密度

屏幕物理面积内所包含的像素数，以DPI（每英寸像素点数或像素/英寸）为单位来计量，DPI越高，显示的画面质量就越精细。在进行手机UI设计时，DPI要与手机相匹配，因为低分辨率的手机无法满足高DPI图片对手机硬件的要求，显示效果十分精糕，所以在设计过程中就涉及一个全新的名词——屏幕密度。

4.屏幕密度（Screen Densities）

以搭载Android操作系统的手机为例，屏幕密度分别如下。

（1）iDPI（低密度）：120 像素/英寸。

（2）mDPI（中密度）：160 像素/英寸。

（3）hDPI（高密度）：240 像素/英寸。

（4）xhDPI（超高密度）：320 像素/英寸。

与Android相比，iPhone手机对密度版本的数量要求没有那么多，因为目前iPhone界面仅两种设计尺寸——960px×640px和640px×1136px，而网点密度（DPI）采用mDPI，即160像素/英寸就可以满足设计要求。

3.3 UI设计准则

UI设计是一个系统化的设计工程，看似简单，其实不然，在这套设计工程中一定要按照设计原则进行设计，UI的设计原则主要有以下几点。

1.简易性

在整个UI设计的过程中一定要注意设计的简易性，界面的设计一定要简洁、易用且好用，让用户便于使用，便于了解，并能最大限度地减少选择性的错误。

2.一致性

一款成功的应用应该拥有一个优秀的界面，同时也是所有优秀界面所具备的共同特点。应用界面的应用必须清晰一致，风格与实际应用内容相同，所以在整个设计过程中应保持一致性。

3.提升用户的熟知度

用户在第一时间接触到界面时必须是之前所接触到或者已掌握的知识，新的应用绝对不会超过一般常识，在设计界面对，可以通过已经掌握的知识来设计，不要超出一般常识，以提升用户的熟知度。如无论是拟物化的写实图标设计还是扁平化的界面，都要以用户所掌握的知识为基准。

4.可控性

可控性在设计过程中是先决性的一点，在设计之初就要考虑到用户想要做什么、需要做什么，而此时在设计中就要加入相应的操控提示。

5.记性负担最小化

一定要科学地分配应用中的功能说明，力求操作最简化，从人脑的思维模式出发，不要打破传统的思维方式，不要给用户增加思维负担。

6.从用户的角度考虑

想用户所想，思用户所思，研究用户的行为，他会如何去做。大多数的用户是不具备专业知识的，他们往往只习惯于从自身的行为习惯出发进行思考和操作，在设计的过程中应当把自己作为用户，以切身体会去设计。

7.顺序性

一款功能的应用应该在功能上按一定规律进行排列，一方面可以让用户在极短的时间内找到自己需要的功能，而另一方面可以使用户拥有直观的、简洁易用的感受。

8.安全性

无论任何应用在用户进行切身体会和自由选择操作时，他所做出的这些动作都应该是可逆的，如在用户做出一个不恰当或者错误操作的时候应当有危险信息介入。

9.灵活性

快速高效率及整体满意度在用户看来都是人性化的体验，在设计过程中需要尽可能地考虑到特殊用户群体，如残疾人、色盲、语言障碍者等的操作体验，这一点可以在IOS操作系统上得到最直观的感受。

3.4 UI设计与团队合作关系

UI设计与产品团队合作流程关系如下。

1.团队成员

（1）产品经理。产品经理对用户需求进行分析调研，针对不同的需求进行产品卖点规划，然后将规划的结果陈述给公司上级，以此来取得项目所要用到的各类资源（人力、物力和财力等）。

（2）产品设计师。产品设计师侧重功能设计，考虑技术可行性，如在设计一款多动端播放器的时候是否在播放的过程中添加动画提示甚至一些更复杂的功能，而这些功能的添加都是经过深思熟虑的。

（3）用户体验工程师。用户体验工程师需要了解更多商业层面的内容，其工作通常与产品设计师相辅相成，从产品的商业价值的角度出发，以用户的切身体验、实际感觉出发，对产品与用户交互方面的环节进行设计方面的改良。

（4）图形界面设计师。图形界面设计师的工作为设计一款能适应用户需求的界面，一款应用能否成功与图形界面也有着分不开的关系。图形界面设计师常用的软件有Photoshop、Illustrator及Fireworks等。

2.UI设计与项目流程步骤

产品定位→产品风格→产品控件→方案制订→方案提交→方案选定。

3.5 UI界面设计常用的软件

如今UI界面设计中常用的主要软件有Adobe公司的Photoshop和Illustrator，Corel公司的CorelDRAW等，其中以Photoshop和Illustrator最为常用。

对于目前流行的UI界面设计，由于没有具有针对性的专业设计软件，所以大部分设计师会选择使用这3款软件来制作UI界面，如图3.1所示。

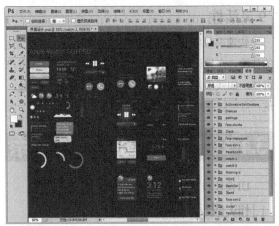

图3.1 3款软件的界面效果

3.6 UI设计配色技巧

无论在任何设计领域，颜色的搭配永远都是至关重要的，优秀的配色不仅带给用户完美的体验，更能让使用者心情舒畅，提升整个应用的价值，下面是几种常见的配色对用户心情的影响。

1.百搭黑白灰

提起黑、白、灰这3种色彩，人们总是觉得在任何地方都离不开它们，它们也是最常见到的色彩。它们既能作为任何色彩的百搭辅助色，又能作为主色调。一些流行应用的主色调大多离不开这3种颜色，白色给人以洁白、纯真、清洁的感受；而黑色则能带给人一种深沉、神秘、压抑的感受；灰色则给人一种中庸、平凡、中立和高雅的感觉，所以说在搭配方面这3种颜色几乎是万能的百搭色，同时最强的可识别性也是黑、白、灰配色里的一大特点，图3.2所示为黑、白、灰配色效果展示。

图3.2 黑、白、灰配色效果展示

2.甜美温暖橙

橙色是一种界于红色和黄色之间的色彩，它不同于大红色过于刺眼，又比黄色更加富有视觉冲击感。在设计过程中，这种色彩既可以大面积使用，同样可以作为搭配色来点缀，它可以和黄色、红色、白色等搭配。如果和绿色搭配则给人一种清新甜美的感觉，在大面积的橙色中稍添加绿色可以起到一种画龙点睛的效果，这样可以避免只使用一种橙色而引起的视觉疲劳，图3.3所示为甜美温暖橙配色效果展示。

图3.3 甜美温暖橙配色效果展示

3.气质冷艳蓝

蓝色给人的第一感觉就是舒适，没有过多的刺激感，给人一种非常直观的清新、静谧、专业、冷静的感觉，同时蓝色也很容易和别的色彩搭配。在界面设计过程中可以把蓝色做得相对大牌，也可以用得趋于小清新，假如在搭配的过程中找不出别的颜色搭配，此时蓝色总是相对安全的色彩。蓝色可以和黄色、红色、白色、黑色等搭配，蓝色是冷色系里最典型的代表，而红色、黄色、橙色则是暖色系里最典型的代表，这两种冷暖色系对比之下，会更加具有跳跃感，这时产生一种强烈的兴奋感，很容易感染用户的情绪；蓝色和白色的搭配会显得更清新、素雅、极具品质感，蓝色和黑色的搭配类似于红色和黑色搭配，能产生一种极强的时尚感，能瞬间让人眼前一亮，通常在做一些质感类图形图标设计时用得较多。图3.4所示为气质冷艳蓝配色效果展示。

图3.4 气质冷艳蓝配色效果展示

4.清新自然绿

和蓝色一样，绿色是一种和大自然相关的灵活色彩，它与不同的颜色进行搭配时带给人不同的心理感受。柠檬绿代表了一种潮流，橄榄绿则显得十分平和贴近，而淡绿色可以给人一种清爽的春天的感觉，紫色和绿色是奇妙的搭配，紫色神秘又成熟，绿色又代表希望和清新，所以它是一种非常奇妙的颜色，图3.5所示为清新自然绿配色效果展示。

图3.5 清新自然绿配色效果展示

5.热情狂热红

大红色在界面设计中是一种不常见的颜色，一般作为点缀色使用，比如警告、强调、警示，使用过度的话容易造成视觉疲劳。大红色和黄色搭配是中国比较传统的喜庆搭配。这种艳丽浓重的色彩向来会让我们想到节日庆典，因此喜庆感会更强。而红色和白色搭配相对会让人感觉更干净整洁，也容易体现出应用的品质感；红色和黑色的搭配比较常见，会带给人一种强烈的时尚气质感，如大红和纯黑搭配能带给人一种炫酷的感觉，红色和橙色搭配则让人产生一种甜美的感觉，图3.6所示为热情狂热红配色效果展示。

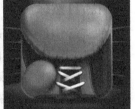

图3.6 热情狂热红配色效果展示

6.靓丽醒目黄

黄色是亮度最高、灿烂、多用于大面积配色中的点睛色，它没有红色那么抢眼和俗气，却可以更加柔和地让人产生刺激感。在进行配色的过程中，黄色应该和黑色、白色、蓝色、紫色进行搭配，黄色和黑色、白色的对比较强，容易形成较高层次的对比，突出主题；而与蓝色、紫色搭配，除强烈的对比刺激眼球外，还能够有较强的轻快时尚感，这样能使人产生欢快、明亮的感觉，并且活跃度较高，图3.7所示为靓丽醒目黄配色效果展示。

图3.7 靓丽醒目黄配色效果展示

3.7 设计色彩学

我们生活在一个充满色彩的世界，色彩一直刺

激我们的视觉器官，而色彩也往往是作品给人的第一印象。

1.色彩与生活

在认识色彩前要先建立一种观念，就是如果要了解色彩、认识色彩，便要用心去感受生活，留意生活中的色彩，否则容易变成一个视而不见的色盲。就如人体的其他感官一样，色彩就活像是我们的味觉，一样的材料但因用了不同的调味料而有了不同的味道，成功的好吃，失败的往往叫人难以下咽，而色彩对生理与心理都有重大的影响，如图3.8所示。

图3.8 色彩与生活

2.色彩意象

当我们看到色彩时，除了会感觉其物理方面的影响，心里也会立即产生感觉，这种感觉一般难以用言语形容，我们称之为印象，也就是色彩意象。下面就是色彩意象的具体说明。

红的色彩意象

由于容易引起注意，所以红色在各种媒体中被广泛利用，除了具有较佳的明视效果之外，红色更被用来传达有活力、积极、热诚、温暖、前进等含义的企业形象与精神。另外，红色也常用来作为警告、危险、禁止、防火等标用色，人们在一些场合或物品上，看到红色标志时，常不必仔细看内容，即能了解警告危险之意，在工业安全用色中，红色即是警告、危险、禁止、防火的指定色。常见的红色为大红、桃红、砖红、玫瑰红。常见红色APP如图3.9所示。

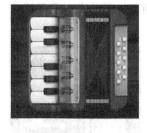

图3.9 常见红色APP

橙的色彩意象

橙色明视度高，在工业安全用色中，橙色即是警戒色，如火车头、登山服装、背包、救生衣等。由于橙色非常明亮刺眼，有时会使人有负面低俗的意象，这种状况尤其容易发生在服饰的运用上，所以在运用橙色时，要注意选择搭配的色彩和表现方式，才能把橙色明亮、活泼的特性发挥出来。常见的橙色为鲜橙、橘橙、朱橙。常见橙色APP如图3.10所示。

图3.10 常见橙色APP

黄的色彩意象

黄色明视度高，在工业安全用色中，橙色即是警告危险色，常用来警告危险或提醒注意，如交

通信号灯上的黄灯、工程用的大型机器、学生用雨衣、雨鞋等、都使用黄色。常见的黄色为大黄、柠檬黄、柳丁黄、米黄。常见的黄色APP如图3.11所示。

图3.11 常见黄色APP

绿的色彩意象

在商业设计中，绿色所传达的清爽、理想、希望、生长的意象符合服务业、卫生保健业的诉求，在工厂中为了避免操作时眼睛疲劳，许多工作的机械也采用绿色，一般的医疗机构场所，也常采用绿色作为空间色彩规划即标示医疗用品。常见的绿色为大绿、翠绿、橄榄绿、墨绿。常见绿色APP如图3.12所示。

图3.12 常见绿色APP

蓝色的色彩意象

蓝色具有理智、准确的意象，在商业设计中，强

调科技、效率的商品或企业形象，大多选用蓝色作为标准色、企业色，如计算机、汽车、影印机、摄影器材等。另外，蓝色也代表忧郁，这是受了西方文化的影响，这个意象也运用在文学作品或感性诉求的商业设计中。常见的蓝色为大蓝、天蓝、水蓝、深蓝。常见蓝色APP如图3.13所示。

些饮品原料的色泽及味感，如咖啡、茶、麦类等，或强调格调古典优雅的企业或商品形象。常见的褐色为茶色、可可色、麦芽色、原木色。常见褐色APP如图3.15所示。

图3.15 常见褐色APP

图3.13 常见蓝色APP

白色的色彩意象

在商业设计中，白色具有高级、科技的意象，通常需和其他色彩搭配使用，纯白色会给人寒冷、严峻的感觉，所以在使用白色时，都会掺入一些其他的色彩，使其变成象牙白、米白、乳白、苹果白等，在生活用品、服饰用色上，白色是永远流行的主要色，可以和任何颜色搭配。常见白色APP如图3.16所示。

紫色的色彩意象

由于具有强烈的女性化性格，在商业设计用色中，紫色也受到相当的限制，除了和女性有关的商品或企业形象之外，其他类的设计不常采用紫色作为主色。常见的紫色为大紫、贵族紫、葡萄酒紫、深紫。常见紫色APP如图3.14所示。

图3.16 常见白色APP

图3.14 常见紫色APP

褐色的色彩意象

在商业设计上，褐色通常用来表现原始材料的质感，如麻、木材、竹片、软木等，或用来传达某

黑色的色彩意象

在商业设计中，黑色具有高贵、稳重、科技

的意象，是许多科技产品的用色，如电视、跑车、摄影机、音响、仪器的色彩大多采用黑色。在其他方面，黑色具有庄严的意象，也常用在一些特殊场合的空间设计，生活用品和服饰设计大多利用黑色来塑造高贵的形象，也是一种永远流行的主要颜色，适合和许多色彩搭配。常见黑色APP如图3.17所示。

图3.17　常见黑色APP

灰色的色彩意象

在商业设计中，灰色具有柔和、高雅的意象，而且属于中间性格，男女皆能接受，所以灰色也是永远流行的主要颜色。许多高科技产品，尤其是和金属材料有关的，几乎都采用灰色来传达高级、科技的形象。使用灰色时，利用不同的层次变化组合或搭配其他色彩，才不会过于素、沉闷，而有呆板、僵硬的感觉。常见的灰色为大灰、老鼠灰、蓝灰、深灰。常见灰色APP，如图3.18所示。

图3.18　常见灰色APP

3.8　折纸按钮

本例讲解折纸按钮的制作，本例中的按钮十分新潮，以形象的折纸图形与按钮进行结合使整个外观新颖且时尚，在配色上以灰色与科技蓝色结合使整个视觉效果十分舒适，最终效果如图3.19所示。

扫码看视频

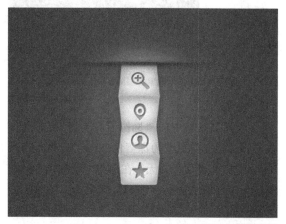

图3.19　最终效果

素材位置：素材文件\第3章\折纸按钮
案例位置：案例文件\第3章\折纸按钮.psd
视频位置：多媒体教学\3.8 折纸按钮.avi
难易指数：★★☆☆☆

3.8.1　制作渐变背景

01　执行菜单栏中的"文件"|"新建"命令，在弹出的"新建"对话框中设置"宽度"为400像素，"高度"为300像素，"分辨率"为72像素/英寸，新建一个空白画布。

02　单击面板底部的"创建新图层"按钮，新建一个"图层1"图层，如图3.20所示。

图3.20　填充颜色

03　选择工具箱中的"渐变工具"，编辑蓝色

（R：31，G：130，B：178）到蓝色（R：14，G：66，B：112）的渐变，单击选项栏中的"径向渐变"按钮，在画布中从中心向右下角方向拖动填充渐变，如图3.21所示。

图3.21 填充渐变

04 选择工具箱中的"椭圆工具"，在选项栏中将"填充"更改为深蓝色（R：7，G：36，B：80），"描边"为无，在画布中绘制一个椭圆图形，此时将生成一个"椭圆1"图层，如图3.22所示。

图3.22 绘制图形

05 选中"椭圆 1"图层，执行菜单栏中的"滤镜"|"模糊"|"动感模糊"命令，在弹出的"动感模糊"对话框中将"角度"更改为0度，"距离"更改为120像素，设置完成之后单击"确定"按钮，如图3.23所示。

图3.23 设置动感模糊

06 选中"椭圆1"图层，执行菜单栏中的"滤镜"|"模糊"|"高斯模糊"命令，在弹出的"高斯模糊"对话框中将"半径"更改为3像素，完成之后单击"确定"按钮，如图3.24所示。

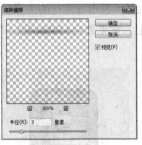

图3.24 设置高斯模糊

07 选择工具箱中的"矩形选框工具"，在画布中其图像上半部分位置绘制一个矩形选区，如图3.25所示。

08 选中"椭圆 1"图层，将选区中图像删除，完成之后按Ctrl+D组合键将选区取消，如图3.26所示。

图3.25 绘制选区　　　　　图3.26 删除图像

09 选中"椭圆1"图层，将图层名称更改为"阴影"，如图3.27所示。

图3.27 重命名图层

10 在"图层"面板中，选中"阴影"图层，将其拖至面板底部的"创建新图层"按钮上，复制一个"阴影 拷贝"图层，将其图层名称更改为

"高光",如图3.28所示。

⑪ 在"图层"面板中,选中"高光"图层,单击面板上方的"锁定透明像素" 🔲 按钮,将透明像素锁定,将图像填充为白色,填充完成之后再次单击此按钮将其解除锁定,将其垂直翻转并适当调整大小,如图3.29所示。

图3.28 复制图层　　　　图3.29 填充颜色

⑫ 在"图层"面板中,选中"高光"图层,将其图层混合模式设置为"叠加","不透明度"更改为40%,如图3.30所示。

图3.30 设置图层混合模

3.8.2 绘制图形

① 选择工具箱中的"矩形工具" 🔲 ,在选项栏中将"填充"更改为灰色(R:240,G:237,B:237),"描边"为无,在阴影图像下方绘制一个矩形,此时将生成一个"矩形 1"图层,将其移至"阴影"图层下方,如图3.31所示。

图3.31 绘制图形

② 选中"矩形 1"图层,按Ctrl+T组合键对其执行"自由变换"命令,单击鼠标右键,从弹出的快捷菜单中选择"透视"命令,拖动变形框控制点将图形变形,完成之后按Enter键确认,如图3.32所示。

图3.32 将图形变形

③ 在"图层"面板中,选中"矩形 1"图层,单击面板底部的"添加图层样式" fx 按钮,在菜单中选择"斜面和浮雕"命令,在弹出的"图层样式"对话框中将"深度"更改为1%,"大小"更改为18像素,"软化"更改为10像素,取消"使用全局光"复选框,"角度"更改为-90度,"高光模式"中的"不透明度"更改为0%,"阴影模式"中的"不透明度"更改为100%,如图3.33所示。

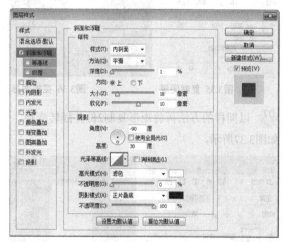

图3.33 设置斜面和浮雕

④ 勾选"内发光"复选框,将"混合模式"更改为线性加深,"不透明度"更改为15%,"颜色"更改为黑色,"大小"更改为20像素,完成之后单击"确定"按钮,如图3.34所示。

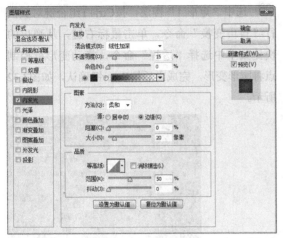

图3.34 设置内发光

(05) 在"图层"面板中，选中"矩形 1"图层，将其拖至面板底部的"创建新图层" ⬜ 按钮上，复制一个"矩形 1 拷贝"图层，如图3.35所示。

(06) 选中"矩形 1 拷贝"图层，按Ctrl+T组合键对其执行"自由变换"命令，单击鼠标右键，从弹出的快捷菜单中选择"垂直翻转"命令，完成之后按Enter键确认，将图形与原图形对齐，如图3.36所示。

图3.35 复制图层　　　　图3.36 变换图形

(07) 以同样的方法再将矩形复制2份并翻转变换，如图3.37所示。

图3.37 复制图层并变换图形

(08) 选择工具箱中的"圆角矩形工具" ⬜，在

选项栏中将"填充"更改为灰色（R：240，G：237，B：237），"描边"为无，"半径"为3像素，在矩形最下方位置绘制一个圆角矩形，此时将生成一个"圆角矩形 1"图层，如图3.38所示。

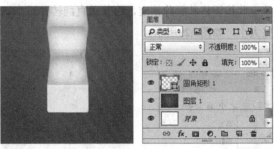

图3.38 绘制图形

(09) 选中"圆角矩形 1"图层，按Ctrl+T组合键对其执行"自由变换"命令，单击鼠标右键，从弹出的快捷菜单中选择"透视"命令，拖动变形框控制点将图形变形，完成之后按Enter键确认，如图3.39所示。

图3.39 将图形变形

(10) 在"矩形 1"图层名称上单击鼠标右键，从弹出的快捷菜单中选择"拷贝图层样式"命令，在"圆角矩形 1"图层名称上单击鼠标右键，从弹出的快捷菜单中选择"粘贴图层样式"命令，如图3.40所示。

 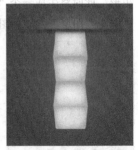

图3.40 复制并粘贴图层样式

⑪ 同时选中"矩形 1""矩形1 拷贝""矩形1 拷贝 2"和"圆角矩形1"图层，按Ctrl+G组合键将其编组，将生成的组名称更改为"折纸"，如图3.41所示。

图3.41 将图层编组

⑫ 在"图层"面板中，选中"折纸"图层，单击面板底部的"添加图层样式" *fx* 按钮，在菜单中选择"投影"命令，在弹出的"图层样式"对话框中将"不透明度"更改为30%，取消"使用全局光"复选框，将"角度"更改为90度，"距离"更改为2像素，"大小"更改为10像素，完成之后单击"确定"按钮，如图3.42所示。

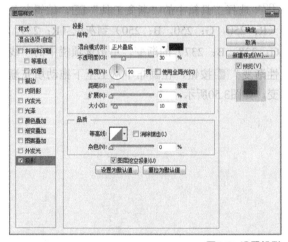

图3.42 设置投影

3.8.3 添加图标素材

① 执行菜单栏中的"文件"|"打开"命令，打开"图标.psd"文件，将打开的素材拖入画布中折纸图像位置并适当缩小，如图3.43所示。

② 选中"图标 4"图层，按Ctrl+T组合键对其执行"自由变换"命令，单击鼠标右键，从弹出的快捷菜单中选择"透视"命令，拖动变形框控制点将图形变形，完成之后按Enter键确认，如图3.44所示。

图3.43 添加素材　　　　图3.44 将图形变形

③ 在"图层"面板中，选中"图标4"图层，单击面板底部的"添加图层样式" *fx* 按钮，在菜单中选择"内阴影"命令，在弹出的"图层样式"对话框中将"混合模式"更改为正常，"不透明度"更改为50%，"距离"更改为1像素，"大小"更改为2像素，如图3.45所示。

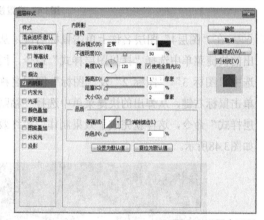

图3.45 设置内阴影

④ 勾选"渐变叠加"复选框，将"不透明度"更改为50%，"渐变"更改为深灰色（R：113，G：123，B：133）到深灰色（R：30，G：40，B：46），如图3.46所示。

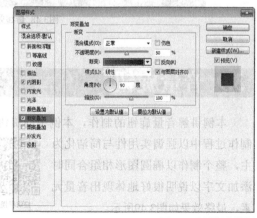

图3.46 设置渐变叠加

⑤ 勾选"投影"复选框,将"混合模式"更改为正常,"颜色"更改为白色,"距离"更改为1像素,如图3.47所示。

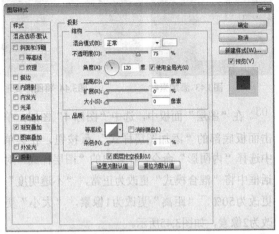

图3.47 设置投影

⑥ 在"图层4"图层名称上单击鼠标右键,从弹出的快捷菜单中选择"拷贝图层样式"命令,同时选中"图标3""图标2"及"图标"图层名称,单击鼠标右键,从弹出的快捷菜单中选择"粘贴图层样式"命令,这样就完成了效果制作,最终效果如图3.48所示。

图3.48 最终效果

3.9 音量旋钮

本例讲解音量旋钮的制作,本例中的旋钮在制作过程中以强调实用性与简洁化为主,整个制作以椭圆图形相组合同时添加文字以说明很好地体现出音量元素,最终效果如图3.49所示。

扫码看视频

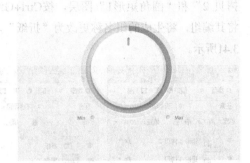

图3.49 最终效果

素材位置:	无
案例位置:	例文件\第3章\音量旋钮.psd
视频位置:	多媒体教学\3.9 音量旋钮.avi
难易指数:	★★☆☆☆

3.9.1 制作渐变背景

① 执行菜单栏中的"文件"|"新建"命令,在弹出的"新建"对话框中设置"宽度"为500像素,"高度"为400像素,"分辨率"为72像素/英寸,新建一个空白画布。

② 选择工具箱中的"渐变工具",编辑灰色(R:250,G:250,B:250)到灰色(R:239,G:238,B:237)的渐变,单击选项栏中的"线性渐变"按钮,在画布中从上至下拖动填充渐变,如图3.50所示。

图3.50 填充渐变

③ 选择工具箱中的"椭圆工具",在选项栏中将"填充"更改为灰色(R:240,G:237,B:235),"描边"为无,在画布中间位置按住Shift键绘制一个圆形,此时将生成一个"椭圆1"图层,如图3.51所示。

④ 在"图层"面板中,选中"椭圆1"图层,将其拖至面板底部的"创建新图层"按钮上,

复制2个"拷贝"图层，分别将其图层名称更改为"控件""进度"及"质感"，如图3.52所示。

图3.51　绘制图形　　　　图3.52　复制图层

05　在"图层"面板中，选中"质感"图层，单击面板底部的"添加图层样式" *fx* 按钮，在菜单中选择"内阴影"命令，在弹出的"图层样式"对话框中将"颜色"更改为深灰色（R：103，G：90，B：82），"不透明度"更改为5%，"距离"更改为10像素，"大小"更改为20像素，如图3.53所示。

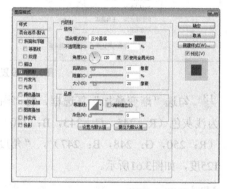

图3.53　设置内阴影

06　勾选"投影"复选框，将"混合模式"更改为正常，"颜色"更改为白色，"不透明度"更改为100%，"距离"更改为1像素，完成之后单击"确定"按钮，如图3.54所示。

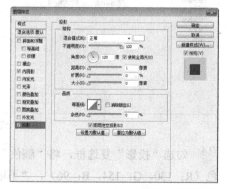

图3.54　设置投影

07　选中"进度"图层，按Ctrl+T组合键对其执行"自由变换"命令，将图形等比缩小，完成之后按Enter键确认，如图3.55所示。

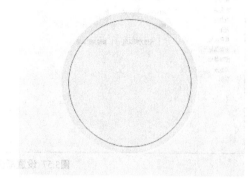

图3.55　缩小图形

08　在"图层"面板中，选中"进度"图层，单击面板底部的"添加图层样式" *fx* 按钮，在菜单中选择"内阴影"命令，在弹出的"图层样式"对话框中将"混合模式"更改为正常，"颜色"更改为绿色（R：154，G：198，B：111），"不透明度"更改为100%，取消"使用全局光"复选框，将"角度"更改为125度，"大小"更改为8像素，如图3.56所示。

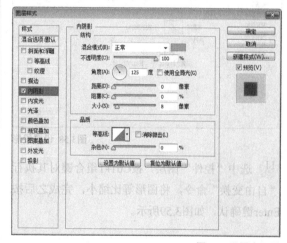

图3.56　设置内阴影

09　勾选"渐变叠加"复选框，将"渐变"更改为蓝色（R：84，G：184，B：230）到蓝色（R：180，G：240，B：255），"角度"更改为90度，如图3.57所示。

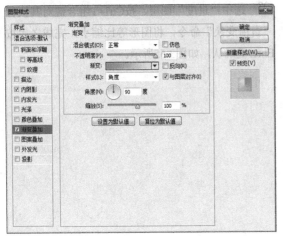

图3.57 设置渐变叠加

⑩ 勾选"投影"复选框,将"混合模式"更改为正常,"颜色"更改为白色,"不透明度"更改为100%,"距离"更改为2像素,完成之后单击"确定"按钮,如图3.58所示。

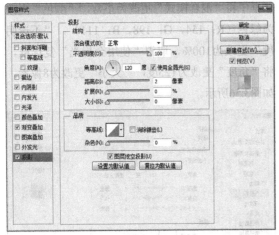

图3.58 设置投影

⑪ 选中"控件"图层,按Ctrl+T组合键对其执行"自由变换"命令,将图形等比缩小,完成之后按Enter键确认,如图3.59所示。

图3.59 缩小图形

⑫ 在"图层"面板中,选中"控件"图层,单击面板底部的"添加图层样式" *fx* 按钮,在菜单中选择"斜面和浮雕"命令,在弹出的"图层样式"对话框中将"深度"更改为850%,"大小"更改为6像素,"高光模式"更改为正常,"不透明度"更改为100%,"阴影模式"中的"颜色"更改为浅黄色(R:240,G:233,B:224),如图3.60所示。

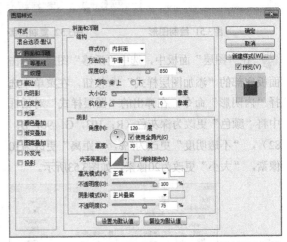

图3.60 设置斜面和浮雕

⑬ 勾选"渐变叠加"复选框,将"渐变"更改为浅灰色(R:245,G:243,B:240)到浅灰色(R:250,G:248,B:247),"角度"更改为125度,如图3.61所示。

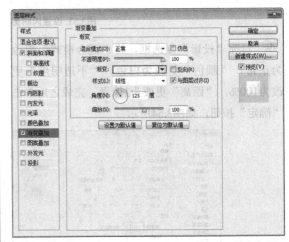

图3.61 设置渐变叠加

⑭ 勾选"投影"复选框,将"颜色"更改为绿色(R:130,G:154,B:96),"不透明度"更改为60%,取消"使用全局光"复选框,"角度"

更改为90度，"距离"更改为5像素，"大小"更改为5像素，完成之后单击"确定"按钮，如图3.62所示。

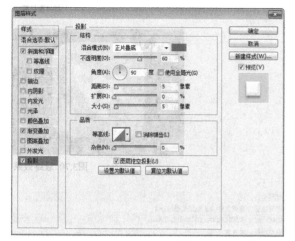

图3.62 设置投影

3.9.2 绘制细节图形

01 选择工具箱中的"圆角矩形工具" ，在选项栏中将"填充"更改为蓝色（R：154，G：230，B：245），"描边"为无，"半径"为10像素，在控件图形靠顶部位置绘制一个圆角矩形，此时将生成一个"圆角矩形 1"图层，如图3.63所示。

图3.63 绘制图形

02 在"图层"面板中，选中"圆角矩形 1"图层，单击面板底部的"添加图层样式" 按钮，在菜单中选择"投影"命令，在弹出的"图层样式"对话框中将"不透明度"更改为25%，"距离"更改为4像素，"大小"更改为4像素，完成之后单击"确定"按钮，如图3.64所示。

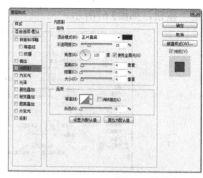

图3.64 设置内阴影

03 选择工具箱中的"椭圆工具" ，在选项栏中将"填充"更改为灰色（R：226，G：226，B：226），"描边"为无，在旋钮图形左下角位置按住Shift键绘制一个圆形，此时将生成一个"椭圆 1"图层，如图3.65所示。

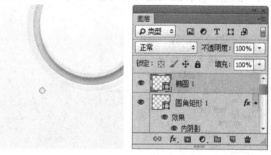

图3.65 绘制图形

04 在"图层"面板中，选中"椭圆 1"图层，单击面板底部的"添加图层样式" 按钮，在菜单中选择"投影"命令，在弹出的"图层样式"对话框中将"不透明度"更改为20%，"距离"更改为1像素，"大小"更改为2像素，如图3.66所示。

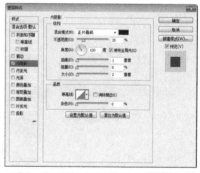

图3.66 设置内阴影

05 勾选"投影"复选框，将"混合模式"更改为正常，"颜色"更改为白色，"距离"更改为1像素，"大小"更改为1像素，完成之后单击"确定"按钮，如图3.67所示。

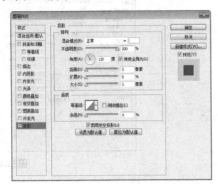

图3.67 设置投影

06 在"图层"面板中，选中"椭圆 1"图层，将其拖至面板底部的"创建新图层" ⬜ 按钮上，复制一个"椭圆 1 拷贝"图层，选中"椭圆 1 拷贝"图层，按住Shift键将其向右侧平移，如图3.68所示。

图3.68 复制图层移动图形

07 选择工具箱中的"横排文字工具" **T** ，在画布适当位置添加文字，这样就完成了效果制作，最终效果如图3.69所示。

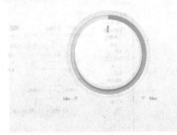

图3.69 最终效果

3.10 加速图标

本例讲解加速图标的制作，本例的图标可识别性极强，以十分形象的小火箭图形表现出加速的特点，

整个绘制过程比较简单，最终效果如图3.70所示。

图3.70 最终效果

素材位置：无
案例位置：案例文件\第3章\加速图标.psd
视频位置：多媒体教学\3.10 加速图标.avi
难易指数：★★★☆☆

3.10.1 制作背景及轮廓

01 执行菜单栏中的"文件"|"新建"命令，在弹出的"新建"对话框中设置"宽度"为600像素，"高度"为500像素，"分辨率"为72像素/英寸，新建一个空白画布，将画布填充为深蓝色（R：20，G：32，B：44）。

02 选择工具箱中的"圆角矩形工具" ⬭ ，在选项栏中将"填充"更改为白色，"描边"为无，"半径"为50像素，在画布中间位置按住Shift键绘制一个圆角矩形，此时将生成一个"圆角矩形 1"图层，如图3.71所示。

图3.71 绘制图形

03 在"图层"面板中，选中"圆角矩形 1"图层，单击面板底部的"添加图层样式" **fx** 按钮，在菜单中选择"渐变叠加"命令，在弹出的"图层样式"对话框中将"渐变"更改为蓝色（R：0，G：87，B：193）到蓝色（R：57，G：147，

B：254），完成之后单击"确定"按钮，如图3.72所示。

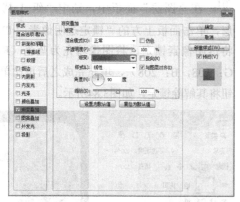

图3.72 设置渐变叠加

3.10.2 绘制图标元素

01 选择工具箱中的"钢笔工具"，在选项栏中单击"选择工具模式" 路径 按钮，在弹出的选项中选择"形状"，将"填充"更改为白色，"描边"更改为无，在图标位置绘制半个小火箭图形，此时将生成一个"形状1"图层，如图3.73所示。

02 选中"形状 1"图层，将其拖至面板底部的"创建新图层" 按钮上，复制一个"形状 1 拷贝"图层，如图3.74所示。

图3.73 绘制图形　　　　图3.74 复制图层

03 选中"形状 1 拷贝"图层，按Ctrl+T组合键对其执行"自由变换"命令，单击鼠标右键，从弹出的快捷菜单中选择"水平翻转"命令，完成之后按Enter键确认，将图形与原图形对齐，如图3.75所示。

04 同时选中"形状 1"及"形状 1 拷贝"图层，按Ctrl+E组合键将其合并，此时将生成一个"形状

1 拷贝"图层，如图3.76所示。

图3.75 变换图形　　　　图3.76 合并图层

05 选择工具箱中的"钢笔工具"，在选项栏中单击"选择工具模式" 路径 按钮，在弹出的选项中选择"形状"，将"填充"更改为黄色（R：254，G：156，B：0），"描边"更改为无，在小火箭图形底部位置绘制一个不规则图形，此时将生成一个"形状 2"图层，如图3.77所示。

06 选中"形状 2"图层，将其拖至面板底部的"创建新图层" 按钮上，复制一个"形状 2 拷贝"图层，如图3.78所示。

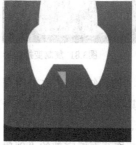

图3.77 绘制图形　　　　图3.78 复制图层

07 以同样的方法选中"形状 2 拷贝"图层将图形变换，再将图形合并，此时将生成一个"形状 2 拷贝"图层，如图3.79所示。

图3.79 变换图形并合并图层

08 选择工具箱中的"椭圆工具"，在选项栏

中将"填充"更改为蓝色（R：24，G：108，B：208），"描边"为无，在小火箭靠上半部分位置按住Shift键绘制一个圆形，此时将生成一个"椭圆1"图层，如图3.80所示。

图3.80 绘制图形

09 选中"椭圆 1"图层，按住Alt键将图形复制数份并变换，如图3.81所示。

图3.81 复制变换图形

10 同时选中除"背景""圆角矩形 1"之外所有图层，按Ctrl+G组合键将其编组，此时将生成一个"组1"组，如图3.82所示。

11 选中"组1"组，将其拖至面板底部的"创建新图层"按钮上，复制一个"组 1拷贝"组，选中"组 1拷贝"组按Ctrl+E组合键将其合并，此时将生成一个"组 1 拷贝"图层，如图3.83所示。

图3.82 将图层编组　　图3.83 合并组

3.10.3 制作阴影

01 在"图层"面板中，选中"组 1 拷贝"图层，单击面板上方的"锁定透明像素"按钮，将透明像素锁定，将图像填充为蓝色（R：24，G：108，B：208），填充完成之后再次单击此按钮将其解除锁定，如图3.84所示。

图3.84 锁定透明像素并填充颜色

02 选中"组 1 拷贝"图层，将其图层"不透明度"更改为20%，选择工具箱中的"矩形选框工具"，在图像左半部分位置绘制一个矩形选区，完成之后按Ctrl+D组合键将选区取消，如图3.85所示。

图3.85 更改不透明度并删除图像

03 同时选中除"背景""圆角矩形 1"之外所有图层，按Ctrl+T组合键对其执行"自由变换"命令，当出现变形框以后在选项栏中"旋转"后方文本框中输入45，完成之后按Enter键确认，如图3.86所示。

图3.86 旋转图像

04 选择工具箱中的"钢笔工具" ，在选项栏中单击"选择工具模式" 路径 ：按钮，在弹出的选项中选择"形状"，将"填充"更改为黑色，"描边"更改为无，在小火箭图像右下角位置绘制一个不规则图形，此时将生成一个"形状1"图层，将"形状1"图层移至"组1"组下方，如图3.87所示。

图3.87 绘制图形

05 选中"形状1"图层，将其图层"不透明度"更改为10%，再单击面板底部的"添加图层蒙版" 按钮，为其添加图层蒙版，如图3.88所示。

图3.88 添加图层蒙版

06 按住Ctrl键单击"矩形2"图层缩览图，将其载入选区，执行菜单栏中的"选择"|"反向"命令将选区反向，如图3.89所示。

图3.89 载入选区

07 将选区填充为黑色将部分图像隐藏，完成之后按Ctrl+D组合键将选区取消，这样就完成了效果制作，最终效果如图3.90所示。

图3.90 最终效果

3.11 写实收音机

本例讲解收音机图标的制作，此款图标在制作过程中模拟出收音机外观特征，小孔图像与上方橘色显示屏体现了数码时代的精粹，最终效果如图3.91所示。

扫码看视频

图3.91 最终效果

素材位置：无
案例位置：案例文件\第3章\写实收音机.psd
视频位置：多媒体教学\3.11 写实收音机.avi
难易指数：★★★☆☆

3.11.1 绘制轮廓

01 执行菜单栏中的"文件"|"新建"命令，在弹出的"新建"对话框中设置"宽度"为400像素，"高度"为300像素，"分辨率"为72像素/英寸，新建一个空白画布，将画布填充为深灰色（R：32，G：40，B：52）。

02 选择工具箱中的"圆角矩形工具" ，在选项栏中将"填充"更改为白色,"描边"为无,"半径"为20像素,在画布中按住Shift键绘制一个圆角矩形,此时将生成一个"圆角矩形 1"图层,如图3.92所示。

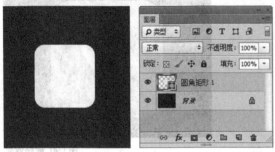

图3.92 绘制图形

03 在"图层"面板中,选中"圆角矩形 1"图层,单击面板底部的"添加图层样式" *fx* 按钮,在菜单中选择"渐变叠加"命令,在弹出的"图层样式"对话框中将"渐变"更改为灰色(R:196,G:196,B:196)到灰色(R:230,G:230,B:230),如图3.93所示。

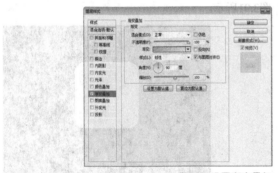

图3.93 设置渐变叠加

04 勾选"内阴影"复选框,将"混合模式"更改为正常,"颜色"更改为白色,"不透明度"更改为75%,取消"使用全局光"复选框,"角度"更改为90度,"距离"更改为2像素,"大小"更改为1像素,如图3.94所示。

图3.94 设置内阴影

05 勾选"投影"复选框,将"不透明度"更改为50%,取消"使用全局光"复选框,"角度"更改为90度,"距离"更改为4像素,"大小"更改为4像素,完成之后单击"确定"按钮,如图3.95所示。

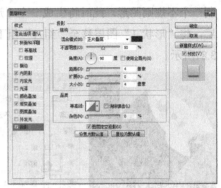

图3.95 设置投影

3.11.2 绘制显示屏

01 选择工具箱中的"圆角矩形工具" ▣,在选项栏中将"填充"更改为白色,"描边"为无,"半径"为20像素,在图标靠上方位置绘制一个圆角矩形,此时将生成一个"圆角矩形 2"图层,如图3.96所示。

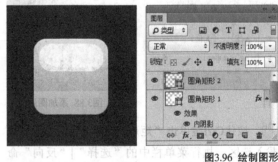

图3.96 绘制图形

02 在"图层"面板中,选中"圆角矩形 2"图层,单击面板底部的"添加图层样式" *fx* 按钮,在菜单中选择"内阴影"命令,在弹出的"图层样式"对话框中将"混合模式"更改为正常,"颜色"更改为深黄色(R:190,G:78,B:13),取消"使用全局光"复选框,"角度"更改为90度,"距离"更改为2像素,如图3.97所示。

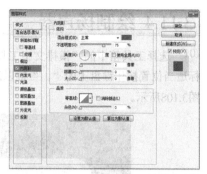

图3.97 设置内阴影

⑬ 勾选"渐变叠加"复选框，将"渐变"更改为深黄色（R：242，G：127，B：60）到黄色（R：255，G：143，B：77），如图3.98所示。

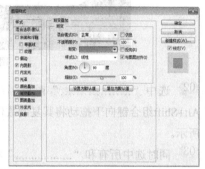

图3.98 设置渐变叠加

⑭ 勾选"投影"复选框，将"混合模式"更改为正常，"颜色"更改为白色，"不透明度"更改为100%，取消"使用全局光"复选框，"角度"更改为90度，"距离"更改为2像素，完成之后单击"确定"按钮，如图3.99所示。

图3.99 设置投影

3.11.3 添加细节图像

⑪ 选择工具箱中的"直线工具" ，在选项栏中将"填充"更改为深黄色（R：206，G：94，B：29），"描边"为无，"粗细"更改为2像

素，在刚才绘制的圆角矩形靠左侧位置按住Shift键绘制一条稍短的垂直线段，此时将生成一个"形状1"图层，如图3.100所示。

图3.100 绘制图形

⑫ 选中"形状1"图层，在画布中按住Alt+Shift组合键向右侧拖动将线段复制多份，如图3.101所示。

⑬ 同时选中所有和"形状1"相关的图层，按Ctrl+E组合键将图层合并，将生成的图层名称更改为"波段"，如图3.102所示。

图3.101 复制图形　　图3.102 合并图层

⑭ 在"图层"面板中，选中"波段"图层，单击面板底部的"添加图层蒙版" 按钮，为其添加图层蒙版，如图3.103所示。

⑮ 选择工具箱中的"渐变工具" ，编辑黑色到白色到黑色的渐变，单击选项栏中的"线性渐变" 按钮，在其图形上按住Shift键从左向右拖动将部分图形隐藏，如图3.104所示。

图3.103 添加图层蒙版　图3.104 设置渐变并隐藏图形

06 选择工具箱中的"横排文字工具" T ，在适当位置添加文字，如图3.105所示。

图3.105 添加文字

07 在"图层"面板中，选中"FM"图层，单击面板底部的"添加图层样式" fx 按钮，在菜单中选择"投影"命令，在弹出的"图层样式"对话框中将"混合模式"更改为叠加，"颜色"更改为白色，取消"使用全局光"复选框，"角度"更改为90度，"距离"更改为2像素，"大小"更改为1像素，完成之后单击"确定"按钮，如图3.106所示。

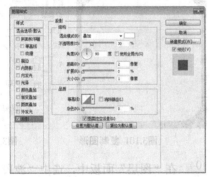

图3.106 设置投影

08 在"FM"图层名称上单击鼠标右键，从弹出的快捷菜单中选择"拷贝图层样式"命令，在"90.06"图层名称上单击鼠标右键，从弹出的快捷菜单中选择"粘贴图层样式"命令，如图3.107所示。

图3.107 复制并粘贴图层样式

3.11.4 绘制扬声器

01 选择工具箱中的"横排文字工具" T ，在图标适当位置按住键盘上的"。"键以添加字符，如图3.108所示。

图3.108 添加字符

02 选中"……………"图层，在画布中按住Alt+Shift组合键向下拖动将其复制数份，如图3.109所示。

03 同时选中所有和"……………"相关的图层，按Ctrl+E组合键将其合并，将生成的图层名称更改为"小孔"，如图3.110所示。

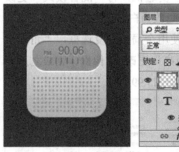 

图3.109 复制字符　　图3.110 合并图层

04 在"图层"面板中，选中"小孔"图层，单击面板底部的"添加图层样式" fx 按钮，在菜单中选择"投影"命令，在弹出的"图层样式"对话框中将"混合模式"更改为正常，"颜色"更改为白色，取消"使用全局光"复选框，将"角度"更改为90度，"距离"更改为1像素，完成之后单击"确定"按钮，如图3.111所示。

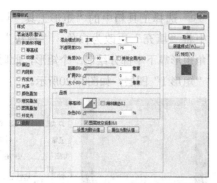

图3.111 设置投影

图3.115 最终效果

05 选择工具箱中的"椭圆选区工具"○，在小孔图像位置按住Shift键绘制一个选区，如图3.112所示。

06 选中"小孔"图层，执行菜单栏中的"图层"|"新建"|"通过拷贝的图层"命令，此时将生成一个"图层1"图层，如图3.113所示。

图3.112 绘制选区

图3.113 通过拷贝的图层

07 在"图层"面板中，选中"图层1"图层，单击面板上方的"锁定透明像素" ▦ 按钮，将透明像素锁定，将图像填充为黑色，填充完成之后再次单击此按钮将其解除锁定，如图3.114所示。

图3.114 锁定透明像素并填充颜色

08 在"图层"面板中，选中"图层1"图层，将其图层"填充"更改为40%，这样就完成了效果制作，最终效果如图3.115所示。

3.12 存储数据界面

本例讲解存储数据界面的制作，此款界面的视觉效果十分直观，将环形图像和清晰明了的文字信息相结合，整体效果相当不错，最终效果如图3.116所示。

扫码看视频

图3.116 最终效果

素材位置：素材文件\第3章\存储数据界面
案例位置：案例文件\第3章\存储数据界面.psd
视频位置：多媒体教学\3.12 存储数据界面.avi
难易指数：★★★☆☆

3.12.1 制作背景绘制图形

01 执行菜单栏中的"文件"|"新建"命令，在弹出的"新建"对话框中设置"宽度"为450像素，"高度"为500像素，"分辨率"为72像素/英寸，新建一个空白画布。

02 选择工具箱中的"渐变工具" ▦ ，编辑白色到灰色（R：226，G：230，B：242）的渐变，单击选项栏中的"线性渐变"  按钮，在画布中从上至下拖动填充渐变，如图3.117所示。

图3.117 填充渐变

③ 选择工具箱中的"圆角矩形工具" ，在选项栏中将"填充"更改为红色（R：245，G：90，B：72），"描边"为无，"半径"为5像素，在画布中绘制一个圆角矩形，此时将生成一个"圆角矩形 1"图层，如图3.118所示。

图3.118 绘制图形

④ 在"图层"面板中，选中"圆角矩形 1"图层，单击面板底部的"添加图层样式" *fx* 按钮，在菜单中选择"内阴影"命令，在弹出的"图层样式"对话框中将"混合模式"更改为叠加，"颜色"更改为白色，取消"使用全局光"复选框，"角度"更改为90度，"距离"更改为1像素，"大小"更改为2像素，如图3.119所示。

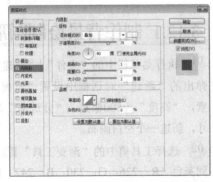

图3.119 设置内阴影

⑤ 选择工具箱中的"矩形工具" ，在选项栏中将"填充"更改为白色，"描边"为无，在圆角矩形靠下半部分绘制一个矩形，此时将生成一个"矩形 1"图层，如图3.120所示。

图3.120 绘制图形

⑥ 选中"矩形 1"图层，执行菜单栏中的"图层"|"创建剪切蒙版"命令，为当前图层创建剪切蒙版将部分图形隐藏，如图3.121所示。

图3.121 创建剪切蒙版

⑦ 在"图层"面板中，选中"矩形 1"图层，将其图层"不透明度"更改为20%，再单击面板底部的"添加图层蒙版" 按钮，为其添加图层蒙版，如图3.122所示。

⑧ 选择工具箱中的"渐变工具" ，编辑黑色到白色的渐变，单击选项栏中的"线性渐变" 按钮，在其图形上拖动将部分图形隐藏，如图3.123所示。

图3.122 添加图层蒙版 　图3.123 设置渐变并隐藏图形

⑨ 选择工具箱中的"直线工具" ，在选项栏中将"填充"更改为白色，"描边"为无，"粗细"更改为1像素，在刚才绘制的矩形顶部边缘按住Shift键绘制一条水平线段，此时将生成一个"形状1"图层，如图3.124所示。

图3.124 绘制图形

⑩ 选中"形状 1"图层，将其图层"不透明度"更改为20%，如图3.125所示。

图3.125 更改图层不透明度

⑪ 以同样的方法在界面靠底部位置绘制2个垂直线段并更改其不透明度，如图3.126所示。

图3.126 绘制图形

⑫ 选择工具箱中的"椭圆工具" ，在选项栏中将"填充"更改为白色，"描边"为白色，"大小"更改为30点，在界面靠上方位置按住Shift键绘制一个圆形，此时将生成一个"椭圆 1"图层，如

图3.127所示。

⑬ 在"图层"面板中，选中"椭圆 1"图层，将其拖至面板底部的"创建新图层" 按钮上，复制一个"椭圆 1拷贝"图层，如图3.128所示。

图3.127 绘制图形　　　　**图3.128 复制图层**

⑭ 在"图层"面板中，选中"椭圆 1"图层，单击面板底部的"添加图层样式" fx 按钮，在菜单中选择"渐变叠加"命令，在弹出的"图层样式"对话框中将"渐变"更改为红色（R：228，G：108，B：94）到浅红色（R：250，G：155，B：144），如图3.129所示。

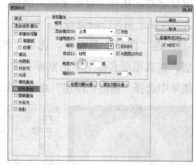

图3.129 设置渐变叠加

⑮ 勾选"内阴影"复选框，将"混合模式"更改为正常，"颜色"更改为白色，"不透明度"更改为50%，"距离"更改为1像素，如图3.130所示。

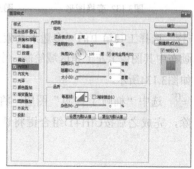

图3.130 设置内阴影

⑯ 勾选"外发光"复选框,将"混合模式"更改为正片叠底,"不透明度"更改为15%,"颜色"更改为深红色(R:97,G:33,B:26),"大小"更改为20像素,完成之后单击"确定"按钮,如图3.131所示。

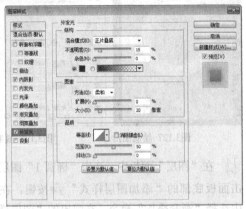

图3.131 设置外发光

⑰ 选中"椭圆1拷贝"图层,将其"描边"更改为浅红色(R:255,G:244,B:242),再按Ctrl+T组合键对其执行"自由变换"命令,将图形等比放大,完成之后按Enter键确认,如图3.132所示。

⑱ 在"图层"面板中,选中"椭圆1拷贝"图层,在其图层名称上单击鼠标右键,从弹出的快捷菜单中选择"栅格化图层"命令,如图3.133所示。

图3.132 变换图形　　　图3.133 栅格化图层

⑲ 选择工具箱中的"多边形套索工具"，在画布中其图像上左上角区域绘制一个不规则选区,如图3.134所示。

⑳ 选中"椭圆1拷贝"图层,将选区中图像删除,完成之后按Ctrl+D组合键将选区取消,如图

3.135所示。

图3.134 绘制选区　　　图3.135 删除图像

㉑ 在"图层"面板中,选中"椭圆1拷贝"图层,单击面板底部的"添加图层样式" fx 按钮,在菜单中选择"外发光"命令,在弹出的"图层样式"对话框中将"不透明度"更改为15%,"颜色"更改为深红色(R:97,G:33,B:26),"大小"更改为20像素,完成之后单击"确定"按钮,如图3.136所示。

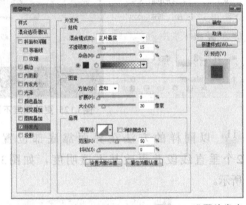

图3.136 设置外发光

3.12.2 添加细节图像

① 执行菜单栏中的"文件"|"打开"命令,打开"图标.psd"文件,将打开的素材拖入画布中并适当缩小,如图3.137所示。

② 选中"图标"组,将其图层"不透明度"更改为80%,如图3.138所示。

图3.137 添加素材

图3.138 更改不透明度

⑬ 选择工具箱中的"横排文字工具" **T**,在界面适当位置添加文字,如图3.139所示。

图3.139 添加文字

⑭ 在"图层"面板中,选中"45%"图层,单击面板底部的"添加图层样式" **fx** 按钮,在菜单中选择"外发光"命令,在弹出的"图层样式"对话框中将"不透明度"更改为30%,"颜色"更改为深红色(R:97,G:33,B:26),"大小"更改为10像素,完成之后单击"确定"按钮,如图3.140所示。

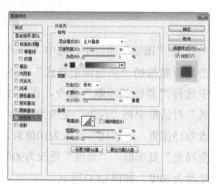
图3.140 设置外发光

⑮ 在"45%"图层名称上单击鼠标右键,从弹出的快捷菜单中选择"拷贝图层样式"命令,在"Available"图层名称上单击鼠标右键,从弹出的快捷菜单中选择"粘贴图层样式"命令,这样就完成了效果制作,最终效果如图3.141所示。

图3.141 最终效果

3.13 卓云安全大师界面

本例讲解安全类应用软件的界面制作,本例在制作的过程中将应用分为5个部分,从欢迎页面到功能页面到最后的展示页面都有相应的制作,同时对每个功能的分布做出了明确的规划,制作完成功能界面以后再制作展示界面,给人一种直观的视觉感受,最终效果如图3.142所示。

扫码看视频

图3.142 最终效果

图3.142 最终效果（续）

素材位置：素材文件\第3章\卓云安全大师界面
案例位置：案例文件\第3章\卓云安全大师界面
视频位置：多媒体教学\3.13 卓云安全大师界面.avi
难易指数：★★★★☆

3.13.1 欢迎页面

01 执行菜单栏中的"文件"|"新建"命令，在弹出的"新建"对话框中设置"宽度"为640像素，"高度"为960像素，"分辨率"为72像素/英寸，"颜色模式"为RGB颜色，新建一个空白画布，如图3.143所示。

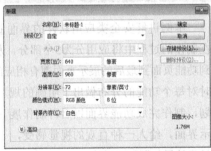

图3.143 新建画布

02 单击面板底部的"创建新图层" 按钮，新建一个"图层1"图层，选中"图层1"图层，将其填充为白色，如图3.144所示。

图3.144 新建图层并填充颜色

03 在"图层"面板中，选中"图层1"图层，单击面板底部的"添加图层样式" fx 按钮，在菜单中选择"渐变叠加"命令，在弹出的"图层样式"对话框中将"渐变"更改为浅蓝色（R：240，G：245，B：247）到蓝色（R：190，G：220，B：230），"样式"更改为径向，"缩放"更改为105%，完成之后单击"确定"按钮，如图3.145所示。

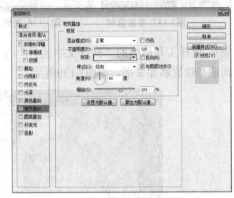

图3.145 设置渐变叠加

04 选择工具箱中的"钢笔工具" ，在选项栏中单击"选择工具模式" 路径 按钮，在弹出的选项中选择"形状"，在画布中绘制一个云形状图形，此时将生成一个"形状1"图层，如图3.146所示。

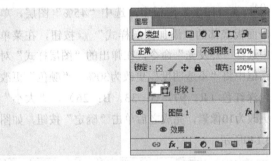

图3.146 绘制形状

05 在"图层"面板中，选中"形状1"图层，单击面板底部的"添加图层样式" fx 按钮，在菜单中选择"斜面和浮雕"命令，在弹出的"图层样式"对话框中将"深度"更改为10%，"大小"更改为15像素，"软化"更改为10像素，取消"使用全局光"复选框，"角度"更改为90度，"高度"更改为26度，如图3.147所示。

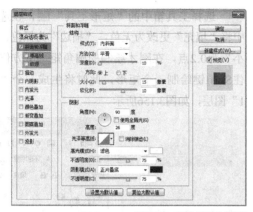

图3.147 设置斜面和浮雕

06 勾选"颜色叠加"复选框，将"颜色"更改为蓝色（R：202，G：229，B：250），如图3.148所示。

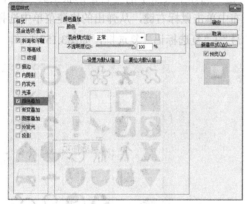

图3.148 设置颜色叠加

07 勾选"投影"复选框，将"不透明度"更改为20%，取消"使用全局光"复选框，"角度"更改为90度，"距离"更改为1像素，完成之后单击"确定"按钮，如图3.149所示。

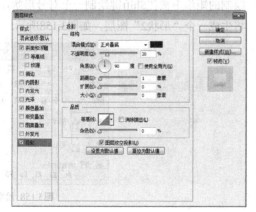

图3.149 设置投影

08 选择工具箱中的"横排文字工具" T，在画布中适当位置添加文字，如图3.150所示。

图3.150 添加文字

09 在"形状 1"图层上单击鼠标右键，从弹出的快捷菜单中选择"拷贝图层样式"命令，在"S"图层上单击鼠标右键，从弹出的快捷菜单中选择"粘贴图层样式"命令，如图3.151所示。

图3.151 复制并粘贴图层样式

10 在"图层"面板中，将"S"图层中的"颜色叠加"图层样式删除，如图3.152所示。

图3.152 删除图层样式

11 选择工具箱中的"圆角矩形工具" ，在选项栏中将"填充"更改为白色，"描边"为无，"半径"为5像素，在画布中靠下方位置绘制一个圆角矩形，此时将生成一个"圆角矩形1"图层，

101

如图3.153所示。

图3.153 绘制图形

⑫ 在"图层"面板中，选中"圆角矩形1"图层，单击面板底部的"添加图层样式" *fx* 按钮，在菜单中选择"渐变叠加"命令，在弹出的"图层样式"对话框中将"混合模式"更改为正常，"渐变"更改为蓝色（R：110，G：185，B：238）到蓝色（R：50，G：146，B：226），"角度"更改为－90度，完成之后单击"确定"按钮，如图3.154所示。

图3.154 设置渐变叠加

⑬ 选择工具箱中的"横排文字工具" **T**，在画布中适当位置添加文字，如图3.155所示。

图3.155 添加文字

⑭ 选择工具箱中的"矩形工具" ，在选项栏中将"填充"更改为无色，"描边"为黑色，"大小"为0.2点，在刚才绘制的圆角矩形下方位置按住Shift键绘制一个矩形，此时将生成一个"矩形1"图层，如图3.156所示。

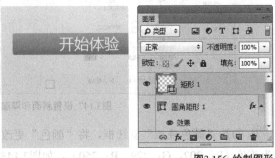

图3.156 绘制图形

⑮ 选择工具箱中的"自定形状工具" ，在画布中单击鼠标右键，从弹出的快捷菜单中选择"符号"|"复选标记"复选框，如图3.157所示。

图3.157 设置形状

⑯ 在选项栏中将"填充"更改为灰色（R：115，G：124，B：129），"描边"为无，在刚才绘制的矩形中按住Shift键绘制一个对号形状，此时将生成一个"形状2"图层，如图3.158所示。

图3.158 绘制图形

⑰ 选择工具箱中的"横排文字工具" **T**，在刚才绘制的图形下方位置再次添加文字，如图3.159所示。

图3.159 添加文字

⑱ 选择工具箱中的"椭圆工具" ●，在选项栏中将"填充"更改为浅蓝色（R：178，G：190，B：199），"描边"为无，在画布靠底部位置按住Shift键绘制一个圆形，此时将生成一个"椭圆1"图层，如图3.160所示。

图3.160 绘制图形

⑲ 选中"椭圆1"图层，在画布中按住Alt+Shift组合键向右侧拖动，将图形复制3份，此时将生成"椭圆1拷贝""椭圆1拷贝2"及"椭圆1拷贝3"图层，如图3.161所示。

图3.161 复制图形

⑳ 选中"椭圆1拷贝3"图层，在画布中将其图形颜色更改为灰色（R：115，G：124，B：

129)，如图3.162所示。

图3.162 更改图形颜色

3.13.2 功能页面1

① 执行菜单栏中的"文件"|"新建"命令，在弹出的"新建"对话框中设置"宽度"为640像素，"高度"为960像素，"分辨率"为72像素/英寸，"颜色模式"为RGB颜色，新建一个空白画布，如图3.163所示。

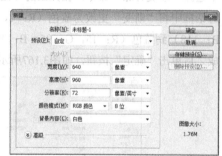

图3.163 新建画布

② 将画布填充为浅蓝色（R：219，G：234，B：240），如图3.164所示。

③ 执行菜单栏中的"文件"|"打开"命令，打开"状态栏.psd"文件，将打开的素材拖入画布中靠顶部位置并与画布对齐，如图3.165所示。

图3.164 填充颜色　　　图3.165 添加素材

04 选择工具箱中的"矩形工具" ，在选项栏中将"填充"更改为白色，"描边"为无，在状态栏下方位置绘制一个与画布宽度相同的矩形，此时将生成一个"矩形1"图层，选中"矩形1"图层，将其拖至面板底部的"创建新图层" 按钮上，复制一个"矩形1 拷贝"图层，如图3.166所示。

图3.166 绘制图形并复制图层

05 在"图层"面板中，选中"矩形1"图层，单击面板底部的"添加图层样式" fx 按钮，在菜单中选择"渐变叠加"命令，在弹出的"图层样式"对话框中将"渐变"更改为蓝色（R：7，G：80，B：118）到蓝色（R：15，G：95，B：138），完成之后单击"确定"按钮，如图3.167所示。

图3.167 设置渐变叠加

06 选中"矩形1 拷贝"图层，在画布中按Ctrl+T组合键对其执行"自由变换"命令，当出现变形框以后将图形高度增加，并向下移动，如图3.168所示。

图3.168 变换图形

07 在"图层"面板中，选中"矩形1 拷贝"图层，单击面板底部的"添加图层样式" fx 按钮，在菜单中选择"渐变叠加"命令，在弹出的"图层样式"对话框中将"渐变"更改为蓝色（R：135，G：200，B：237）到蓝色（R：42，G：144，B：204），如图3.169所示。

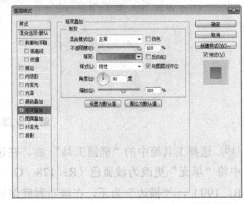

图3.169 设置渐变叠加

08 勾选"投影"复选框，将"不透明度"更改为50%，取消"使用全局光"复选框，"角度"更改为90度，"距离"更改为2像素，"大小"更改为6像素，完成之后单击"确定"按钮，如图3.170所示。

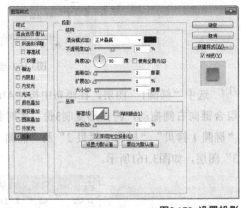

图3.170 设置投影

09 选择工具箱中的"直线工具" ，在选项栏中将"填充"更改为蓝色（R：20，G：105，B：154），"描边"为无，"粗细"更改为1像素，在"矩形1"和"矩形1 拷贝"图层接触的边缘位置按住Shift键绘制一条宽度与画布相同的水平线段，此时将生成一个"形状1"图层，如图3.171所示。

图3.171 绘制图形

⑩ 选择工具箱中的"直线工具" ✐，在选项栏中将"填充"更改为深蓝色（R：0，G：42，B：65），"描边"为无，"粗细"更改为1像素，在"矩形1"图形靠右侧位置绘制一条垂直线段，此时将生成一个"形状2"图层，如图3.172所示。

图3.172 绘制图形

⑪ 在"图层"面板中，选中"形状2"图层，将其拖至面板底部的"创建新图层" ▭ 按钮上，复制一个"形状2 拷贝"图层，如图3.173所示。

⑫ 选中"形状2 拷贝"图层，在选项栏中将"填充"更改为蓝色（R：37，G：103，B：138），再将其向右侧移动一个像素，如图3.174所示。

图3.173 复制图层　　图3.174 移动图形

⑬ 选择工具箱中的"矩形工具" ▭，在选项栏中将"填充"更改为浅蓝色（R：200，G：216，B：224），"描边"为无，在刚才绘制的线段右

侧位置按住Shift键绘制一个矩形，此时将生成一个"矩形2"图层，如图3.175所示。

图3.175 绘制图形

⑭ 在"图层"面板中，选中"矩形2"图层，单击面板底部的"添加图层样式" fx 按钮，在菜单中选择"投影"命令，在弹出的"图层样式"对话框中将"不透明度"更改为50%，取消"使用全局光"复选框，"角度"更改为90度，"距离"更改为1像素，"大小"更改为1像素，完成之后单击"确定"按钮，如图3.176所示。

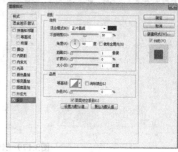

图3.176 设置投影

⑮ 选中"矩形2"图层，在画布中按住Alt+Shift组合键向下拖动，将图形复制2份，此时将生成"矩形2 拷贝"及"矩形2 拷贝2"图层，如图3.177所示。

图3.177 复制图形

⑯ 选择工具箱中的"横排文字工具" T，在

"矩形1"图层中的图形左侧位置添加文字，如图3.178所示。

图3.178 添加文字

(17) 利用工具箱中的"矩形工具" ■和"椭圆工具" ●等工具在刚才添加的文字下方位置绘制一个手机实时状态图形，如图3.179所示。

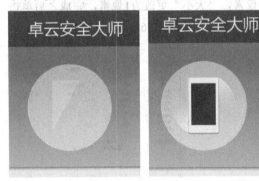

图3.179 制作手机实时状态图形

(18) 为了更好地配合动画效果，在绘制好的实时状态图形上添加一个英文字母并为其添加图层样式完成整个实时状态图形的制作，如图3.180所示。

图3.180 添加装饰效果

技巧与提示

考虑到本章中整个知识点的安排，对本软件的具体细节部分的图形绘制不再详细讲解，读者可以结合本书中其他知识点举一反三、融会贯通，尝试绘制某些图形。

(19) 选择工具箱中的"圆角矩形工具" ■，在选项栏中将"填充"更改为白色，"描边"为无，"半径"为5像素，在画布中靠右上角位置绘制一个圆角矩形，此时将生成一个"圆角矩形1"图层，如图3.181所示。

图3.181 绘制图形

(20) 在"图层"面板中，选中"圆角矩形 1"图层，单击面板底部的"添加图层样式" fx 按钮，在菜单中选择"渐变叠加"命令，在弹出的"图层样式"对话框中将"渐变"更改为绿色（R：111，G：180，B：13）到绿色（R：140，G：218，B：17），如图3.182所示。

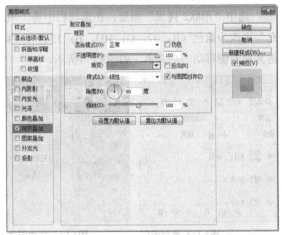

图3.182 设置渐变叠加

(21) 勾选"投影"复选框，将"不透明度"更改为45%，取消"使用全局光"复选框，"角度"更改为90度，"距离"更改为1像素，"大小"更改为1像素，完成之后单击"确定"按钮，如图3.183所示。

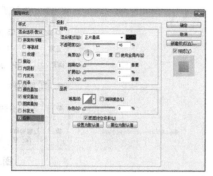

图3.183 设置投影

㉒ 选择工具箱中的"横排文字工具" T ，在刚才绘制的图形上方位置添加文字，如图3.184所示。

图3.184 添加文字

㉓ 选择工具箱中的"圆角矩形工具" ，在选项栏中将"填充"更改为淡蓝色（R：243，G：248，B：252），"描边"为无，"半径"为2像素，在画布中绘制一个圆角矩形，此时将生成一个"圆角矩形2"图层，如图3.185所示。

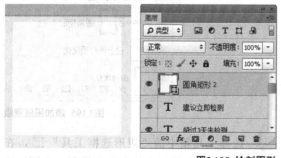

图3.185 绘制图形

㉔ 在"图层"面板中，选中"圆角矩形2"图

层，单击面板底部的"添加图层样式" fx 按钮，在菜单中选择"斜面和浮雕"命令，在弹出的"图层样式"对话框中将"大小"更改为1像素，"角度"更改为90度，"高度"更改为30度，"高光模式"中的"不透明度"更改为40%，"阴影模式"中的"不透明度"更改为15%，如图3.186所示。

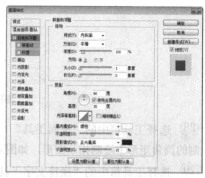

图3.186 设置斜面和浮雕

㉕ 勾选"描边"复选框，将"大小"更改为1像素，"位置"更改为内部，"不透明度"更改为2%，完成之后单击"确定"按钮，如图3.187所示。

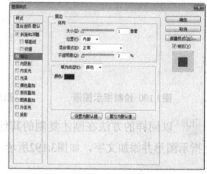

图3.187 设置描边

㉖ 选中"圆角矩形 2"图层，在画布中按住Alt+Shift组合键向右侧拖动，将图形复制，此时将生成一个"圆角矩形2拷贝"图层，如图3.188所示。

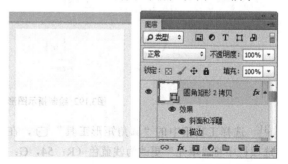

图3.188 复制图形

(27) 同时选中"圆角矩形 2"及"圆角矩形 2 拷贝"图层，在画布中按住Alt+Shift组合键向下方拖动，将图形复制，如图3.189所示。

图3.189 复制图形

(28) 选择工具箱中的"椭圆工具" ○ ，在刚才绘制的圆角矩形上绘制指示图形，如图3.190所示。

(29) 选择工具箱中的"横排文字工具" T ，在刚才绘制的图形周围添加文字，如图3.191所示。

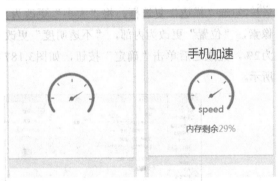

图3.190 绘制指示图形   图3.191 添加文字

(30) 以同样的方法在刚才复制的其他图形上绘制指示图形并添加文字，如图3.192所示。

图3.192 绘制指示图形

(31) 选择工具箱中的"圆角矩形工具" ○ ，在选项栏中将"填充"更改为浅蓝色（R：54，G：

150，B：227），"描边"为无，"半径"为5像素，在画布中靠底部绘制一个圆角矩形，此时将生成一个"圆角矩形3"图层，如图3.193所示。

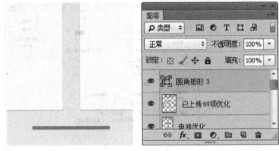

图3.193 绘制图形

(32) 在"图层"面板中，选中"圆角矩形 3"图层，执行菜单栏中的"图层"|"栅格化"|"形状"命令，将当前图形栅格化，如图3.194所示。

图3.194 栅格化形状

(33) 在"图层"面板中，选中"圆角矩形 3"图层，单击面板底部的"添加图层蒙版" □ 按钮，为其图层添加图层蒙版，如图3.195所示。

图3.195 添加图层蒙版

(34) 选择工具箱中的"矩形选框工具" □ ，在"圆角矩形 3"图层中的图形上绘制一个矩形选区，如图3.196所示。

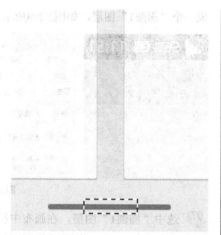

图3.196 绘制选区

㉟ 单击"圆角矩形 3"图层，在画布中将选区填充为黑色，将部分图形隐藏，完成之后按Ctrl+D组合键将选区取消，如图3.197所示。

图3.197 隐藏图形

㊱ 选择工具箱中的"矩形工具" ▣，在选项栏中将"填充"更改为白色，"描边"为无，在刚才隐藏的图形位置绘制一个矩形，此时将生成一个"矩形3"图层，如图3.198所示。

图3.198 绘制图形

㊲ 在"图层"面板中，选中"矩形3"图层，单击面板底部的"添加图层样式" fx 按钮，在菜单中选择"内阴影"命令，在弹出的"图层样式"对话

框中将"不透明度"更改为20%，取消"使用全局光"复选框，"角度"更改为90度，"距离"更改为2像素，"大小"更改为4像素，完成之后单击"确定"按钮，如图3.199所示。

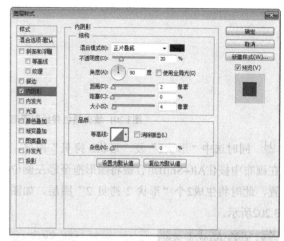

图3.199 设置内阴影

3.13.3 功能页面2

① 执行菜单栏中的"文件"|"新建"命令，在弹出的"新建"对话框中设置"宽度"为640像素，"高度"为960像素，"分辨率"为72像素/英寸，"颜色模式"为RGB颜色，新建一个空白画布，如图3.200所示。

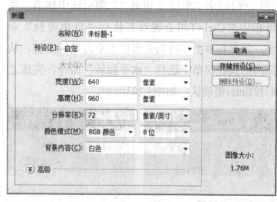

图3.200 新建画布

② 将画布填充为浅蓝色（R：219，G：234，B：240）。

③ 以同样的方法绘制部分相似的图形，如图3.201所示。

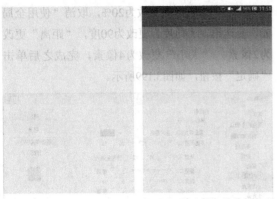

图3.201 填充颜色并绘制图形

04 同时选中"形状2"及"形状2 拷贝"图层，在画布中按住Alt+Shift组合键将图形拖至靠左侧位置，此时将生成2个"形状 2 拷贝 2"图层，如图3.202所示。

图3.202 复制图形

05 保持2个"形状 2 拷贝 2"图层选中状态，在画布中按Ctrl+T组合键对其执行"自由变换"命令，将光标移至出现的变形框上单击鼠标右键，从弹出的快捷菜单中选择"水平翻转"命令，完成之后按Enter键确认，如图3.203所示。

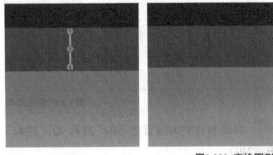

图3.203 变换图形

06 选择工具箱中的"椭圆工具" ，在选项栏中将"填充"更改为白色，"描边"为无，在画布靠左上角位置按住Shift键绘制一个圆形，此时将生

成一个"椭圆1"图层，如图3.204所示。

图3.204 绘制图形

07 选中"椭圆1"图层，在画布中按住Alt+Shift组合键向右侧拖动，将图形复制2份，此时将生成"椭圆1 拷贝"及"椭圆1 拷贝2"图层，如图3.205所示。

图3.205 复制图形

08 选择工具箱中的"钢笔工具" ，在选项栏中将单击"选择工具模式" 路径 按钮，在弹出的菜单中选择"形状"，将"填充"更改为无，"描边"更改为蓝色（R：220，G：234，B：240），"大小"为2点，在2个椭圆图形之间绘制一条不规则路径，此时将生成一个"形状3"图层，如图3.206所示。

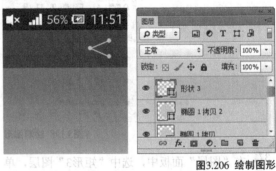

图3.206 绘制图形

09 同时选中"形状3""椭圆 1 拷贝2""椭圆 1 拷贝"及"椭圆1"图层，执行菜单栏中的

"图层"|"新建"|"从图层建立组",在弹出的"从图层新建组"对话框中将"名称"更改为"分享",完成之后单击"确定"按钮,此时将生成一个"分享"组,如图3.207所示。

图3.207 从图层新建组

⑩ 在"图层"面板中,选中"分享"组,单击面板底部的"添加图层样式" *fx* 按钮,在菜单中选择"投影"命令,在弹出的"图层样式"对话框中将"角度"更改为90度,"距离"更改为1像素,"大小"更改为1像素,完成之后单击"确定"按钮,如图3.208所示。

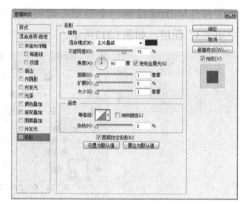

图3.208 设置投影

⑪ 选择工具箱中的"矩形工具" ,在选项栏中将"填充"更改为无,"描边"为蓝色(R:220,G:234,B:240),在画布靠左上角位置按住Shift键绘制一个矩形,此时将生成一个"矩形2"图层,如图3.209所示。

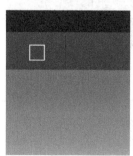

图3.209 绘制图形

⑫ 选中"矩形2"图层,在画布中按Ctrl+T组合键

对其执行"自由变换"命令,当出现变形框以后在选项栏中"旋转"后方的文本框中输入45度,再将光标移至变形框顶部按住Alt键向下拖动,将图形高度缩小完成之后按Enter键确认,如图3.210所示。

图3.210 变换图形

⑬ 选择工具箱中的"直接选择工具" ,在画布中选中"矩形2"图层中的图形右侧锚点并按Delete键将其删除,如图3.211所示。

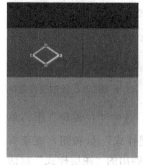

图3.211 删除锚点

⑭ 在"分享"组上单击鼠标右键,从弹出的快捷菜单中选择"拷贝图层样式"命令,在"矩形2"图层上单击鼠标右键,从弹出的快捷菜单中选择"粘贴图层样式"命令,如图3.212所示。

图3.212 重制并粘贴图层样式

⑮ 选择工具箱中的"圆角矩形工具" ,以刚才同样的方法在画布中绘制一个圆角矩形,在绘制

的图形上添加文字制作按钮效果，如图3.213所示。

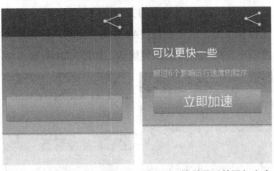

图3.213 绘制图形并添加文字

⑯ 利用工具箱中的"椭圆工具" ⬤ ，在适当位置绘制仪表，如图3.214所示。

图3.214 绘制仪表效果

⑰ 在"图层"面板中，选中"仪表盘"组，单击面板底部的"添加图层样式" *fx* 按钮，在菜单中选择"投影"命令，在弹出的"图层样式"对话框中将"不透明度"更改为50%，"角度"更改为90度，"距离"更改为1像素，"大小"更改为3像素，完成之后单击"确定"按钮，如图3.215所示。

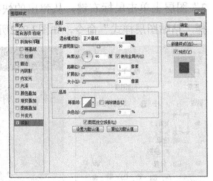

图3.215 设置投影

⑱ 选择工具箱中的"矩形工具" ▢ ，在选项栏中将"填充"更改为浅蓝色（R：242，G：246，B：248），"描边"为无，在画布中"矩形1 拷

贝"图层中的图形下方绘制一个矩形，此时将生成一个"矩形2"图层，并将"矩形2"图层移至"背景"图层上方，如图3.216所示。

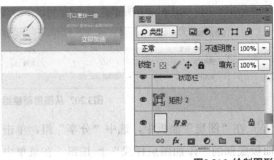

图3.216 绘制图形

⑲ 选择工具箱中的"矩形工具" ▢ ，在选项栏中将"填充"更改为无，"描边"为蓝色（R：200，G：216，B：224），在刚才绘制的矩形右侧位置按住Shift键绘制一个矩形，此时将生成一个"矩形3"图层，如图3.217所示。

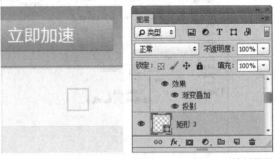

图3.217 绘制图形

⑳ 选中"矩形3"图层，在画布中按Ctrl+T组合键对其执行"自由变换"命令，当出现变形框以后在选项栏中"旋转"后方的文本框中输入45度，完成之后按Enter键确认，如图3.218所示。

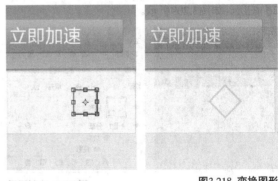

图3.218 变换图形

㉑ 选择工具箱中的"直接选择工具" ▷ ，在画

布中选中"矩形 2"图层中的图形左侧锚点并按Delete键将其删除，如图3.219所示。

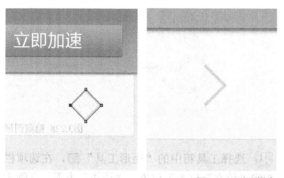

图3.219　删除锚点

技巧与提示

删除锚点后可根据当前矩形所在的条目图形大小将其适当等比缩小或者放大，使整个功能条大小协调。

㉒　在"图层"面板中，选中"矩形3"图层，向下移至"矩形2"图层上方，再同时选中这两个图层，按Ctrl+G组合键快速将图层编组，并将编组的名称更改为"功能条目"，如图3.220所示。

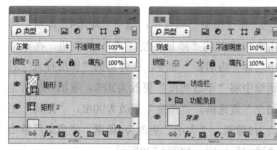

图3.220　更改图层顺序并快速编组

㉓　选中"功能条目"组，按住Alt+Shift组合键向下拖动，将图形复制4份，如图3.221所示。

图3.221　复制图形

技巧与提示

由于"功能条目"组中"矩形2"图层中的图形带有描边，所以在复制"功能条目"组的时候需要注意与原图形叠加1px，如果对齐，边缘位置描边过粗将导致整个视觉不协调。

px代表像素，在Photoshop中不同的尺寸单位用相应的英文表示，如cm代表厘米，mm代表毫米。

将功能条目图形复制的时候需要注意为底部留出一定空间，以便后面绘制翻页标记，留出的空间不需要过大，大小以比功能条目图形的高度稍小为准。

㉔　在刚才绘制的功能条目上绘制一个功能图标，如图3.222所示。

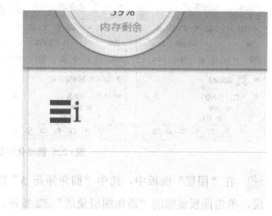

图3.222　绘制图标

㉕　在界面中的功能条目中绘制相应的功能图标，如图3.223所示。

图3.223　绘制图形并添加文字

㉖　选择工具箱中的"圆角矩形工具" ，在选项栏中将"填充"更改为蓝色（R：54，G：150，B：227），"描边"为无，"半径"为5像素，在画布中靠底部位置绘制一个圆角矩形，此时将生成

一个"圆角矩形5"图层,如图3.224所示。

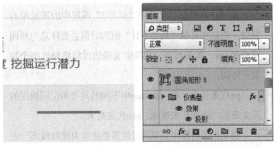

图3.224 绘制图形

㉗ 在"图层"面板中,选中"圆角矩形 5"图层,执行菜单栏中的"图层"|"栅格化"|"形状"命令,将当前图形栅格化,如图3.225所示。

图3.225 栅格化形状

㉘ 在"图层"面板中,选中"圆角矩形 5"图层,单击面板底部的"添加图层蒙版" 按钮,为其图层添加图层蒙版,如图3.226所示。

㉙ 选择工具箱中的"矩形选框工具" ,在"圆角矩形 5"图层中的图形上绘制一个矩形选区,如图3.227所示。

图3.226 添加图层蒙版　　图3.227 绘制选区

㉚ 单击"圆角矩形5"图层,在画布中将选区填充为黑色,将部分图形隐藏,完成之后按Ctrl+D组合键将选区取消,如图3.228所示。

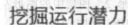

图3.228 隐藏图形

㉛ 选择工具箱中的"矩形工具" ,在选项栏中将"填充"更改为白色,"描边"为无,在刚才隐藏的图形位置绘制一个矩形,此时将生成一个"矩形4"图层,如图3.229所示。

图3.229 绘制图形

㉜ 在"图层"面板中,选中"矩形4"图层,单击面板底部的"添加图层样式" 按钮,在菜单中选择"内阴影"命令,在弹出的"图层样式"对话框中将"不透明度"更改为20%,取消"使用全局光"复选框,"角度"更改为90度,"距离"更改为2像素,"大小"更改为4像素,完成之后单击"确定"按钮,如图3.230所示。

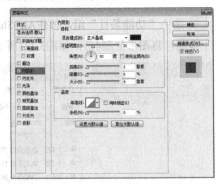

图3.230 设置内阴影

㉝ 选中"矩形 4"图层,将其图层"填充"更改

为80%，这样就完成了功能页面2效果制作，如图3.231所示。

图3.231 更改填充及功能页面2效果

3.13.4 展示页面1

01 执行菜单栏中的"文件"|"新建"命令，在弹出的"新建"对话框中设置"宽度"为800像素，"高度"为600像素，"分辨率"为72像素/英寸，"颜色模式"为RGB颜色，新建一个空白画布，如图3.232所示。

图3.232 新建画布

02 单击面板底部的"创建新图层" 按钮，新建一个"图层1"图层，如图3.233所示。

03 选中"图层1"图层，将其填充为深黄色（R：233，G：220，B：203），如图3.234所示。

图3.233 新建图层　　　　图3.234 填充颜色

04 在"图层"面板中，选中"图层1"图层，单击面板底部的"添加图层样式" 按钮，在菜单中选择"渐变叠加"命令，在弹出的"图层样式"对话框中将"渐变"更改为黑色（R：240，G：240，B：240）到透明，将黑色色标"不透明度"更改为15%，其他数值保持默认，完成之后单击"确定"按钮，如图3.235所示。

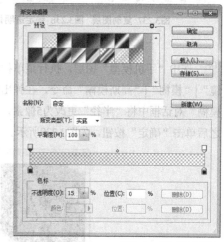

图3.235 设置渐变叠加

05 执行菜单栏中的"文件"|"打开"命令，打开"手机模型.psd"文件，将打开的素材拖入画布中并适当缩小，如图3.236所示。

图3.236 添加素材

06 在"图层"面板中，选中"手机模型"图层，将其拖至面板底部的"创建新图层"![按钮]上，复制一个"手机模型 拷贝"图层，如图3.237所示。

07 在"图层"面板中，选中"手机模型"图层，单击面板上方的"锁定透明像素"![按钮]按钮，将当前图层中的透明像素锁定，在画布中将图层填充为黑色，填充完成之后再次单击此按钮将其解除锁定，如图3.238所示。

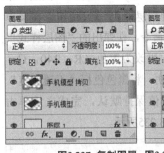 

图3.237 复制图层　图3.238 锁定透明像素并填充颜色

08 选中"手机模型"图层，执行菜单栏中的"滤镜"|"模糊"|"高斯模糊"命令，在弹出的"高斯模糊"对话框中将"半径"更改为5像素，设置完成之后单击"确定"按钮，如图3.239所示。

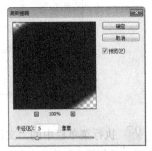

图3.239 设置高斯模糊

09 选中"手机模型"图层，将其图层"不透明度"更改为60%，如图3.240所示。

图3.240 更改图层不透明度

10 在"图层"面板中，选中"手机模型"图层，单击面板底部的"添加图层蒙版"![按钮]按钮，为其图层添加图层蒙版，如图3.241所示。

11 选择工具箱中的"画笔工具"![图标]，在画布中单击鼠标右键，在弹出的面板中选择一种圆角笔触，将"大小"更改为150像素，"硬度"更改为0%，如图3.242所示。

 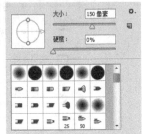

图3.241 添加图层蒙版　　图3.242 设置笔触

12 单击"手机模型"图层蒙版缩览图，在画面中其图形上半部分区域涂抹，将部分图形隐藏制作阴影效果，如图3.243所示。

图3.243 隐藏图形制作阴影

技巧与提示

在涂抹的过程中适当更改笔触的大小及硬度可以使擦除效果更加自然，阴影效果也更加真实。

13 打开之前创建的欢迎页面文档，在"图层"面板中，选中最上方的图层，按Ctrl+Alt+Shift+E组合键执行"盖印可见图层"命令，将生成一个"图层2"图层，如图3.244所示。

14 将"图层2"图层中的图形拖至展示页面画布中并适当缩小，如图3.245所示。

图3.244 盖印可见图层

图3.245 添加图像

⑮ 选中"图层2"图层，按Ctrl+T组合键对其执行"自由变换"命令，在出现的变形框中单击鼠标右键，从弹出的快捷菜单中选择"扭曲"命令，将其扭曲，完成之后按Enter键确认，这样就完成了展示效果制作，最终效果如图3.246所示。

图3.246 变换图形及最终展示效果

3.13.5 展示页面2

① 执行菜单栏中的"文件"|"新建"命令，在弹出的"新建"对话框中设置"宽度"为800像素，"高度"为600像素，"分辨率"为72像素/英寸，"颜色模式"为RGB颜色，新建一个空白画布，如图3.247所示。

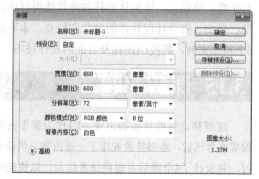

图3.247 新建画布

② 选择工具箱中的"渐变工具"，在选项栏中单击"点按可编辑渐变"按钮，在弹出的"渐变编辑器"对话框中将渐变颜色更改为蓝色，设置完成之后单击"确定"按钮，再单击选项栏中的"径向渐变"按钮，如图3.248所示。

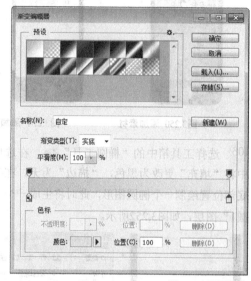

图3.248 设置渐变

③ 在画布中从左上角向右下角方向拖动，为画布填充渐变，如图3.249所示。

图3.249 填充渐变

④ 执行菜单栏中的"文件"|"打开"命令，打开"手机模型2.psd"文件，将打开的素材拖入画布中靠右侧位置并适当缩小，如图3.250所示。

⑤ 打开之前创建的功能页面文档，在"图层"面板中，选中最上方的图层，按Ctrl+Alt+Shift+E组合键执行"盖印可见图层"命令，将生成一个"图层2"图层，将"图层2"图层中的图形拖至展示页

面画布中手机屏幕上并适当缩小与屏幕边缘对齐，如图3.251所示。

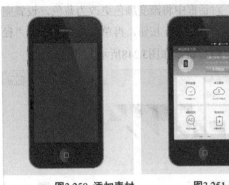

图3.250 添加素材   图3.251 添加素材

06 选择工具箱中的"椭圆工具" ，在选项栏中将"填充"更改为黑色，"描边"为无，在手机底部位置绘制一个椭圆图形，此时将生成一个"椭圆1"图层，如图3.252所示。

图3.252 绘制图形

07 在"图层"面板中，选中"椭圆1"图层，执行菜单栏中的"图层"|"栅格化"|"形状"命令，将当前图形栅格化，如图3.253所示。

图3.253 栅格化形状

08 选中"椭圆1"图层，执行菜单栏中的"滤镜"|"模糊"|"高斯模糊"命令，在弹出的"高斯模糊"对话框中将"半径"更改为5像素，设置完成之后单击"确定"按钮，如图3.254所示。

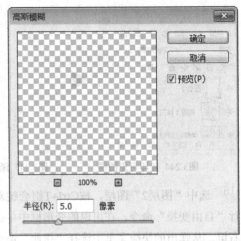

图3.254 设置高斯模糊

09 选择工具箱中的"横排文字工具" T，在画布中适当位置添加文字，这样就完成了展示效果制作，如图3.255所示。

图3.255 添加文字及展示效果

3.14 本章小结

UI设计是指对软件的人机交互、操作逻辑、界面美观的整体设计。好的UI设计不仅能让软件变得有个性、有品位，还能让软件的操作变得舒适、简单、自由、充分体现软件的定位和特点。本章通过6个精选案例，教授UI图标及界面的设计技巧。

3.15 课后习题

随着移动智能设备的出现，UI作为新生的设计发展非常迅猛，本书特意安排了一章内容，供读者学习，并安排了4个课后习题供读者练习，以快速掌握UI图标及界面的设计方法。

3.15.1 课后习题1——糖果进度条设计

本例讲解糖果进度条的设计制作，糖果进度条的制作以体现糖果元素为主，在本例中以粉红色的进度条与绿色系背景组合给人一种清新甜美的感觉，最终效果如图3.256所示。

扫码看视频

图3.256 最终效果

素材位置：无
案例位置：案例文件\第3章\糖果进度条设计.psd
视频位置：多媒体教学\3.15.1 课后习题1——糖果进度条设计.avi
难易指数：★★☆☆☆

步骤分解如图3.257所示。

图3.257 步骤分解图

图3.257 步骤分解图（续）

3.15.2 课后习题2——音乐图标设计

本例讲解音乐图标的设计制作，此款图标的特征十分明显，凸起的音乐符号具有明显特点，在稍带有立体感的底座图形上还具有一定立体感，图标的整体可识别性十分出色，最终效果如图3.258所示。

扫码看视频

图3.258 最终效果

素材位置：素材文件\第3章\音乐图标
案例位置：案例文件\第3章\音乐图标设计.psd
视频位置：多媒体教学\3.15.2 课后习题2——音乐图标设计.avi
难易指数：★★☆☆☆

步骤分解如图3.259所示。

图3.259 步骤分解图

3.15.3 课后习题3——邮箱图标设计

本例讲解邮箱图标的设计制作，邮箱图标的主题特征较强，它需要很强的可识别性，在设计上采用蓝橙条纹的组合，最终效果如图3.260所示。

扫码看视频

图3.260 最终效果

素材位置： 素材文件\第3章\邮箱图标
案例位置： 案例文件\第3章\邮箱图标.psd
视频位置： 多媒体教学\3.15.3 课后习题3——邮箱图标设计.avi
难易指数： ★★★☆☆

步骤分解如图3.261所示。

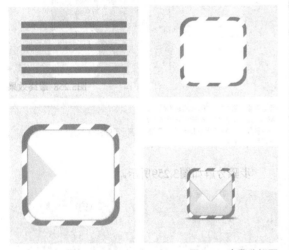

图3.261 步骤分解图

3.15.4 课后习题4——社交应用登录界面设计

本例讲解社交应用登录界面的设计制作，此款界面在制作过程中为图形添加模拟打孔办公纸效果，整个界面区别于传统登录界面，给人眼前一亮的视觉感觉，同时整个界面与应用的主题比较

扫码看视频

符合，最终效果如图3.262所示。

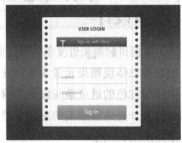

图3.262 最终效果

素材位置： 无
案例位置： 案例文件\第3章\社交应用登录界面.psd
视频位置： 多媒体教学\3.15.4 课后习题4——社交应用登录界面设计.avi
难易指数： ★★★☆☆

步骤分解如图3.263所示。

图3.263 步骤分解图

第4章

艺术POP广告设计

───────────── 内容摘要 ─────────────

　　本章讲解艺术POP设计，POP是商业销售中的一种店头促销工具，其形式不拘，但以摆设在店头的展示物为，如吊牌、小海报、贴纸等，其主要商业用途是刺激和引导消费及活跃卖场气氛，能有效地吸引顾客的视点唤起其购买欲。POP制作的重点在于体现卖点，以直接有效的方式快速传递信息。通过本章的学习，读者可以掌握艺术POP设计的原则与重点。

───────────── 课堂学习目标 ─────────────

- 了解POP广告的功能和分类
- 掌握POP广告的设计方法和技巧
- 了解POP广告的表现形式

4.1 POP广告的功能

POP广告起源于美国的超级市场和自助商店里的店头广告。POP广告在商业宣传中占有非常重要的地位，其主要功能表现在以下几点。

1.新产品宣传

POP广告一般用来宣传新产品，大部分POP广告都属于新产品宣传广告，新的产品问世，商家为了抢占市场将新产品推出去，在销售场所使用POP广告进行促销宣传，此时使用POP广告再合适不过。POP广告简单、直接、迅速、经济，可以直观地表现商品信息，吸引消费者并刺激其消费，是有效的广告宣传手段之一。

2.假日促销

POP广告以其快捷、直观的特点成为假日促销广告的首选。POP广告利用有效的时间和空间，最大限度地即时宣传商品信息，能瞬间营造出一种欢乐的节日节气，为节假日销售旺季起到了推波助澜的作用。

3.扮演营业员角色

POP广告有"无声的售货员"和"最忠实的推销员"的美名。POP在店面中陈列，直接与消费者面对面，并将商品的信息直接传递给消费者；当消费者面对诸多商品选择迷茫时，POP则像一个无声的售货员，不断地向消费者传达商品信息，使消费者从中得到启示并做出购买决定。

4.渲染销售氛围

POP广告设计一般色彩比较鲜艳，颜色冲突感强烈，外观设计灵活多样，既起到美化环境的作用，还可以吸引消费者的眼球，再加上幽默的画面和生动的广告宣传语句。例如，现在网上流行的超市大妈货品摆放，可以创造出强烈的销售气氛，给消费者营造良好的购物环境，从而激发消费者的购买欲望，达到销售的目的。

5.引起顾客注意

大家知道，顾客在逛商场时有很多的消费并不是事先计划的，而是被外在环境等因素影响后做出的临时性决定。虽然现在大众传媒也很发达，但当消费者步入商店后，可能已经忘记了这些广告内容，而此时POP广告的现场效果优势便显示出来，通过POP广告可以唤起消费者的潜在意识，增强对产品的认识，引起顾客注意并进店消费。

6.引顾客驻足

POP广告可以凭借其新颖的图案、绚丽的色彩、独特的构思、多变的造型等形式引起顾客注意，使之驻足停留，进而对广告中的商品产生兴趣。

7.提升企业知名度

POP广告除了宣传商品之外，还可以起到树立和提升企业形象的作用。POP广告中的设计元素可以与企业视觉识别系统保持一致，将企业标志、标准色、图案等放在POP广告中，在宣传商品的同时，还可以塑造富有特色的企业形象，一举两得。不同的POP广告效果如图4.1所示。

图4.1 不同的POP广告效果

图4.1 不同的POP广告效果（续）

4.2 POP广告的分类

POP广告是在一般广告形式的基础上发展起来的一种新型的商业广告形式。与一般的广告相比，其特点主要体现在广告展示及陈列的方式、地点和时间3个方面。POP广告的种类很多，分类方法也不尽相同。

1.按时间长短分类

POP广告在使用过程中的时间性及周期性很强。按照不同的使用时间，可把POP广告分为3大类型，即长期型、中期型和短期型。

（1）长期型。长期型POP广告的使用周期在一个季度以上。长期型POP广告主要包括招牌POP广告、柜台POP广告、企业形象POP广告等。表现形式如奖杯、奖牌、灯箱、霓虹灯、装饰以及手提袋等。由于时间因素，一般制作比较精美，由一个企业或商场经营者来完成，针对企业形象和产品形象进行设计宣传。

（2）中期型。中期型POP广告的使用周期在一个季度左右。一般针对季节性商品设计的POP广告，如服装、风扇、冰箱、空调等，随季节变化而更换的商品广告，因为这些商品一般为一个季度的展示销售，所以POP广告也要随着这些产品的下架而进行更换。表现形式如海报、招贴、传单等。中期型POP广告由于时间的原因，可以在设计和制作费用上稍做调整，档次也可以适当比长期型POP广告低些。

（3）短期型。短期型POP广告的周期在一个季度以内，有时可能只是一周，甚至一天或几个小时。短期型POP广告属于促销性质的广告，一般在节假日促销时使用，随着节日的离去，该促销广告也就无存在的价值了。当然有时也会用在大减价、大甩卖商品时，销售完商品广告也就撤换了。表现形式如节日促销海报、短促展架、大折扣招牌等。短期型POP广告在设计和制作上投资可以少些，当然效果可能也简单、粗糙些。

2.按位置分类

按位置分类，POP广告分为室外POP广告和室内POP广告两大系统。室内POP广告和室外POP广告如图4.2所示。

（1）室外POP广告：指商店门前及周边的POP广告，包括商店招牌、门面装饰、橱窗布置、商品陈列、招贴、条幅、海报、传单广告及广告牌、霓虹灯、灯箱等。

（2）室内POP广告：指商店内部的各种广告，包括空中悬挂广告、柜台广告、货架陈列广告、模特广告、室内电子和灯箱广告等。

POP广告主要是刺激消费者的现场消费，因为销售现场的广告有助于唤起消费者以前对商品的记忆，也有助于营造现场的购买气氛，刺激消费者的购买欲望。

图4.2 室内POP广告和室外POP广告

图4.2 室内POP广告和室外POP广告（续）

4.3 POP广告的主要表现形式

POP广告是现在广告中非常常用的一种，特别是一些超市、商场、各种购物中心随处可以看到POP广告的影子，可以说，POP广告是商家现场宣传促销最直接、最重要的手段，因其特殊的展示及陈列方式不同，POP广告的表现形式也非常多样。

1.置于店头

置于店头的POP广告称为店头POP广告，是店铺的品牌构成部分，如招牌、看板、海报、店招、立场招牌、吉祥物实物、高空气球、广告伞。店头POP广告一般非常直观，常常以商品实物或象征特性传达商店的个性特色。店头POP广告效果如图4.3所示。

图4.3 店头POP广告效果

2.悬挂在空中

悬挂在空中的POP广告称为悬挂POP广告。在商场或商店上部空间将POP广告悬挂起来，在各类POP广告中使用量最大、使用率最高。商场作为营业场所，墙面和地面需要对商品的陈列和顾客的流动作有效的考虑和利用，而上部空间则不会对陈列和行人造成影响，可以充分利用，所以悬挂POP广告可以充分利用这些空间优势，360度全方位展示商品广告，易引起注目。悬挂POP广告最典型的分为吊旗式和吊挂物两种，吊旗式是吊挂起的POP；吊挂物则相比吊旗式更加具有立体感。悬挂POP广告效果如图4.4所示。

图4.4 悬挂POP广告效果

3.放置在地面

放置在地面的POP广告称为地面POP广告。利用商场地面的空间，将POP广告放置在商场门口、商场内、外空间的地面、通道或通往商场的街道上；为了吸引顾客的注意力，一般以体积较大和高度较高，超过人的高度为宜，表现形式如商品陈列台、立体形象板、电子显示屏、灯箱、易拉宝、商品资料台等。地面POP广告效果如图4.5所示。

图4.5 地面POP广告效果

4.粘贴在壁面上

粘贴在墙壁上的POP广告称为壁面POP广告。利用墙壁、柜台、隔断、门窗、货架立面、柱子表面等壁面将POP广告粘贴在立面上，既美化壁面起到装饰效果，还可以渲染气氛起到告知功能。其表现形式如粘贴海报、招贴画、告示牌、贴纸、挂旗、壁面镶板等。壁面POP广告效果如图4.6所示。

图4.6 壁面POP广告效果

5.利用柜台、货架展示

利用柜台、货架展示即是柜台式POP广告。我们知道，柜台主要用来陈列商品，在满足商品陈列功能后，可以利用柜台、货架的空隙，设置些小型的POP广告，如展示卡片、标价卡、封条、DM单、商品宣传册、广告牌、台卡、商品模型、货架卡、柜台篮子、小吉祥物等，使顾客近距离接收商品信息。柜台式POP广告效果如图4.7所示。

125

图4.7 柜台式POP广告效果

6.利用专卖指引展示

在商场中行走，经常会看到各种箭头标志、指示牌等，利用这些元素在无形中也能起到POP广告的作用，这些指示性的标志具有引导作用，诱导顾客跟随箭头所指方向行走，进而吸引顾客到达所需位置。表现形式如商品销售区域划分指示、商品位置指示、导购图示等。指引展示POP广告效果如图4.8所示。

图4.8 指引展示POP广告效果

图4.8 指引展示POP广告效果（续）

7.利用视觉和听觉

利用视觉和听觉展示POP广告其实就是视听POP广告。在店内视野较为开阔的地方放置彩色显示器，不间断播放商品广告、店面形象广告、商品信息介绍等视听内容，或利用广播系统传达语音商品信息，以动态画面和听觉效果，引导顾客购买商品。

4.4 厨卫电器促销POP设计

本例讲解厨卫电器促销POP的设计制作，本例在设计过程中以放射图像作为背景，整体视觉效果相当出色，同时以折纸图形与文字信息相结合，整个POP具有不错的实用效果，最终效果如图4.9所示。

扫码看视频

图4.9 最终效果

126

素材位置：素材文件\第4章\厨卫电器促销POP
案例位置：案例文件\第4章\厨卫电器促销POP背景.psd、厨卫电器促销POP设计.ai
视频位置：多媒体教学\4.4 厨卫电器促销POP设计.avi
难易指数：★★☆☆☆

4.4.1　使用Photoshop制作POP背景

01　执行菜单栏中的"文字"|"新建"命令，在弹出的"新建"对话框中设置"宽度"为70毫米，"高度"为100毫米，"分辨率"为300像素/英寸，新建一个空白画布，如图4.10所示。

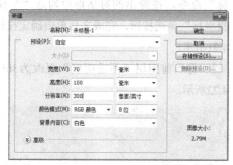

图4.10 新建画布

02　选择工具箱中的"渐变工具" ，编辑蓝色（R：102，G：210，B：255）到蓝色（R：0，G：146，B：210）的渐变，单击选项栏中的"径向渐变" 按钮，从画布中间向右侧上角方向拖动填充渐变，如图4.11所示。

03　选择工具箱中的"矩形工具" ，在选项栏中将"填充"更改为白色，"描边"为无，在画布靠左侧绘制一个矩形，将生成一个"矩形 1"图层，如图4.12所示。

图4.11 填充渐变　　**图4.12 绘制矩形**

04　按Ctrl+Alt+T组合键将矩形向右侧平移复制一

份，如图4.13所示。

05　按住Ctrl+Alt+Shift组合键同时按T键多次，执行多重复制命令，将图形复制多份，如图4.14所示。

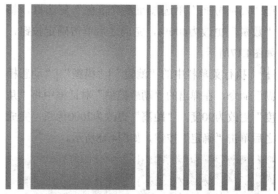

图4.13 变换复制　　**图4.14 多重复制**

06　执行菜单栏中的"滤镜"|"扭曲"|"极坐标"命令，在弹出的对话框中勾选"从平面坐标到极坐标"单选按钮，完成之后单击"确定"按钮，如图4.15所示。

图4.15 将图像变形

07　选中"矩形 1"图层，将其图层混合模式设置为"柔光"，"不透明度"更改为30%，如图4.16所示。

图4.16 设置图层混合模式

⑧ 单击面板底部的"创建新图层" 按钮，新建一个"图层1"图层，将其填充为白色。

⑨ 执行菜单栏中的"滤镜"|"杂色"|"添加杂色"命令，在弹出的"添加杂色"对话框中分别勾选"高斯分布"单选按钮及"单色"复选框，将"数量"更改为400%，完成之后单击确定按钮，如图4.17所示。

⑩ 执行菜单栏中的"滤镜"|"模糊"|"动感模糊"命令，在弹出的"动感模糊"对话框中将"角度"更改为90度，"距离"更改为2000像素，完成之后单击"确定"按钮，如图4.18所示。

图4.17 添加杂色　　图4.18 添加动感模糊

⑪ 执行菜单栏中的"图像"|"调整"|"色阶"命令，在弹出的"色阶"对话框中将数值更改为（162，0.4，205），完成之后单击确定按钮，如图4.19所示。

图4.19 调整色阶

⑫ 选中"图层1"图层，将其图层混合模式设置为"滤色"，如图4.20所示。

图4.20 设置图层混合模式

⑬ 执行菜单栏中的"滤镜"|"扭曲"|"极坐标"命令，在弹出的对话框中勾选"平面坐标到极坐标"单选按钮，完成之后单击确定按钮，如图4.21所示。

⑭ 将当前图层"不透明度"更改为30%，如图4.22所示。

图4.21 添加极坐标　　图4.22 更改不透明度

⑮ 选择工具箱中的"椭圆工具" ，在选项栏中将"填充"更改为白色，"描边"为无，在画布中间位置按住Shift键绘制一个圆形，将生成一个"椭圆1"图层，如图4.23所示。

图4.23 绘制圆

⑯ 执行菜单栏中的"滤镜"|"模糊"|"高斯模糊"命令，在弹出的"高斯模糊"对话框中将"半径"更改为130像素，完成之后单击"确定"按钮，如图4.24所示。

图4.24 添加高斯模糊

⑰ 选中"图层1"图层,将其图层混合模式设置为"叠加",如图4.25所示。

图4.25 设置图层混合模式

4.4.2 使用Illustrator添加主图文信息

① 执行菜单栏中的"文件"|"打开"命令,打开"背景.psd""电器.psd"文件,将打开的电器素材拖入画布靠底部位置并适当缩小,如图4.26所示。

② 选择工具箱中的"椭圆工具" ◯ ,将"填色"更改为黑色,"描边"为无,在电器图像底部绘制一个椭圆图形,如图4.27所示。

图4.26 添加素材　　　　图4.27 绘制椭圆

③ 执行菜单栏中的"效果"|"模糊"|"高斯模糊"命令,在弹出的"高斯模糊"对话框中将"半径"更改为2像素,完成之后单击确定按钮,如图

4.28所示。

图4.28 添加高斯模糊

④ 选择工具箱中的"钢笔工具" ✐ ,设置"填色"为橙色(R:243,G:176,B:25),"描边"为无,绘制一个三角形,如图4.29所示。

⑤ 用同样的方法绘制多个相似图形制作折纸效果,如图4.30所示。

图4.29 绘制图形　　　　图4.30 绘制折纸图形

⑥ 选择工具箱中的"横排文字工具" T ,添加文字(MStiffHei PRC),如图4.31所示。

图4.31 添加文字

⑦ 选中两段文字,单击鼠标右键,在弹出的菜单中选择"创建轮廓"命令。

⑧ 选中文字,选择工具箱中的"自由变换工具" ,将光标移至变形框右侧位置向上拖动将其斜切变形,如图4.32所示。

图4.32 将文字变形

⑨ 同时选中两段文字，在"路径查找器"面板中，单击"联集" 按钮。

⑩ 再按Ctrl+C组合键将其复制，按Ctrl+Shift+V组合键将其粘贴，单击鼠标右键，从弹出的快捷菜单中选择"选择1"|"下方的下一个对象"命令，在选项栏中将"描边"更改为橙色（R：255，G：171，B：0），"粗细"为1，如图4.33所示。

⑪ 执行菜单栏中的"效果"|"风格化"|"投影"命令，在弹出的"投影"对话框中将"不透明度"更改为30%，"X位移"更改为0.2，"Y位移"更改为0.2cm，"模糊"更改为0.5cm，完成之后单击"确定"按钮，效果如图4.34所示。

图4.33 添加描边　　　　　图4.34 添加投影

⑫ 选择工具箱中的"钢笔工具" ，绘制一个云朵图形，如图4.35所示。

⑬ 选择工具箱中的"渐变工具" ，在图形上拖动为其填充白色到蓝色（R：170，G：227，B：255）的线性渐变，如图4.36所示。

图4.35 绘制图形　　　　　图4.36 填充渐变

⑭ 选中云朵图形，将其复制多份，如图4.37所示。

⑮ 执行菜单栏中的"文件"|"打开"命令，打开"图示.ai"文件，将打开的素材拖入适当位置并适当缩小，如图4.38所示。

图4.37 复制图形　　　　　图4.38 添加素材

⑯ 选择工具箱中的"横排文字工具" T，添加文字（方正兰亭黑，方正兰亭中粗黑），这样就完成了效果制作，最终效果如图4.39所示。

图4.39 最终效果

4.5 商场促销POP设计

本例讲解商场促销POP的设计制作，此款POP具有很强的设计感，整个制作过程比较简单，重点在于文字的特效处理，同时装饰元素能很好地提升整体效果，最终效果如图4.40所示。

扫码看视频

图4.40 最终效果

素材位置：素材文件\第4章\商场促销POP
案例位置：案例文件\第4章\商场促销POP背景.ai、商场促销POP设计.psd
视频位置：多媒体教学\4.5 商场促销POP设计.avi
难易指数：★★☆☆☆

4.5.1 使用Illustrator制作POP主体文字

01 执行菜单栏中的"文件"|"新建"命令，在弹出的"新建文档"对话框中设置"宽度"为70mm，"高度"为100mm，新建一个空白画板，如图4.41所示。

图4.41 新建文档

02 选择工具箱中的"矩形工具" ▣ ，绘制一个与画板相同大小的矩形。

03 选择工具箱中的"渐变工具" ▣ ，在图形上拖动为其填充白色到浅黄色（R：253，G：242，

B：210）的线性渐变，如图4.42所示。

04 选择工具箱中的"横排文字工具" T ，添加文字（迷你简剪纸），如图4.43所示。

图4.42 填充渐变　　　　图4.43 添加文字

05 同时选中4个文字，单击鼠标右键，从弹出的快捷菜单中选择"创建轮廓"命令，选择工具箱中的"直接选择工具" ▷ ，拖动文字锚点将其变形，如图4.44所示。

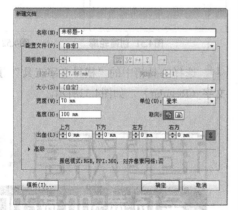

图4.44 拖动锚点

技巧与提示

在拖动锚点对文字进行变形时，可以根据文字结构之间的距离进行拖动锚点操作，整个变形的目的是使文字间的结构距离及大小更加协调。

06 选择工具箱中的"横排文字工具" T ，添加文字（方正粗谭黑简体），如图4.45所示。

07 选中文字，按Ctrl+C组合键将其复制，再按Ctrl+Shift+V组合键将其粘贴，单击鼠标右键，从弹出的快捷菜单中选择"选择"|"下方的下一个对象"命令，将其"描边"更改为蓝色（R：11，

G：32，B：63），"粗细"为2，如图4.46所示。

图4.45 添加文字　　　　　　图4.46 添加描边

⑧ 选择工具箱中的"星形工具" ☆，在画板中单击鼠标左键，在弹出的"星形"对话框中，将"半径1"更改为9mm，"半径2"更改为10mm，"角点数"更改为50，设置"填色"为橙色（R：244，G：61，B：27），绘制一个多边形，如图4.47所示。

图4.47 绘制多边形

⑨ 选择工具箱中的"横排文字工具" T，添加文字并适当旋转（方正兰亭中粗黑），如图4.48所示。

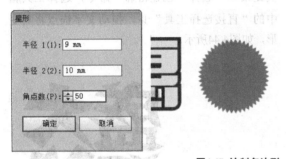

图4.48 添加文字

⑩ 选择工具箱中的"矩形工具" ▭，绘制一个矩形，将"填充"更改为黑色，"描边"为无，绘制一个黑色矩形，如图4.49所示。

⑪ 选择工具箱中的"横排文字工具" T，在矩形位置添加文字（时尚中黑简体），如图4.50所示。

图4.49 绘制矩形　　　　　　图4.50 添加文字

⑫ 在文字上单击鼠标右键，从弹出的快捷菜单中选择"创建轮廓"命令，同时选中文字及其下方矩形，在"路径查找器"面板中，单击"分割" ▱ 按钮，如图4.51所示。

⑬ 在文字上单击鼠标右键，从弹出的快捷菜单中选择"取消编组"命令，再选中文字结构，执行菜单栏中的"选择"|"相同"|"外观"命令，将文字删除，如图4.52所示。

图4.51 创建轮廓　　　　　　图4.52 修剪图形

⑭ 选择工具箱中的"横排文字工具" T，添加文字（Regular），如图4.53所示。

SUPER PREFERENTIAL PURCHASE

图4.53 添加文字

4.5.2 使用Photoshop添加装饰元素

(01) 执行菜单栏中的"文件"|"打开"命令，打开"商场促销POP.ai"文件，单击"打开"按钮，如图4.54所示。

(02) 执行菜单栏中的"图层"|"新建"|"背景图层"命令，将普通图层转换为背景图层。

图4.54 打开素材

(03) 选择工具箱中的"钢笔工具" ，在选项栏中单击"选择工具模式" 路径 按钮，在弹出的选项中选择"形状"，将"填充"更改为白色，"描边"更改为无。

(04) 在文字位置绘制一个不规则图形，将生成一个"形状1"图层，如图4.55所示。

(05) 选中"形状1"图层，将其图层混合模式设置为"柔光"，如图4.56所示。

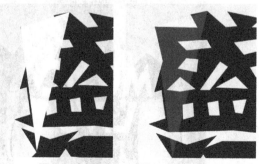

图4.55 绘制图形　　　图4.56 设置图层混合模式

(06) 以同样方法绘制数个相似图形，并为其设置图层混合模式，如图4.57所示。

图4.57 绘制图形

(07) 选择工具箱中的"直线工具" ，在选项栏中将"填充"更改为青色（R：0，G：255，B：255），"描边"为无，"粗细"更改为1像素，在适当位置绘制一条线段，将生成一个"形状9"图层，如图4.58所示。

(08) 在"图层"面板中，选中"形状 9"图层，单击面板底部的"添加图层蒙版" 按钮，为其添加图层蒙版，如图4.59所示。

图4.58 绘制线段　　　图4.59 添加图层蒙版

(09) 选择工具箱中的"渐变工具" ，编辑黑色到白色再到黑色的渐变，单击选项栏中的"线性渐变" 按钮，在线段上拖动将部分线段隐藏，以同样方法绘制数条相似线段，如图4.60所示。

图4.60 绘制线段

(10) 选择工具箱中的"椭圆工具" ，在选项栏中将"填充"更改为橙色（R：215，G：107，B：

42），"描边"为无，在画布靠底部绘制一个椭圆，将生成一个"椭圆1"图层，如图4.61所示。

图4.61 绘制椭圆

⑪ 选择工具箱中的"钢笔工具" ，在选项栏中单击"选择工具模式" 路径 按钮，在弹出的选项中选择"形状"，将"填充"更改为黑色，"描边"更改为无。

⑫ 在椭圆靠左侧位置绘制一个不规则图形，将生成一个"形状18"图层，如图4.62所示。

⑬ 选中"形状18"图层，将其图层混合模式设置为"柔光"，"不透明度"更改为50%，如图4.63所示。

图4.62 绘制图形　　图4.63 设置图层混合模式

⑭ 以同样方法再次绘制数个相似图形，如图4.64所示。

图4.64 绘制图形

⑮ 执行菜单栏中的"文件"|"打开"命令，打开"素材.psd"文件，将打开的素材拖入画布适当位置并缩小，如图4.65所示。

⑯ 将气球图像复制数份，并执行菜单栏中的"图像"|"调整"|"色相/饱和度"命令，在弹出"色相/饱和度"的对话框中调整其色相，这样就完成了效果制作，最终效果如图4.66所示。

图4.65 添加素材　　图4.66 最终效果

4.6 音乐主题POP设计

本例讲解音乐主题POP的设计制作，此款POP的设计感十分出色，以波点艺术化图案作为背景，与矢量化耳机图像相结合，整个图案具有不错的视觉效果，同时立体字的加入令整个POP最终效果更加出色，最终效果如图4.67所示。

扫码看视频

图4.67 最终效果

素材位置：素材文件\第4章\音乐主题POP
案例位置：案例文件\第4章\音乐主题POP背景.psd、音乐主题POP设计.ai
视频位置：多媒体教学\4.6 音乐主题POP设计.avi
难易指数：★★★☆☆

4.6.1 使用Photoshop制作POP背景

01 执行菜单栏中的"文字"|"新建"命令，在弹出的"新建"对话框中设置"宽度"为80毫米，"高度"为100毫米，"分辨率"为300像素/英寸，新建一个空白画布，将画布填充为灰色（R：232，G：232，B：232），如图4.68所示。

图4.68 新建画布

02 选择工具箱中的"矩形工具" ，在选项栏中将"填充"更改为深灰色（R：46，G：51，B：53），"描边"为无，绘制一个矩形，将生成一个"矩形 1"图层，如图4.69所示。

图4.69 绘制矩形

03 选择工具箱中的"钢笔工具" ，在选项栏中单击"选择工具模式" 路径 按钮，在弹出的选项中选择"形状"，将"填充"更改为浅蓝色（R：161，G：183，B：206），"描边"更改为无。

04 在画布靠顶部位置绘制一个不规则图形，将生成一个"形状 1"图层，如图4.70所示。

05 执行菜单栏中的"图层"|"创建剪贴蒙版"命令，为当前图层创建剪贴蒙版将部分图形隐藏，如图4.71所示。

图4.70 绘制图形　　　　　图4.71 创建剪贴蒙版

06 在"图层"面板中，选中"形状 1"图层，将其拖至面板底部的"创建新图层" 按钮上，复制一个"形状 1 拷贝"图层。

07 选中"形状 1 拷贝"图层，按Ctrl+T组合键对其执行"自由变换"命令，单击鼠标右键，从弹出的快捷菜单中选择"垂直翻转"命令，完成之后按Enter键确认，如图4.72所示。

08 选择工具箱中的"直接选择工具" ，拖动图形部分锚点将其变形，如图4.73所示。

图4.72 变换图形　　　　　图4.73 拖动锚点

09 在"通道"面板中，单击面板底部的"创建新通道" 按钮，新建一个"Alpha 1"通道。

10 选择工具箱中的"套索工具" ，在右上角区域绘制一个不规则选区，如图4.74所示。

图4.74 绘制选区

⑪ 执行菜单栏中的"选择"|"修改"|"羽化"命令，在弹出的对话框中将"羽化半径"更改为50像素，完成之后单击"确定"按钮，如图4.75所示。

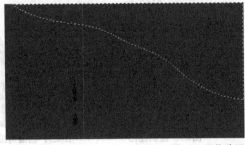

图4.75 羽化选区

⑫ 将选区填充为白色如图4.76所示。

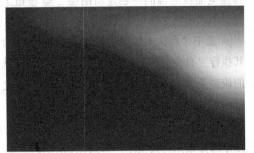

图4.76 添加过渡效果

⑬ 执行菜单栏中的"滤镜"|"像素化"|"彩色半调"命令，在弹出的对话框中将"最大半径"更改为15像素，完成之后单击"确定"按钮，如图4.77所示。

图4.77 添加彩色半调

⑭ 按住Ctrl键单击"Alpha 1"通道缩览图，将其载入选区，如图4.78所示。

⑮ 单击面板底部的"创建新图层" 🔲 按钮，新建一个"图层1"图层，将选区填充为黑色，完成之后按Ctrl+D组合键将选区取消，如图4.79所示。

图4.78 载入选区　　　　　图4.79 填充颜色

⑯ 选中"图层1"图层，将其图层混合模式设置为"叠加"，"不透明度"更改为50%，如图4.80所示。

图4.80 设置图层混合模式

⑰ 以同样方法制作数个相似波点图案，如图4.81所示。

图4.81 制作波点图案

技巧与提示

在制作波点图案时，可以根据实际的需求填充黑色或者白色，还可以填充其他各种想要的颜色，波点图案最大的魅力在于出色的艺术化效果。

⑱ 执行菜单栏中的"文件"|"打开"命令，打开"耳机.psd"文件，将打开的素材拖入画布中并适当缩小，如图4.82所示。

⑲ 选择工具箱中的"椭圆工具" ⬤ ，在选项

栏中将"填充"更改为黑色，"描边"为无，在耳机图像位置绘制一个椭圆，将生成一个"椭圆1"图层，将其移至"耳机"图层下方，如图4.83所示。

图4.82 添加素材　　　　图4.83 绘制椭圆

⑳ 在"图层"面板中，单击面板底部的"添加图层样式" *fx* 按钮，在菜单中选择"内发光"命令。

㉑ 在弹出的"图层样式"对话框中将"混合模式"更改为正常，"不透明度"更改为40%，"颜色"更改为黑色，"大小"更改为70像素，完成之后单击"确定"按钮，如图4.84所示。

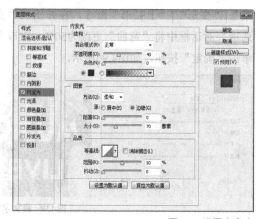

图4.84 设置内发光

㉒ 在"图层"面板中，选中"椭圆1"图层，将其"填充"更改为0%然后在其图层名称上单击鼠标右键，从弹出的快捷菜单中选择"栅格化图层样式"命令。

㉓ 单击面板底部的"添加图层蒙版" ◙ 按钮，为"椭圆1"图层添加图层蒙版，如图4.85所示。

㉔ 选择工具箱中的"画笔工具" ✎ ，在画布中单击鼠标右键，在弹出的面板中选择一种圆角笔

触，将"大小"更改为200像素，"硬度"更改为0%，如图4.86所示。

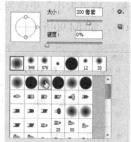

图4.85 添加图层蒙版　　　图4.86 设置笔触

㉕ 将前景色更改为黑色，在图像上部分区域涂抹将其隐藏，如图4.87所示。

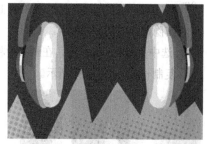

图4.87 隐藏图像

㉖ 选择工具箱中的"钢笔工具" ✐ ，在选项栏中单击"选择工具模式" 路径 ↕ 按钮，在弹出的选项中选择"形状"，将"填充"更改为深蓝色（R：34，G：48，B：53），"描边"更改为无。

㉗ 在左侧耳机位置绘制一个不规则图形，将生成一个"形状 2"图层，将其移至"耳机"图层下方，如图4.88所示。

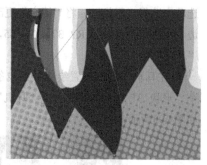

图4.88 绘制图形

㉘ 在"图层"面板中，选中"形状 2"图层，单击面板底部的"添加图层蒙版" ◙ 按钮，为其图层添加图层蒙版，如图4.89所示。

㉙ 选择工具箱中的"画笔工具" ✔，在画布中单击鼠标右键，在弹出的面板中选择一种圆角笔触，将"大小"更改为250像素，"硬度"更改为0%，如图4.90所示。

图4.89 添加图层蒙版

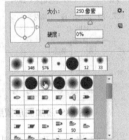

图4.90 设置笔触

㉚ 将前景色更改为黑色，在图像上部分区域涂抹将其隐藏，如图4.91所示。

㉛ 选中"形状 2"图层，在画布中将图形向右侧平移复制一份，如图4.92所示。

图4.91 隐藏图像

图4.92 复制图形

㉜ 选择工具箱中的"钢笔工具" ✍，在选项栏中单击"选择工具模式" 路径 ▾ 按钮，在弹出的选项中选择"形状"，将"填充"更改为无，"描边"更改为深蓝色（R：37，G：45，B：53），"宽度"为2点。

㉝ 在耳机靠左侧位置绘制一条线条，将生成一个"形状 3"图层，将其移至"耳机"图层下方，如图4.93所示。

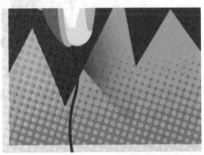

图4.93 绘制线条

4.6.2　使用Illustrator添加主信息

① 执行菜单栏中的"文件"|"打开"命令，打开"背景.psd"文件。

② 选择工具箱中的"横排文字工具" T，添加文字如图4.94所示。

③ 同时选中"MUSIC LIVE"文字，单击鼠标右键，从弹出的快捷菜单中选择"创建轮廓"命令，如图4.95所示。

图4.94 添加文字　　　　　图4.95 创建轮廓

④ 选中"MUSIC"文字，执行菜单栏中的"效果"|"变形"|"上弧形"命令，在弹出的"变形选项"对话框中将"弯曲"更改为50%，完成之后单击"确定"按钮，如图4.96所示。

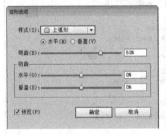

图4.96 将文字变形

⑤ 选中"LIVE"图层，选择工具箱中的"自由变换工具" ▦，将光标移至变形框右侧位置向内侧拖动将其透视变形，如图4.97所示。

图4.97 将文字变形

技巧与提示

将文字变形之后，可以根据与周围图像的距离，将其适当放大。

06 选中"MUSIC"文字，按Ctrl+C组合键将其复制，再按Ctrl+Shift+V组合键将其原位置粘贴，再单击鼠标右键，从弹出的快捷菜单中选择"排列"|"后移一层"命令，将文字"颜色"更改为蓝色（R：161，G：183，B：206），在画布中将其向下稍微移动，如图4.98所示。

07 以同样方法为"LIVE"图层制作相同的立体字效果，这样就完成了效果制作，最终效果如图4.99所示。

图4.98 制作立体字　　　　图4.99 最终效果

4.7 锅具用品POP设计

本例讲解锅具用品POP的设计制作，此款POP以多边形为主要元素，以直观的文字与厨房用品素材为主体，整个画布表现出很强的促销效应，最终效果如图4.100所示。

扫码看视频

图4.100 最终效果

素材位置：素材文件\第4章\锅具用品POP
案例位置：案例文件\第4章\锅具用品POP背景.ai、锅具用品POP设计.psd
视频位置：多媒体教学\4.7 锅具用品POP设计.avi
难易指数：★★★☆☆

4.7.1 使用Illustrator制作POP主体文字

01 执行菜单栏中的"文件"|"新建"命令，在弹出的"新建文档"对话框中设置"宽度"为70mm，"高度"为100mm，新建一个空白画板，如图4.101所示。

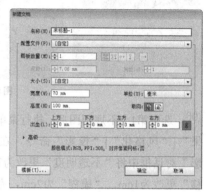

图4.101 新建文档

02 选择工具箱中的"矩形工具" ，绘制一个与画板相同大小的矩形。

03 选择工具箱中的"渐变工具" ，在图形上拖动为其填充橙色（R：229，G：83，B：46）到橙色（R：227，G：71，B：48）的线性渐变，如图4.102所示。

图4.102 填充渐变

04 选择工具箱中的"钢笔工具" ✐，设置"填色"为绿色（R：5，G：109，B：87），"描边"为无，绘制一个不规则图形。

05 以同样方法再次绘制一个绿色（R：18，G：177，B：145）不规则图形，如图4.103所示。

图4.103 绘制图形

06 选中第1个不规则图形，执行菜单栏中的"效果"|"风格化"|"投影"命令，在弹出的"投影"对话框中将"不透明度"更改为30%，"Y位移"更改为1cm，"模糊"为2cm，完成之后单击确定按钮，如图4.104所示。

图4.104 添加投影

07 选择工具箱中的"钢笔工具" ✐，设置"填色"为橙色（R：223，G：52，B：34），"描边"为无，分别在左右两侧绘制不规则图形，如图4.105所示。

图4.105 绘制图形

4.7.2 使用Photoshop添加主体元素

01 执行菜单栏中的"文件"|"打开"命令，打开"背景.ai""锅.psd"文件，如图4.106所示。

02 执行菜单栏中的"图层"|"新建"|"背景图层"命令，将普通图层转换为背景图层。

03 将锅素材图像拖入当前画布中，如图4.107所示。

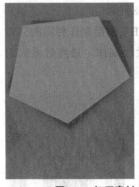

图4.106 打开素材　　　　图4.107 添加素材

04 按住Ctrl键单击"锅"图层缩览图，将其载入选区，如图4.108所示。

05 单击面板底部的"创建新图层"按钮，新建一个"图层1"图层，将选区填充为深绿色（R：20，G：43，B：38），完成之后按Ctrl+D组合键将选区取消，在画布中将其向下稍微移动，如图4.109所示。

图4.108 载入选区　　　　图4.109 填充颜色

06 执行菜单栏中的"滤镜"|"模糊"|"高斯模糊"命令，在弹出的对话框中将"半径"更改为10像素，完成之后单击"确定"按钮，如图4.110所示。

图4.110 添加高斯模糊

图4.114 添加文字　　　　图4.115 将文字变形

⑦ 在"图层"面板中，选中"图层1"图层，单击面板底部的"添加图层蒙版" ▣ 按钮，为其图层添加图层蒙版，如图4.111所示。

⑧ 选择工具箱中的"画笔工具" ✓，在画布中单击鼠标右键，在弹出的面板中选择一种圆角笔触，将"大小"更改为180像素，"硬度"更改为0%，如图4.112所示。

⑬ 选择工具箱中的"钢笔工具" ✐，在选项栏中单击"选择工具模式" [路径 ⬦] 按钮，在弹出的选项中选择"形状"，将"填充"更改为紫色（R：110，G：35，B：118），"描边"更改为无。

⑭ 沿文字边缘绘制一个不规则图形，将生成一个"形状1"图层，如图4.116所示。

 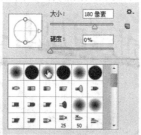

图4.111 添加图层蒙版　　　图4.112 设置笔触

⑨ 将前景色更改为黑色，在图像上部分区域涂抹将其隐藏，如图4.113所示。

图4.116 绘制图形

图4.113 隐藏图像

⑩ 选择工具箱中的"横排文字工具" Ｔ，添加文字（MStiffHei PRC），如图4.114所示。

⑪ 同时选中所有文字，在其图层名称上单击鼠标右键，从弹出的快捷菜单中选择"转换为形状"命令。

⑫ 按Ctrl+T组合键对文字执行"自由变换"命令，单击鼠标右键，从弹出的快捷菜单中选择"斜切"命令，拖动变形框控制点将文字变形，完成之后按Enter键确认，如图4.115所示。

⑮ 在"图层"面板中，选中"减百"图层，单击面板底部的"添加图层样式" fx 按钮，在菜单中选择"投影"命令。

⑯ 在弹出的"图层样式"对话框中将"颜色"更改为深紫色（R：34，G：0，B：38），"不透明度"更改为50%，"距离"更改为5像素，"大小"更改为3像素，完成之后单击"确定"按钮，如图4.117所示。

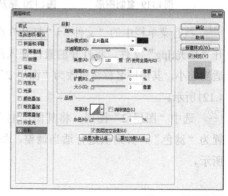

图4.117 设置投影

⑰ 在"减百"图层名称上单击鼠标右键，从弹出的快捷菜单中选择"拷贝图层样式"命令，同时选中另外两个文字图层，在其名称上单击鼠标右键，从弹出的快捷菜单中选择"粘贴图层样式"命令，如图4.118所示。

图4.118 复制并粘贴图层样式

⑱ 在"图层"面板中，选中"形状 1"图层，将其拖至面板底部的"创建新图层" 按钮上，复制一个"形状 1 拷贝"图层。

⑲ 将"形状 1"图层中图形"填充"更改为深紫色（R：58，G：11，B：63），在画布中将其向下稍微移动，如图4.119所示。

⑳ 在"形状 1"图层名称上单击鼠标右键，从弹出的快捷菜单中选择"粘贴图层样式"命令，如图4.120所示。

图4.119 复制图形　　　　图4.120 粘贴图层样式

㉑ 执行菜单栏中的"文件"|"打开"命令，打开"炫光.jpg"文件，将打开的素材拖入画布中并适当缩小，其图层名称将更改为"图层 2"，如图4.121所示。

㉒ 选中"图层 2"图层，将其图层混合模式设置为"滤色"，并对其进行适当调整，如图4.122所示。

图4.121 添加素材　　　　图4.122 设置图层混合模式

㉓ 选择工具箱中的"横排文字工具" T ，添加文字（MStiffHei PRC），如图4.123所示。

㉔ 按Ctrl+T组合键对文字执行"自由变换"命令，单击鼠标右键，从弹出的快捷菜单中选择"斜切"命令，拖动变形框控制点将文字变形，完成之后按Enter键确认，如图4.124所示。

图4.123 添加文字　　　　图4.124 将文字变形

㉕ 在"图层"面板中，单击面板底部的"添加图层样式" fx 按钮，在菜单中选择"投影"命令。

㉖ 在弹出的"图层样式"对话框中将"距离"更改为2像素，"大小"更改为5像素，完成之后单击"确定"按钮，如图4.125所示。

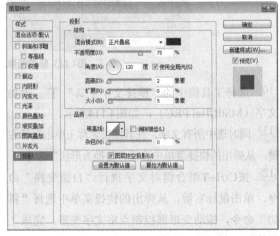

图4.125 设置投影

㉗ 选择工具箱中的"钢笔工具" ✐，在选项栏中单击"选择工具模式" 路径 ⬍ 按钮，在弹出的选项中选择"形状"，将"填充"更改为黄色（R：252，G：202，B：21），"描边"更改为无。

㉘ 在适当位置绘制一个不规则图形，以同样方法再次绘制数个相似图形，如图4.126所示。

图4.126 绘制图形

㉙ 选择工具箱中的"横排文字工具" T，添加文字（MStiffHei PRC），如图4.127所示。

㉚ 以刚才同样方法将文字斜切变形，如图4.128所示。

图4.127 添加文字　　　　图4.128 将文字变形

㉛ 将三角形复制数份，并移至适当位置，这样就完成了效果制作，最终效果如图4.129所示。

图4.129 最终效果

4.8 通信POP设计

本例主要讲解通信POP的设计制作，本款设计的视觉效果简洁并且十分突出，从立体化的素材图像到立体的图形颜色都表达了图形的一种特征，最终效果如图4.130所示。

扫码看视频

图4.130 最终效果

素材位置：素材文件\第4章\通信POP设计
案例位置：案例文件\第4章\通信POP背景处理.psd、通信POP设计.ai
视频位置：多媒体教学\4.8 通信POP设计.avi
难易指数：★★☆☆☆

4.8.1 使用Photoshop制作背景

① 执行菜单栏中的"文件"|"新建"命令，在弹出的"新建"对话框中设置"宽度"为7.5厘米，"高度"为10厘米，"分辨率"为300像素/英寸，"颜色模式"为RGB颜色，新建一个空白画布，如图4.131所示。

图4.131 新建画布

② 选择工具箱中的"渐变工具" ■，在选项栏中单击"点按可编辑渐变"按钮，在弹出的"渐变

编辑器"对话框中将"渐变"填充为浅绿色（R：233，G：245，B：245）到绿色（R：0，G：139，B：124），如图4.132所示，设置完成后单击"确定"按钮，单击选项栏中的"径向渐变" 按钮。

03 从右上角向左下角方向拖动，为画布填充渐变，如图4.133所示。

图4.132 设置渐变　　　　图4.133 填充渐变

04 执行菜单栏中的"文件"|"打开"命令，打开"城市剪影.psd"文件，将打开的素材拖入画布中并等比例缩小至宽度与画布相同，如图4.134所示。

图4.134 添加素材

05 在"图层"面板中，按住Ctrl键单击"城市剪影"图层缩览图，将其载入选区，如图4.135所示。

图4.135 载入选区

06 单击"图层"面板底部的"创建新图层" 按钮，新建一个"图层1"图层，如图4.136所示。

图4.136 新建图层

07 执行菜单栏中的"编辑"|"描边"命令，在弹出的"描边"对话框中将"宽度"更改为2像素，"颜色"更改为白色，勾选"居外"单选按钮，完成后单击"确定"按钮，如图4.137所示。

图4.137 设置描边

08 按Ctrl+D组合键，将选区取消，在"图层"面板中，选中"城市剪影"图层，将其拖至面板底部的"删除图层" 按钮上，将当前图层删除，如图4.138所示。

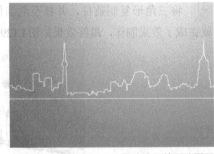

图4.138 取消选区并删除图层

09 在"图层"面板中，选中"图层1"图层，单击面板底部的"添加图层蒙版" 按钮，为其图层添加图层蒙版，如图4.139所示。

⑩ 选择工具箱中的"矩形选框工具" ▢ ,在描边图形底部位置绘制一个与画布宽度相同的矩形选区,以选中部分图形,如图4.140所示。

图4.139 添加图层蒙版

图4.140 绘制选区

⑪ 单击"图层1"图层蒙版缩览图,将选区填充为黑色,将部分图像隐藏,完成后按Ctrl+D组合键将选区取消,如图4.141所示。

⑫ 选中"图层1"图层,按Ctrl+T组合键对其执行"自由变换"命令,将光标移至变形框顶部控制点按住Alt键向下拖动,将图形高度缩小,完成后按Enter键确认,如图4.142所示。

图4.141 隐藏图形

图4.142 变形图形

⑬ 执行菜单栏中的"文件"|"打开"命令,打开"手机.psd"文件,将打开的素材拖入画布中并适当缩小,如图4.143所示。

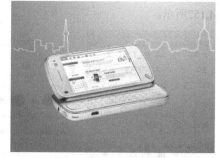
图4.143 添加素材

⑭ 在"图层"面板中,选中"手机"图层,将其拖至面板底部的"创建新图层" ▢ 按钮上,复制一个"手机 拷贝"图层,如图4.144所示。

⑮ 在"图层"面板中,选中"手机"图层,单击面板上方的"锁定透明像素" ▨ 按钮,将当前图层中的透明像素锁定,将图层填充为黑色,填充完成后再次单击此按钮将其解除锁定,如图4.145所示。

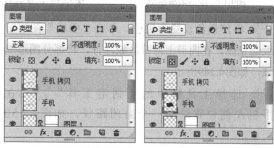
图4.144 复制图层　图4.145 锁定透明像素并填充
颜色

⑯ 选中"手机"图层,执行菜单栏中的"滤镜"|"模糊"|"高斯模糊"命令,在弹出的"高斯模糊"对话框中将"半径"更改为5像素,设置完成后单击"确定"按钮,如图4.146所示。

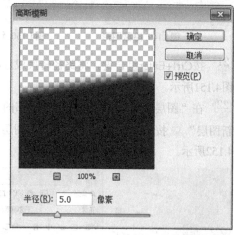
图4.146 设置高斯模糊

⑰ 在"图层"面板中,选中"手机"图层,单击面板底部的"添加图层蒙版" ▣ 按钮,为其图层添加图层蒙版,如图4.147所示。

⑱ 选择工具箱中的"画笔工具" ✎ ,单击鼠标右键,在弹出的面板中选择一种圆形笔触,将"大小"更改为150像素,"硬度"更改为0%,如图4.148所示。

图4.147 添加图层蒙版　　图4.148 设置笔触

⑲ 将前景色设置为黑色，单击"手机"图层蒙版缩览图，在图形上部分区域涂抹，将部分图形隐藏，如图4.149所示。

⑳ 选择工具箱中的"钢笔工具" ，在手机左侧位置绘制一个封闭路径，如图4.150所示。

图4.149 隐藏图形　　图4.150 绘制路径

㉑ 按Ctrl+Enter组合键，将路径转换成选区，如图4.151所示。

㉒ 在"图层"面板中，单击面板底部的"创建新图层" 按钮，新建一个"图层2"图层，如图4.152所示。

图4.151 转换选区　　图4.152 新建图层

㉓ 选中"图层2"图层，将选区填充为黑色，填充完成后按Ctrl+D组合键将选区取消，再将其向下移至"手机 拷贝"图层下方，如图4.153所示。

图4.153 填充颜色并更改图层顺序

㉔ 执行菜单栏中的"滤镜"|"模糊"|"高斯模糊"命令，在弹出的"高斯模糊"对话框中将"半径"更改为5像素，设置完成后单击"确定"按钮，如图4.154所示。

㉕ 执行菜单栏中的"滤镜"|"模糊"|"动感模糊"命令，在弹出的"动感模糊"对话框中设置"角度"为0度，"距离"为110像素，设置完成后单击"确定"按钮，如图4.155所示。

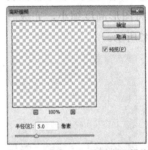

图4.154 设置高斯模糊　　图4.155 设置动感模糊

㉖ 选中"图层2"图层，单击面板底部的"添加图层蒙版" 按钮，为其图层添加图层蒙版，如图4.156所示。

㉗ 选择工具箱中的"画笔工具" ，单击鼠标右键，在弹出的面板中选择一种圆形笔触，将"大小"更改为300像素，"硬度"更改为0%，如图4.157所示。

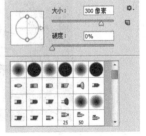

图4.156 添加图层蒙版　　图4.157 添加图层蒙版

㉘ 将前景色设置为黑色，单击"图层2"图层蒙版缩览图，在图形上部分区域涂抹，将部分图形隐藏，如图4.158所示。

图4.158 隐藏图形

㉙ 选择工具箱中的"圆角矩形工具" ⬜，在选项栏中将"填充"更改为白色，"描边"为无，"半径"为20像素，手机图像上绘制一个圆角矩形，此时将生成一个"圆角矩形1"图层，如图4.159所示。

图4.159 绘制图形

㉚ 在"图层"面板中，选中"圆角矩形1"图层，单击面板底部的"添加图层样式" fx 按钮，在菜单中选择"渐变叠加"命令，在弹出的"渐变编辑器"对话框中将"渐变"填充为灰蓝色（R：94，G：110，B：136）到浅蓝色（R：211，G：232，B：249）再到灰蓝色（R：94，G：110，B：136），如图4.160所示。

图4.160 设置渐变

㉛ 将"角度"更改为0度，"缩放"更改为130%，完成后单击"确定"按钮，如图4.161所示。

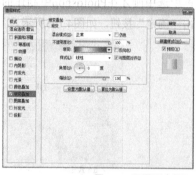

图4.161 设置渐变叠加

㉜ 选中"圆角矩形1"图层，在其图层名称上单击鼠标右键，从弹出的快捷菜单中选择"栅格化图层样式"命令，再单击面板底部的"添加图层蒙版" ⬜ 按钮，为其图层添加图层蒙版，如图4.162所示。

㉝ 选择工具箱中的"画笔工具" ✎，单击鼠标右键，在弹出的面板中选择一种圆形笔触，将"大小"更改为200像素，"硬度"更改为0%，如图4.163所示。

 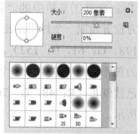

图4.162 添加图层蒙版　　　图4.163 设置笔触

㉞ 单击"圆角矩形1"图层蒙版缩览图，在图形底部与手机图像接触的部分涂抹，将部分图形隐藏，如图4.164所示。

图4.164 隐藏图形

4.8.2 使用Illustrator绘制图形

01 在Illustrator中执行菜单栏中的"文件"|"打开"命令,在弹出"Photoshop导入选项"的对话框中选中刚才在Photoshop中制作的图像效果,单击"确定"按钮,如图4.165所示。

图4.165 打开文件

02 选择工具箱中的"钢笔工具" ✐,在靠上方位置绘制一个封闭路径,将其填充为紫色(R:178,G:61,B:152),以同样的方法在所绘制的图形边缘再次绘制一个图形,将其填充为深紫色浅红色(R:48,G:20,B:43),如图4.166所示。

图4.166 绘制图形

03 选择工具箱中的"文字工具" T,在刚才所绘制图形位置添加文字,如图4.167所示。

图4.167 添加文字

04 同时选中刚才所绘制的图形及文字,单击鼠标右键,从弹出的快捷菜单中选择"编组"命令,将图形及文字编组。

05 同时选中刚才经过编组的图形及文字按住Alt+Shift组合键向上垂直移动并复制,如图4.168所示。

图4.168 复制图形及文字

06 选中刚才复制所生成的图形,双击工具箱中的 图标,在弹出的"镜像"对话框中,勾选"垂直"单选按钮,完成后单击"确定"按钮,如图4.169所示。

图4.169 镜像

07 选中复制的图形及文字,将其向右侧移动,如图4.170所示。

08 选择工具箱中的"文字工具" T,选中刚才所添加的文字信息将其更改,如图4.171所示。

图4.170 移动图形　　图4.171 更改文字

⑨　选中大的箭头状图形，将其填充为绿色（R：76，G：185，B：99），如图4.172所示。

⑩　以同样的方法同时选中刚才复制所生成的图形及文字，将其复制后更改文字信息及图形颜色，如图4.173所示。

图4.172 更改图形颜色　　图4.173 复制并修改颜色

⑪　选择工具箱中的"文字工具" T，适当位置添加文字，如图4.174所示。

⑫　选中刚才所添加的文字"G3"，单击鼠标右键，从弹出的快捷菜单中选择"创建轮廓"命令，如图4.175所示。

图4.174 添加文字　　图4.175 创建轮廓

⑬　选择工具箱中的"渐变工具" ，在"渐变"面板中设置"类型"为线性，"角度"为-90度，渐变颜色从浅黄色（R：255，G：247，B：153）到深黄色（R：238，G：234，B：62），再将其"描边"更改为白色，"描边粗细"更改为

0.8pt，如图4.176所示。

图4.176 设置渐变并添加描边

⑭　选中刚才所添加的文字，执行菜单栏中的"效果"|"风格化"|"投影"命令，在弹出的"投影"对话框中将"不透明度"更改为50%，"X位移"更改为0.03cm，"Y位移"更改为0.03cm，"模糊"更改0.03cm，完成后单击"确定"按钮，如图4.177所示。

图4.177 设置投影

⑮　执行菜单栏中的"文件"|"置入"命令，打开"logo.ai""logo2.ai"文件，将打开的素材图像分别拖至画板中右上角和右下角位置，如图4.178所示。

⑯　选择工具箱中的"文字工具" T，在画板靠底部位置添加文字，这样就完成了效果制作，最终效果如图4.179所示。

图4.178 添加素材　　图4.179 添加文字及最终效果

4.9 沙滩风情POP设计

本例讲解沙滩风情POP的设计制作，此款背景色调柔和，以蓝天、大海及沙滩3种元素组合成一个完整的沙滩风情背景，在颜色搭配上以协和、统一为主，添加多种沙滩元素图像，同时以热情的文字信息表现出色的沙滩风情POP，最终效果如图4.180所示。

扫码看视频

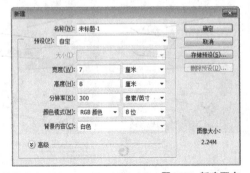

图4.180 最终效果

素材位置：素材文件\第4章\沙滩风情POP
案例位置：案例文件\第4章\沙滩风情POP背景处理.psd、沙滩风情POP设计.ai
视频位置：多媒体教学\4.9 沙滩风情POP设计.avi
难易指数：★★☆☆☆

4.9.1 使用Photoshop制作背景

01 执行菜单栏中的"文件"|"新建"命令，在弹出的"新建"对话框中设置"宽度"为7厘米，"高度"为8厘米，"分辨率"为300像素/英寸，新建一个空白画布，如图4.181所示。

图4.181 新建画布

02 选择工具箱中的"渐变工具" ，编辑蓝色（R：165，G：223，B：248）到白色的渐变，单击选项栏中的"线性渐变" 按钮，在画布中从上至下拖动填充渐变，如图4.182所示。

图4.182 填充渐变

03 选择工具箱中的"椭圆工具" ，在选项栏中将"填充"更改为白色，"描边"为无，在画布顶部靠左侧位置按住Shift键绘制一个圆形，此时将生成一个"椭圆1"图层，如图4.183所示。

图4.183 绘制图形

04 在"图层"面板中，选中"椭圆1"图层，单击面板底部的"添加图层样式" fx 按钮，在菜单中选择"内发光"命令，在弹出的"图层样式"对话框中将"混合模式"更改为正常，"不透明度"更改为30%，"颜色"更改为白色，"大小"更改为60像素，完成之后单击"确定"按钮，如图4.184所示。

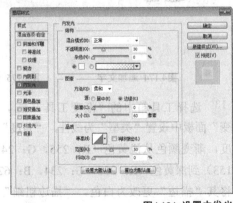

图4.184 设置内发光

05 在"图层"面板中，选中"椭圆1"图层，将其图层"填充"更改为0%，如图4.185所示。

图4.185 更改填充

06 在"图层"面板中，选中"椭圆1"图层，单击面板底部的"添加图层蒙版" 按钮，为其图层添加图层蒙版，如图4.186所示。

07 选择工具箱中的"画笔工具" ，在画布中单击鼠标右键，在弹出的面板中选择一种圆角笔触，将"大小"更改为250像素，"硬度"更改为0%，如图4.187所示。

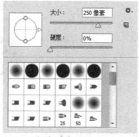

图4.186 添加图层蒙版 **图4.187 设置笔触**

08 将前景色更改为黑色，在其图像上部分区域涂抹将其隐藏，如图4.188所示。

图4.188 隐藏图像

09 在"图层"面板中，选中"椭圆1"图层，将其拖至面板底部的"创建新图层" 按钮上，复制一个"椭圆1 拷贝"图层，如图4.189所示。

10 选中"椭圆1 拷贝"图层，按Ctrl+T组合键对其执行"自由变换"命令，将图形等比缩小，完成之后按Enter键确认，将其移至画布右上角位置，如图4.190所示。

图4.189 复制图层 **图4.190 变换图形**

11 以同样的方法将椭圆复制多份，并将部分图形缩小，将其中几个删除，如图4.191所示。

图4.191 复制并变换图形

12 执行菜单栏中的"文件"|"打开"命令，打开"海.jpg""沙滩.jpg"文件，将打开的素材拖入画布中并适当缩小，其图层名称将自动更改为"图层1""图层2"，如图4.192所示。

图4.192 添加素材

13 在"图层"面板中，选中"图层2"图层，单击面板底部的"添加图层蒙版" 按钮，为其图层添加图层蒙版，如图4.193所示。

⑭ 选择工具箱中的"画笔工具" ，在画布中单击鼠标右键，在弹出的面板中选择一种圆角笔触，将"大小"更改为200像素，"硬度"更改为0%，如图4.194所示。

 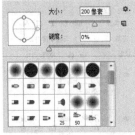

图4.193 添加图层蒙版　　**图4.194 设置笔触**

⑮ 将前景色更改为黑色，在其图像上部分区域涂抹将其隐藏，如图4.195所示。

图4.195 隐藏图像

⑯ 以同样的方法为"图层1"图层添加图层蒙版，并在画布中将部分图像隐藏，如图4.196所示。

图4.196 添加图层蒙版并隐藏图像

⑰ 选择工具箱中的"矩形工具" ，在选项栏中将"填充"更改为浅黄色（R：255，G：247，B：235），"描边"为无，在画布中间位置绘制一个与其宽度相同的矩形，此时将生成一个"矩形1"图层，如图4.197所示。

图4.197 绘制图形

⑱ 选中"矩形1"图层，执行菜单栏中的"滤镜"|"模糊"|"高斯模糊"命令，在弹出的"高斯模糊"对话框中将"半径"更改为30像素，完成之后单击"确定"按钮，如图4.198所示。

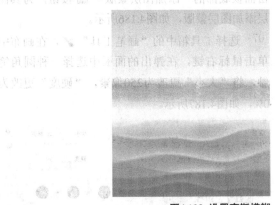

图4.198 设置高斯模糊

4.9.2 使用Illustrator添加素材并处理

⑴ 执行菜单栏中的"文件"|"打开"命令，打开"沙滩风情POP设计.psd""素材.ai"文件，将打开的素材图像拖入画板中适当位置，如图4.199所示。

图4.199 打开及添加素材

技巧与提示

打开"沙滩风情POP设计.psd"文件时，在弹出的对话框中勾选"将图层拼合为单个图像保留文本外观"单选按钮，此时打开的背景将是一幅整体的背景图像，当勾选"将图层转换为对象尽可能保留文本的可编辑性"单选按钮时，打开的背景可以保留在Photoshop中的分层效果，此时可以方便单独编辑背景。

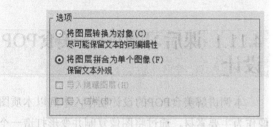

⑫ 选中叶子图像，双击工具箱中的"镜像工具" 图标，在弹出的"镜像"对话框中勾选"垂直"单选按钮，单击"复制"按钮，将图像复制，再选中复制生成的图像将其平移至画板右侧相对位置，如图4.200所示。

图4.200 复制图像

⑬ 选择工具箱中的"椭圆工具" ，将"填色"更改为深黄色（R：117，G：80，B：37），在眼镜图像左侧位置绘制一个椭圆图形，如图4.201所示。

图4.201 绘制图形

⑭ 选中绘制的图形，执行菜单栏中的"效果"|"模糊"|"高斯模糊"命令，在弹出的"高斯模糊"对话框中将"半径"更改为6像素，完成之后单击"确定"按钮，如图4.202所示。

图4.202 设置高斯模糊

⑮ 选中添加模糊效果的图像，按住Alt+Shift键向右侧拖至眼镜右侧镜片下方，如图4.203所示。

图4.203 复制图像

⑯ 选择工具箱中的"钢笔工具" ，在鞋子位置绘制一个不规则图形，以同样的方法为其添加高斯模糊效果，如图4.204所示。

图4.204 绘制图形添加阴影

4.9.3 添加文字效果

⑴ 选择工具箱中的"文字工具" ，在画布适当位置添加文字，如图4.205所示。

⓿2 选择工具箱中的"矩形工具" ，将"填色"更改为任意颜色，绘制一个与画板相同大小的图形，如图4.206所示。

图4.205 添加文字　　　　图4.206 绘制图形

⓿3 同时选中所有对象，单击鼠标右键，从弹出的快捷菜单中选择"建立剪切蒙版"命令，将部分图像隐藏，这样就完成了效果制作，最终效果如图4.207所示。

图4.207 最终效果

4.10 本章小结

本章通过6个精选POP设计，再现POP的制作过程，详细讲解了POP制作的方法和技巧，为读者快速掌握POP设计精髓奠定了基础。

4.11 课后习题

POP广告形式随处可见，如超级市场、百货公司、图书中心、餐厅、快餐店、流行服饰店等场所。本章课后安排了4个POP练习，供读者课下练习使用，以更好地掌握POP广告设计的技巧。

4.11.1 课后习题1——美食POP设计

本例讲解美食POP的设计制作，本例以木质图像作为主要素材，通过将图像复制并变形打造一个具有立体空间视觉效果的背景，采用木质背景与高清新鲜食材图像相结合的版式布局，体现出美食的新鲜与品质，同时添加的彩旗装饰图像是整个POP的点睛之笔，最终效果如图4.208所示。

扫码看视频

图4.208 最终效果

素材位置：	素材文件\第4章\美食POP
案例位置：	案例文件\第4章\美食POP背景处理.psd、美食POP设计.ai
视频位置：	多媒体教学\4.11.1 课后习题1——美食POP设计.avi
难易指数：	★★☆☆☆

步骤分解如图4.209所示。

图4.209　步骤分解图

4.11.2　课后习题2——节日折扣POP设计

本例讲解节日折扣POP的设计制作，本例中的背景效果十分漂亮，制作过程比较简单，重点在于"混合"命令的灵活使用，在制作过程中需要以特效图像为主题，同时将文字信息与之合理的组合完成整个效果制作，最终效果如图4.210所示。

扫码看视频

图4.210　最终效果

素材位置：案例文件\第4章\节日折扣POP
案例位置：案例文件\第4章\节日折扣POP设计.psd、节日折扣POP背景处理.ai
视频位置：多媒体教学\4.11.2 课后习题2——节日折扣POP设计.avi
难易指数：★★☆☆☆

步骤分解如图4.211所示。

图4.211　步骤分解图

4.11.3　课后习题3——蛋糕POP设计

本例主要讲解蛋糕POP的设计制作，在制作之初就从蛋糕本身出发，采用了比较符合蛋糕的复古背景，并且在颜色上进行搭配，有视觉冲击力的主体文字则更加强调了这是一款促销的蛋糕广告制作，最终效果如图4.212所示。

扫码看视频

图4.212　最终效果

素材位置：素材文件\第4章\蛋糕POP设计
案例位置：案例文件\第4章\蛋糕POP背景处理.psd、蛋糕POP设计.ai
视频位置：多媒体教学\4.11.3 课后习题3——蛋糕POP设计.avi
难易指数：★★☆☆☆

步骤分解如图4.213所示。

图4.213 步骤分解图

4.11.4 课后习题4——地产POP设计

本例主要讲解地产POP的设计制作，在设计的过程中考虑到楼盘的定位及针对性，利用绘制拟物化的图形方法彰显广告的特征，最终效果如图

扫码看视频

4.214所示。

图4.214 最终效果

素材位置：素材文件\第4章\地产POP设计
案例位置：案例文件\第4章\地产POP背景处理.psd、地产POP设计.ai
视频位置：多媒体教学\4.11.4 课后习题4——地产POP设计.avi
难易指数：★★★☆☆

步骤分解如图4.215所示。

图4.215 步骤分解图

第**5**章

DM广告设计

───────── 内容摘要 ─────────

本章讲解DM广告制作，DM广告区别于传统的广告刊载媒体，它是一种新型的广告发布载体，最大的优点是通过邮寄、投递等方式直达目标消费者，整体的内容制作以体现传递重点信息为主，在制作过程中以体现产品本身及卖点的特点为中心，整体的色彩鲜明，信息简单易读，同时制作要新颖有创意。DM本身的设计并无固定形式，可根据实际的内容灵活掌握。通过本章的学习，读者可以熟练掌握DM广告设计。

───────── 课堂学习目标 ─────────

- 了解DM广告的表现形式
- 了解DM广告的分类和优点
- 学习DM广告的设计要点
- 掌握DM广告的设计方法和技巧

5.1 关于DM广告

　　DM是英文Direct Mail Advertising的省略表述，直译为"直接邮寄广告"，意为快讯商品广告；还曾被叫作"邮送广告""直邮广告""小报广告"等，通常由8开或16开广告纸正反面彩色印刷而成，通常采取邮寄、定点派发、选择性派送等形式。直接地说，就是将宣传品邮递到消费者住处、公司等地方，直接送到消费者手里的宣传广告，厚的像书刊、黄页、薄的像传单、优惠券等。美国直邮及直销协会（DM/MA）对DM的定义是对广告主所选定的对象，将印就的印刷品，用邮寄的方法传达广告主所要传达的信息的一种手段。

　　DM除了用邮寄、定点派发以外，还可以借助其他媒体进行传送，如电视、电话、传真、电子邮件、柜台散发、来函索取、随商品包装发出等。DM与其他媒介的最大区别在于：DM可以直接将广告信息传送给真正的受众，而其他广告媒体形式只能将广告信息笼统地传递给所有受众，而不管受众是否是广告信息的真正受众。

　　DM广告有狭义和广义之分，狭义的DM广告是指将直邮限定为附有收件人名址的邮件或是仅指装订成册的广告宣传画册；广义上的DM广告是指通过直接投递服务，将特定的信息直接给目标对象的各种形式广告，称为直接邮寄广告或直投广告，包括广告单页等，如大家熟悉的街头巷尾、商场超市散布的传单、各种优惠券等。最关键的一点，DM广告不能出售，不能收取订户发行费，只能免费赠送。精彩DM广告效果如图5.1所示。

图5.1 精彩DM广告效果

图5.1 精彩DM广告效果（续）

5.2 DM广告的表现形式

　　常见的DM广告表现形式有销售函件、图表、商品目录、商品说明书、小册子、名片、订货单、日历、明信片、贺年卡、挂历、宣传册、折价券、传单、请柬、销售手册、公司指南等，免费杂志是近几年DM广告中发展比较快的媒介，目前主要分布在既具备消费实力又有足够高素质人群的大中型城市中。DM广告的表现形式效果如图5.2所示。

图5.2 DM广告的表现形式效果

图5.2 DM广告的表现形式效果（续）

5.3 DM广告的分类

DM广告按内容和形式分，可以分为优惠券、商品目录和海报3种。DM广告的分类效果如图5.3所示。

（1）优惠券。商家开展促销活动时，为吸引消费者而印刷的一种折价券，上面附有优惠的条件信息，如几折、消费满多少赠多少等。

（2）商品目录。商家将所销售的商品图片以清单的形式罗列，详细介绍商品的一些重点信息，供消费者选购。

（3）海报招贴。商家通过设计师精心设计，并印刷出宣传企业形象、商品等信息的精美海报招贴。

图5.3 DM广告的分类效果

图5.3 DM广告的分类效果（续）

DM广告按传递方式，可以分为附带夹页、信件寄送、随定期服务信函寄送和雇佣人员派送4种。DM广告的不同效果如图5.4所示。

（1）附带夹页。与报社、杂志社或当地邮局合作，将企业广告作为报刊的附带夹页，随报刊投递到读者手中，这种方式已为不少企业所采用，日常订的报纸杂志中已经非常多见。

（2）信件寄送。可以根据一些顾客信息，将DM以信件寄送的方式，直接邮递到顾客手中，多适用于大宗商品买卖。例如，对于大宗商品买卖，特别是从厂家到零售商，从批发商到零售商，可用顾客名录进行寄送。又如，杂志社或出版社针对目标客户寄送征订单。

（3）随定期服务信函寄送。例如，许多商业银行针对信用卡客人，每月随对账单寄送相应广告，这也是现今非常常见的一种方式。

（4）雇佣人员派送。企业雇佣人员按要求直接向潜在的目标顾客本人或其住所、单位派送DM广告。例如，大型超市针对周边小区居民定期雇人派送优惠商品目录；房地产销售商雇人派送宣传资料；小区会所请物业人员派送宣传信函等。

图5.4 DM广告的不同效果（续）

图5.4 DM广告的不同效果

5.4 DM广告的优点

DM广告与其他媒介相比，有其独特的优点，具体的优点包括以下8点。

（1）具有强大的目标群体性。由于DM广告不同于其他传统广告媒体，它可以直接将广告信息传递给真正的受众，所以可以针对性地选择目标对象，一对一地直接发送，可以减少信息传递过程中的客观挥发，使广告效果达到最大化，有的放矢，减少浪费。

（2）具有强大的专业性。DM是对事先选定的对象直接实施广告，故而广告主在付诸实际行动之前，可以参照人口统计因素和地理区域因素选择受传对象，以保证最大限度地使广告信息为受传对象所接受，摆脱中间商的控制，广告接受者容易产生其他传统媒体无法比拟的优越感，使其更自主关注产品。

（3）较长的保存性。DM广告送达后，在受传者做出最后决定之前，可以反复翻阅直邮广告信息，并以此作为参照物来详尽了解产品的各项性能指标，直到最后做出购买或舍弃决定。

（4）具有较强的灵活性。可以根据自身具体情况来任意选择版面大小，并自行确定广告信息的长短及选择全色或单色的印刷形式，可以自主选择广告时间、区域，更加适应善变的市场，不会引起同类产品的直接竞争，有利于中小型企业避开与大企业的正面交锋，潜心发展壮大企业。

（5）具有隐蔽性。DM广告是一种深入潜行的非轰动性广告，不易引起竞争对手的察觉和重视。

（6）内容自由，形式不拘。想说就说，不为篇幅所累，广告主不再被"手心手背都是肉，厚此不忍，薄彼难为"困扰，可以尽情赞誉商品，让消费者全方位了解产品，有利于第一时间抓住消费者的眼球。

（7）较强的互动性。广告主可以根据市场的变化，随行就市，对广告活动进行调控，信息反馈及时、直接，有利于买卖双方双向沟通，随行就市，灵活变通。

（8）DM广告效果客观可测。广告主可根据这个效果重新调配广告费和调整广告计划，广告主在发出直邮广告之后，可以借助产品销售数量的增减变化情况及变化幅度，来了解广告信息传出之后产生的效果。

5.5 DM广告的设计要点

DM是一种有效的广告形式，是指采用排版印刷技术制作，以图文作为传播载体的视觉媒体广告。其传播方式独特，针对性强，有着其他媒体不可比拟的优越性。这类广告一般采用宣传单页或杂志、报纸、手册等形式出现，是进行广告传播的有效手段。在进行广告传播的过程中，DM能否起到真正的广告作用，DM广告设计技法的表现是相当重要的。

好的DM设计并非盲目而定。在设计DM时，假若事先围绕它的优点考虑更多一点，将对提高DM的广告效果大有帮助。DM的设计制作方法，大致有如下几点。

（1）爱美之心，人皆有之，DM设计与创意要新颖别致，印刷要精致美观，内容设计要让人不舍得丢弃，确保其有吸引力和保存价值，设计师要透彻地了解商品，熟知消费者的心理习惯和规律，知己知彼，才能够百战不殆。

（2）主题口号一定要响亮，要能抓住消费者的

眼球。好的标题是成功的一半，好的标题不仅能给人耳目一新的感觉，而且还会产生较强的诱惑力，引发读者的好奇心，吸引他们不由自主地看下去，使DM广告的广告效果最大化。

（3）设计制作DM广告时要充分考虑其折叠方式，尺寸大小，实际重量，便于邮寄。一般画面的选铜版纸；文字信息类的选新闻纸，打报纸的擦边球。对于选新闻纸的，一般规格最好是报纸的一个整版面积，至少也要一个半版；彩页类，一般不能小于B5纸，太小了不行，一些二折、三折页更不要夹，因为读者拿报纸时，很容易将它们抖掉。

（4）随报投递应根据目标消费者的接触习惯，选择合适的报纸。如针对男性的可选新闻和财经类报刊，如参考消息、环球时报、中国经营报和当地的晚报等。

（5）设计师可以DM广告的折叠方法上玩一些小花样，如借鉴中国传统折纸艺术，让人耳目一新，但切记要使接受邮寄者能够方便拆阅。

（6）在为DM广告配图时，多选择与所传递信息有强烈关联的图案，刺激受众记忆。

（7）设计制作DM广告时，设计者需要充分考虑到色彩的魅力，合理运用色彩可以达到更好的宣传作用，给受众群体留下深刻印象。

（8）好的DM广告还需要纵深拓展，形成系列，借助一些有效的广告技巧来提高所设计的DM效果，以积累广告资源。

5.6 KTV宣传单设计

本例讲解KTV宣传单的设计制作，本例在制作过程中以直观的俯视角度，来完美呈现主体文字，其制作过程比较简单，重点在于把握好文字变形的透视，最终效果如图5.5所示。

扫码看视频

图5.5 最终效果

素材位置：素材文件\第5章\KTV宣传单
案例位置：案例文件\第5章\制作KTV宣传单.ai、KTV宣传单设计.psd
视频位置：多媒体教学\5.6 KTV宣传单设计.avi
难易指数：★★☆☆☆

5.6.1 使用Illustrator制作立体字效果

01 执行菜单栏中的"文件"|"新建"命令，在弹出的"新建文档"对话框中设置"宽度"为100mm，"高度"为60mm，新建一个空白画板，如图5.6所示。

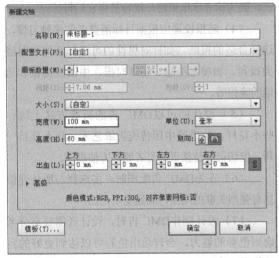

图5.6 新建文档

02 选择工具箱中的"矩形工具" ，绘制一个与画板相同大小的矩形。

03 选择工具箱中的"渐变工具" ，为矩形填充紫色（R：167，G：3，B：90）到紫色（R：52，G：0，B：23）的径向渐变，如图5.7所示。

图5.7 填充渐变

04 选择工具箱中的"横排文字工具" T ，添加

文字（MStiffHei PRC），如图5.8所示。

05 同时选中所有文字，单击鼠标右键，从弹出的快捷菜单中选择"创建轮廓"命令，在"路径查找器"面板中，单击"联集" 按钮。

06 选中文字，选择工具箱中的"自由变换工具" ，拖动变形框控制点将其变形，如图5.9所示。

图5.8 添加文字　　　　　图5.9 将文字变形

07 选中文字，按Ctrl+C组合键将其复制，再执行菜单栏中的"效果"|"3D"|"凸出和斜角"命令。

08 在弹出的"3D凸出和斜角选项"对话框中将"位置"更改为自定旋转，"指定按X轴旋转"为2°，"凸出厚度"为100pt，完成之后单击"确定"按钮，如图5.10所示。

图5.10 设置凸出和斜角

09 按Ctrl+Shift+V组合键将文字粘贴，将粘贴的文字移至立体文字底部并适当移动，再将其"填色"更改为深紫色（R：23，G：0，B：14），如图5.11所示。

图5.11 粘贴文字并更改颜色

⑩ 执行菜单栏中的"效果"|"模糊"|"高斯模糊"命令，在弹出的"高斯模糊"对话框中将"半径"更改为2像素，完成之后单击"确定"按钮，如图5.12所示。

图5.12 添加高斯模糊

⑪ 按Ctrl+Shift+V组合键再次粘贴文字，将文字填充颜色更改为白色，执行菜单栏中的"对象"|"路径"|"偏移路径"命令，在弹出的对话框中将"位移"更改为﹣0.3mm，完成之后单击确定按钮，如图5.13所示。

图5.13 偏移路径

⑫ 选中原文字，单击鼠标右键，从弹出的快捷菜单中选择"取消编组"命令，再选中边缘部分多余图形将其删除，如图5.14所示。

图5.14 删除图形

⑬ 选择工具箱中的"横排文字工具" T ，添加文字（MStiffHei PRC），如图5.15所示。
⑭ 选中所有文字，单击鼠标右键，从弹出的快捷菜单中选择"创建轮廓"命令。
⑮ 选择工具箱中的"自由变换工具" ，拖动变形框控制点将其变形，如图5.16所示。

图5.15 添加文字　　　　图5.16 将文字变形

5.6.2　使用Photoshop添加装饰特效

① 执行菜单栏中的"文件"|"打开"命令，打开"KTV宣传单设计.ai"文件，如图5.17所示。

图5.17 打开素材

② 选中"图层1"图层，执行菜单栏中的"图层"|"新建"|"图层背景"命令。
③ 执行菜单栏中的"文件"|"打开"命令，打开"炫光.jpg"文件，将其拖入当前画布中，其图层名称将更改为"图层1"，如图5.18所示。
④ 选中"图层1"图层，将其图层混合模式设置为"滤色"，如图5.19所示。

图5.18 添加素材　　图5.19 设置图层混合模式

(05) 选中炫光图像，将其向左侧移动复制一份，如图5.20所示。

(06) 选择工具箱中的"钢笔工具" ，在文字左侧位置绘制一条路径，如图5.21所示。

图5.20 复制图像　　　　　图5.21 绘制路径

(07) 单击面板底部的"创建新图层" 按钮，新建一个"图层2"图层，如图5.22所示。

(08) 选择工具箱中的"画笔工具" ，在画布中单击鼠标右键，在弹出的面板中选择1种圆角笔触，将"大小"更改为2像素，"硬度"更改为100%，如图5.23所示。

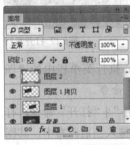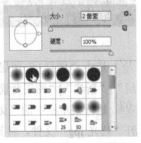

图5.22 新建图层　　　　　图5.23 设置笔触

(09) 将前景色更改为白色，在"路径"面板中，在路径名称上单击鼠标右键，在弹出的"描边路径"对话框中选择"工具"为画笔，确认勾选"模拟压力"复选框，完成之后单击"确定"按钮，如

图5.24所示。

图5.24 描边路径

(10) 以同样方法制作多个相似线条，如图5.25所示。

图5.25 制作线条

(11) 在"画笔"面板中，选择1个圆角笔触，将"大小"更改为5像素，"硬度"更改为100%，"间距"为1000%，如图5.26所示。

(12) 勾选"形状动态"复选框，将"大小抖动"更改为100%，如图5.27所示。

图5.26 设置画笔笔尖形状　　图5.27 设置形状动态

(13) 将前景色更改为白色，创建一个新的图层，在画布适当位置单击或涂抹添加图像，如图5.28所示。

图5.28 添加图像

⑭ 选中白点图像所在图层，将其图层混合模式设置为"叠加"，如图5.29所示。

图5.29 设置图层混合模式

⑮ 选择工具箱中的"矩形工具" ，在选项栏中将"填充"更改为黄色（R：244，G：227，B：152），"描边"为无，绘制一个矩形，将生成一个"矩形 1"图层。

⑯ 在矩形位置再次绘制一个矩形，将"填充"更改为无，"描边"为黑色，"宽度"为1点，将生成一个"矩形 2"图层，如图5.30所示。

图5.30 绘制矩形

⑰ 在"图层"面板中，选中"矩形 1"图层，单击面板底部的"添加图层蒙版" 按钮，为其添加图层蒙版，如图5.31所示。

⑱ 在"矩形 2"图层名称上单击鼠标右键，从弹出的快捷菜单中选择"栅格化图层"命令，按住Ctrl键单击"矩形2"图层缩览图，将其载入选区，如图5.32所示。

图5.31 添加图层蒙版　　　　图5.32 载入选区

⑲ 将选区填充为黑色将部分图形隐藏，完成之后按Ctrl+D组合键将选区取消，再将"矩形 2"图层删除，如图5.33所示。

⑳ 选择工具箱中的"横排文字工具" ，添加文字（方正兰亭中粗黑），如图5.34所示。

图5.33 隐藏图形　　　　图5.34 添加文字

㉑ 按住Ctrl键单击"全新装修"图层缩览图，将其载入选区，单击"矩形 1"图层蒙版缩览图，将选区填充为黑色，完成之后按Ctrl+D组合键将选区取消，再将"全新装修"图层删除，如图5.35所示。

㉒ 选中"矩形 1"图层，按Ctrl+T组合键对其执行"自由变换"命令，将图形适当旋转，完成之后按Enter键确认，如图5.36所示。

图5.35 删除后的效果　　　　图5.36 旋转图形

㉓ 选择工具箱中的"椭圆工具" ，在选项栏

中将"填充"更改为黄色（R：244，G：227，B：152），"描边"为无，在文字顶部绘制一个椭圆，如图5.37所示。

㉔ 选择工具箱中的"钢笔工具" ，单击选项栏中"路径操作" ，在弹出的选项中选择"合并形状"，在椭圆左下角绘制一个小三角形，如图5.38所示。

图5.37 绘制椭圆　　　　图5.38 绘制图形

㉕ 选择工具箱中的"横排文字工具" T，添加文字（方正兰亭细黑），如图5.39所示。

㉖ 执行菜单栏中的"文件"|"打开"命令，打开"礼盒.psd"文件，将打开的素材拖入画布右下角并适当缩小，如图5.40所示。

图5.39 添加文字　　　　图5.40 添加素材

㉗ 在"图层"面板中，选中"礼盒"组，将其拖至面板底部的"创建新图层" 按钮上，复制一个"礼盒拷贝"组。

㉘ 选中"礼盒"组，按Ctrl+E组合键将其合并，单击面板底部的"添加图层蒙版" 按钮，为其添加图层蒙版，如图5.41所示。

㉙ 按Ctrl+T组合键对图像执行"自由变换"命令，单击鼠标右键，从弹出的快捷菜单中选择"垂直翻转"命令，完成之后按Enter键确认，如图5.42所示。

图5.41 添加图层蒙版　　　　图5.42 变换图像

㉚ 选择工具箱中的"渐变工具" ，编辑黑色到白色的渐变，单击选项栏中的"线性渐变" 按钮，在图像上拖动将部分图像隐藏，如图5.43所示。

㉛ 执行菜单栏中的"滤镜"|"模糊"|"高斯模糊"命令，在弹出的对话框中将"半径"更改为3像素，完成之后单击"确定"按钮，如图5.44所示。

图5.43 隐藏图像　　　　图5.44 添加高斯模糊

㉜ 选择工具箱中的"横排文字工具" T，添加文字（方正兰亭细黑、方正兰亭中粗黑），如图5.45所示。

㉝ 选择工具箱中的"椭圆工具" ，在选项栏中将"填充"更改为白色，"描边"为无，在文字之间位置按住Shift键绘制圆形，如图5.46所示。

图5.45 添加文字　　　　图5.46 绘制圆

㉞　将圆复制两份,将文字之间隔开,这样就完成了效果制作,最终效果如图5.47所示。

图5.47　最终效果

5.7　圣诞主题DM单设计

　　本例讲解圣诞主题DM单的设计制作,主题类DM单在设计过程中以所要表达的主题为主视觉,通过图像的处理与文字信息的结合,整个DM单具有相当出色的效果,最终效果如图5.48所示。

扫码看视频

图5.48　最终效果

素材位置：素材文件\第5章\圣诞主题DM单
案例位置：案例文件\第5章\圣诞主题DM单背景.psd、圣诞主题DM单图文及装饰.ai、
　　　　　圣诞主题DM单设计.psd
视频位置：多媒体教学\5.7　圣诞主题DM单设计.avi
难易指数：★★☆☆☆

5.7.1　使用Photoshop制作DM单背景

①　执行菜单栏中的"文字"|"新建"命令,在弹出的"新建"对话框中设置"宽度"为100毫米,"高度"为65毫米,"分辨率"为300像素/英寸,新建一个空白画布,如图5.49所示。

图5.49　新建画布

②　选择工具箱中的"渐变工具",编辑绿色（R：112,G：182,B：57）到绿色（R：8,G：80,B：3）的渐变,单击选项栏中的"径向渐变"按钮,在背景中心向右下角方向拖动填充渐变,如图5.50所示。

图5.50　填充渐变

③　执行菜单栏中的"文件"|"打开"命令,打开"松针.psd"文件,将打开的素材拖入画布靠顶部并适当缩小,如图5.51所示。

图5.51　添加素材

④　在"图层"面板中,单击面板底部的"添加图层样式"fx按钮,在菜单中选择"投影"命令。

⑤　在弹出的"图层样式"对话框中将"混合模式"更改为正常,"颜色"更改为深绿色（R：20,G：42,B：5）,"不透明度"更改为40%,

取消"使用全局光"复选框，将"角度"更改为135度，"距离"更改为8像素，"大小"更改为10像素，完成之后单击"确定"按钮，如图5.52所示。

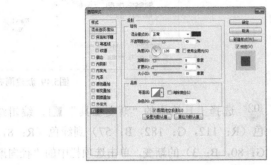

图5.52 设置投影

06　选择工具箱中的"钢笔工具" ，在选项栏中单击"选择工具模式" 路径 按钮，在弹出的选项中选择"形状"，将"填充"更改为黑色，"描边"更改为无。

07　在画布靠底部位置绘制一个不规则图形，将生成一个"形状 1"图层，如图5.53所示。

图5.53 绘制图形

08　在"图层"面板中，单击面板底部的"添加图层样式" fx 按钮，在菜单中选择"渐变叠加"命令。

09　在弹出的"图层样式"对话框中将"渐变"更改为白色到灰色（R：206，G：213，B：223），完成之后单击"确定"按钮，如图5.54所示。

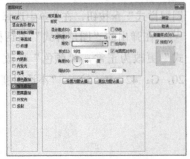

图5.54 设置渐变叠加

10　在"图层"面板中，选中"形状 1"图层，将其拖至面板底部的"创建新图层" 按钮上，复制一个"形状 1 拷贝"图层。

11　按Ctrl+T组合键对图形执行"自由变换"命令，单击鼠标右键，从弹出的快捷菜单中选择"水平翻转"命令，完成之后按Enter键确认，如图5.55所示。

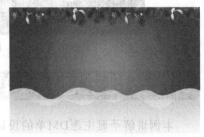

图5.55 变换图形

12　执行菜单栏中的"文件" | "打开"命令，打开"松树和雪人.psd" "电器.psd"文件，将打开的素材拖入画布中并适当缩小，并将素材移至"形状 1 拷贝"及"形状 1"图层之间，如图5.56所示。

图5.56 添加素材

13　选择工具箱中的"矩形工具" ，在选项栏中将"填充"更改为绿色（R：27，G：98，B：13），"描边"为无，在画布靠底部绘制一个矩形，将生成一个"矩形 1"图层，为"矩形1"图层添加图层蒙版，如图5.57所示。

图5.57 绘制矩形

14　按住Ctrl键单击"松针"图层缩览图，将其载入选区，选择任意选区工具，将选区向下移动，如图5.58所示。

图5.58 移动选区

⑮ 在选区上单击鼠标右键，从弹出的快捷菜单中选择"变换选区"命令，将选区等比缩小，如图5.59所示。

⑯ 将选区填充为黑色将部分图形隐藏，完成之后按Ctrl+D组合键将选区取消，如图5.60所示。

图5.59 缩小选区　　　　图5.60 隐藏图形

⑰ 再将选区向右侧移动，以同样的方法将图形隐藏，如图5.61所示。

图5.61 隐藏图形

⑱ 将图形向下移动，如图5.62所示。

图5.62 移动图形

? 技巧与提示

移动图形之后，可根据实际的需要对图形顶部边缘不规则区域进行调整，如使用"套索工具" ⚲ 绘制选区并填充黑色，或者使用"画笔工具" ✐ 将前景色更改为黑色，将部分图形隐藏等方法。

⑲ 选择工具箱中的"矩形工具" ▮，在选项栏中将"填充"更改为白色，"描边"为无，在画布中间靠底底部绘制一个矩形，将生成一个"矩形2"图层，如图5.63所示。

图5.63 绘制矩形

⑳ 在"图层"面板中，选中"矩形2"图层，单击面板底部的"添加图层蒙版" ▣ 按钮，为其添加图层蒙版，如图5.64所示。

㉑ 选择工具箱中的"渐变工具" ▮，编辑黑色到白色的渐变，单击选项栏中的"线性渐变" ▮ 按钮，在图形上拖动将部分图形隐藏，如图5.65所示。

图5.64 添加图层蒙版　　　　图5.65 隐藏图形

㉒ 在"形状1"图层名称上单击鼠标右键，从弹出的快捷菜单中选择"拷贝图层样式"命令，在"矩形2"图层名称上单击鼠标右键，从弹出的快捷菜单中选择"粘贴图层样式"命令，如图5.66所示。

图5.66 复制并粘贴图层样式

5.7.2 使用Illustrator添加图文及装饰

①执行菜单栏中的"文件"|"打开"命令，打开"背景.ai"文件，如图5.67所示。

图5.67 打开素材

②选择工具箱中的"横排文字工具" T，添加文字（造字工房版黑），如图5.68所示。

③选中文字，执行菜单栏中的"效果"|"风格化"|"投影"命令，在弹出的"投影"对话框中将"不透明度"更改为50%，"Y位移"更改为0.2cm，"模糊"更改为0.3cm，完成之后单击"确定"按钮，如图5.69所示。

图5.68 添加文字　　**图5.69 添加投影**

④选择工具箱中的"矩形工具" ，在文字下方绘制一个矩形。

⑤选择工具箱中的"渐变工具" ，为图形其填充透明到绿色（R：60，G：153，B：14）到绿色（R：60，G：153，B：14）再到透明的渐变，将中间色标位置更改为50%，如图5.70所示。

图5.70 绘制图形

⑥选中图形，按Ctrl+C组合键将其复制，再按Ctrl+Shift+V组合键将其粘贴，将粘贴的图形高度缩小，再将其更改为黄色系渐变，如图5.71所示。

图5.71 复制并变换图形

⑦选中黄色图形，向下移动复制一份，如图5.72所示。

图5.72 复制图形

08 选择工具箱中的"横排文字工具" T，添加文字（方正兰亭中粗黑），如图5.73所示。

图5.73 添加文字

09 选择工具箱中的"圆角矩形工具" ，将"填色"更改为无，"描边"为绿色（R：27，G：98，B：13），单击"描边"，将"粗细"更改为0.5pt，勾选"虚线"复选框，将"虚线"更改为1pt，"间隙"更改为1pt，在画布底部绘制一个圆角矩形，如图5.74所示。

10 执行菜单栏中的"文件"|"打开"命令，打开"口红.psd"文件，将打开的素材拖入圆角矩形位置并适当缩小，如图5.75所示。

图5.74 绘制圆角矩形　　**图5.75 添加素材**

? **技巧与提示**

在绘制圆角矩形时，按键盘上向上或者向下方向键可更改圆角半径。

11 选择工具箱中的"椭圆工具" ，将"填色"更改为黄色（R：250，G：230，B：47），"描边"为无，在素材右上角按住Shift键绘制一个圆形，如图5.76所示。

12 选择工具箱中的"钢笔工具" ，在圆的左下角绘制一个小三角形，如图5.77所示。

图5.76 绘制圆　　**图5.77 绘制三角形**

13 选择工具箱中的"横排文字工具" T，添加文字（方正兰亭黑），如图5.78所示。

图5.78 添加文字

5.7.3 使用Photoshop添加装饰特效

01 执行菜单栏中的"文件"|"打开"命令，打开"图文及装饰.psd"文件，如图5.79所示。

图5.79 打开素材

02 在"画笔"面板中，选择一个圆角笔触，将"大小"更改为20像素，"间距"更改为1000%，如图5.80所示。

03 勾选"形状动态"复选框，将"大小抖动"更改为100%，如图5.81所示。

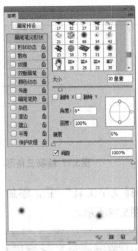

图5.80 设置画笔笔尖形状　　**图5.81 设置形状动态**

04 勾选"散布"复选框，将"散布"更改为1000%，如图5.82所示。

05 勾选"平滑"复选框，如图5.83所示。

图5.82 设置散布　　　　**图5.83 勾选平滑**

06 单击面板底部的"创建新图层" 按钮，新建一个"图层1"图层。

07 将前景色更改为白色，在画布中适当位置单击或者涂抹添加图像，这样就完成了效果制作，最终效果如图5.84所示。

图5.84 最终效果

5.8 家电DM广告设计

本例讲解家电DM广告的设计制作，此款DM具有不错的科技感，视觉效果相当突出，整个制作过程比较简单，最终效果如图5.85所示。

扫码看视频

图5.85 最终效果

素材位置：素材文件\第5章\家电DM广告
案例位置：案例文件\第5章\制作家电DM广告.psd、家电DM广告设计.ai
视频位置：多媒体教学\5.8 家电DM广告设计.avi
难易指数：★★☆☆☆

5.8.1 使用Photoshop制作特效

01 执行菜单栏中的"文字"|"新建"命令，在弹出的"新建"对话框中设置"宽度"为100毫米，"高度"为60毫米，"分辨率"为300像素/英寸，新建一个空白画布，如图5.86所示。

图5.86 新建画布

02 选择工具箱中的"渐变工具" ，编辑浅蓝色（R：218，G：235，B：247）到蓝色（R：160，G：217，B：255）的渐变，单击选项栏中的"线性渐变" 按钮，在画布中从左向右侧拖动填充渐变，如图5.87所示。

图5.87 填充渐变

03 执行菜单栏中的"文件"|"打开"命令，打开"空气净化器.psd"文件，将打开的素材拖入画布中靠右侧位置并适当缩小，如图5.88所示。

图5.88 添加素材

04 选择工具箱中的"钢笔工具" ，沿素材图像底座区域绘制一个不规则选区，如图5.89所示。

05 按Ctrl+Enter键将路径转换为选区，如图5.90所示。

图5.89 绘制路径　　图5.90 转换选区

06 执行菜单栏中的"图层"|"新建"|"通过拷贝的图层"命令，此时将生成一个"图层 1"图层，将其移至"空气净化器"图层下方，如图5.91所示。

图5.91 通过拷贝的图层

07 执行菜单栏中的"滤镜"|"模糊"|"高斯模糊"命令，在弹出的对话框中将"半径"更改为2像素，完成之后单击"确定"按钮，如图5.92所示。

图5.92 添加高斯模糊

08 选中"图层1"图层，将其图层混合模式设置为"正片叠底"，"不透明度"更改为50%，如图5.93所示。

图5.93 设置图层混合模式

09 在"图层"面板中，选中"空气净化器"图层，单击面板底部的"添加图层样式" 按钮，在菜单中选择"渐变叠加"命令。

10 在弹出的"图层样式"对话框中将"混合模式"更改为柔光，"不透明度"更改为60%，"渐变"更改为黑色到白色，"角度"为－118度，完成之后单击"确定"按钮，如图5.94所示。

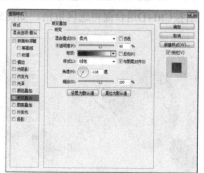

图5.94 设置渐变叠加

⑪ 执行菜单栏中的"文件"|"打开"命令，打开"树叶.psd"文件，将打开的素材拖入画布中并适当缩小，如图5.95所示。

⑫ 将树叶图像复制多份，并将部分图像等比缩小或适当旋转，如图5.96所示。

图5.95 添加素材　　　　图5.96 复制图像

⑬ 选中经过空气净化器顶部孔洞位置的绿叶所在图层，单击面板底部的"添加图层蒙版" ■ 按钮，为其添加图层蒙版，如图5.97所示。

⑭ 选择工具箱中的"钢笔工具" ✎，在绿叶图像右侧区域绘制一个不规则路径，如图5.98所示。

图5.97 添加图层蒙版　　　　图5.98 绘制路径

⑮ 按Ctrl+Enter组合键将路径转换为选区，如图5.99所示。

⑯ 将选区填充为黑色将部分图像隐藏，完成之后按Ctrl+D组合键将选区取消，如图5.100所示。

图5.99 转换为选区　　　　图5.100 隐藏图像

5.8.2 使用Illustrator添加图文及装饰

⓪① 执行菜单栏中的"文件"|"打开"命令，打开"背景.psd"文件，如图5.101所示。

图5.101 打开素材

⓪② 选择工具箱中的"矩形工具" ■，绘制一个矩形，将"填充"更改为蓝色（R：162，G：218，B：254），"描边"为无，如图5.102所示。

⓪③ 选择工具箱中的"直接选择工具" ▷，选中矩形底部锚点并拖动将其变形，如图5.103所示。

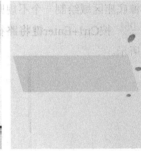

图5.102 绘制矩形　　　　图5.103 拖动锚点

⓪④ 以同样方法在左侧位置再次绘制一个相似图形，将"填充"更改为浅蓝色（R：180，G：225，B：249），"描边"为无，并保留一定空隙。

⓪⑤ 选择工具箱中的"钢笔工具" ✎，在两个图形之间位置绘制一个图形将其结合，将"填充"更改为蓝色（R：150，G：203，B：226），"描边"为无，如图5.104所示。

图5.104 绘制图形

06 以刚才同样方法在下方位置再次绘制数个相似图形，组合成立体图形，如图5.105所示。

07 选择工具箱中的"横排文字工具" **T**，添加文字（MStiffHei PRC），如图5.106所示。

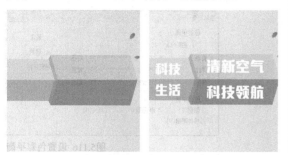

图5.105 绘制图形　　　　图5.106 添加文字

08 同时选中所有文字，单击鼠标右键，从弹出的快捷菜单中选择"创建轮廓"命令，如图5.107所示。

09 执行菜单栏中的"效果"|"风格化"|"投影"命令，在弹出的"投影"对话框中将"不透明度"更改为30%，"模糊"为0.2cm，完成之后单击"确定"按钮，如图5.108所示。

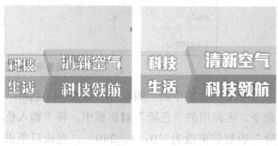

图5.107 创建轮廓　　　　图5.108 添加投影

10 选择工具箱中的"矩形工具" ▦，在图形下方绘制一个矩形，将"填充"更改为白色，"描边"为无，如图5.109所示。

11 选择工具箱中的"渐变工具" ▦，在图形上拖动为其填充白色系线性透明渐变，如图5.110所示。

图5.109 绘制矩形　　　　图5.110 填充渐变

技巧与提示

在此处填充渐变时可参考以下色标设置方式。

12 选择工具箱中的"横排文字工具" **T**，添加文字（方正兰亭超细黑简体），这样就完成了效果制作，最终效果如图5.111所示。

图5.111 最终效果

5.9 地产DM单页广告设计

本例主要讲解地产DM单页广告的设计制作，本广告利用Photoshop和Illustrator两个软件制作而成，首先利用Photoshop打开广告所需的背景为其调色，然后在Illustrator中绘制图形并添加文字，整个制作过程简单、步骤明确。同时添加的第一人称视角图像，使整个广告视觉效果不凡，在配色中采用的深黄色及棕色系也和整个广告主题信息相呼应，最终效果如图5.112所示。

扫码看视频

图5.112 最终效果

素材位置：素材文件\第5章\地产DM单页广告设计
案例位置：案例文件\第5章\地产DM单页广告设计.ai、制作地产DM单页.psd
视频位置：多媒体教学\5.9 地产DM单页广告设计.avi
难易指数：★★☆☆☆

5.9.1 使用Photoshop制作背景

01 执行菜单栏中的"文件"|"新建"命令，在弹出的"新建"对话框中设置"宽度"为10厘米，"高度"为7.5厘米，"分辨率"为300像素/英寸，"颜色模式"为RGB颜色，新建一个空白画布，如图5.113所示。

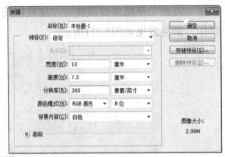

图5.113 新建画布

02 执行菜单栏中的"文件"|"打开"命令，打开"阳台.jpg"文件，将打开的素材拖入画布中靠左侧位置并适当缩小，此时其图层名称将自动更改为"图层1"，如图5.114所示。

图5.114 添加素材

03 选中"图层1"图层，执行菜单栏中的"图像"|"调整"|"色相/饱和度"命令，在弹出的"色相/饱和度"对话框中设置通道为"黄色"，将其"饱和度"更改为30，完成后单击"确定"按钮，如图5.115所示。

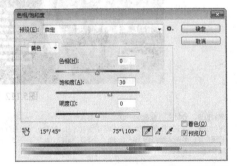

图5.115 设置色相/饱和度

04 执行菜单栏中的"图像"|"调整"|"色彩平衡"命令，在弹出的"色彩平衡"对话框中将其色阶更改为（5，0，-10），完成后单击"确定"按钮，如图5.116所示。

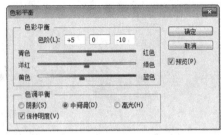

图5.116 设置色彩平衡

05 执行菜单栏中的"图像"|"调整"|"照片滤镜"命令，在弹出的"照片滤镜"对话框中选择"滤镜"为加温滤镜（85），将"浓度"更改为30%，完成后单击"确定"按钮，如图5.117所示。

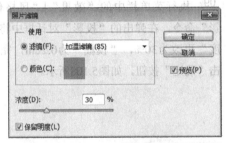

图5.117 调整照片滤镜

06 执行菜单栏中的"图像"|"调整"|"色阶"命令，在弹出的"色阶"对话框中，将"输入色阶"的数值更改为（0，1，240），完成后单击"确定"按钮，如图5.118所示。

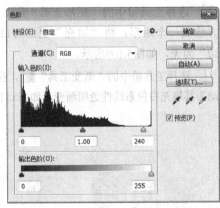

图5.118 调整色阶

07 选择工具箱中的"矩形工具" ▣ ，在选项栏中将"填充"更改为褐色（R：43，G：28，B：21），"描边"为无，在画布中绘制一个与刚才添加的图像大小相同的矩形，此时将生成一个"矩形1"图层，如图5.119所示。

图5.119 绘制图形

08 在"图层"面板中，选中"矩形1"图层，单击面板底部的"添加图层蒙版" ▣ 按钮，为其图层添加图层蒙版，如图5.120所示。

09 选择工具箱中的"渐变工具" ▣ ，在选项栏中单击"点按可编辑渐变"按钮，在弹出的"渐变编辑器"对话框中选择"黑，白渐变"，如图5.121所示，设置完成后单击"确定"按钮，再单击选项栏中的"线性渐变" ▣ 按钮。

图5.120 添加图层蒙版

图5.121 设置渐变

10 单击"矩形1"图层蒙版缩览图，在画布中其图形上按住Shift键从中间向顶部方向拖动，将部分图形隐藏。

11 在"图层"面板中，选中最上方的图层，按Ctrl+Alt+Shift+E组合键执行"盖印可见图层"命令，此时将生成一个"图层2"图层，如图5.122所示。

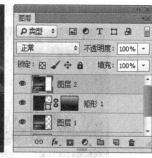

图5.122 隐藏图形

12 选中"图层2"图层，将其拖至面板底部的"创建新图层" ▣ 按钮上，复制一个"图层2 拷贝"图层，如图5.123所示。

13 选中"图层2"图层，执行菜单栏中的"图像"|"调整"|"去色"命令，将图层中的图像颜色信息去除，如图5.124所示。

图5.123 复制图层　　　　图5.124 去色

14 在"图层"面板中，选中"图层2 拷贝"图层，单击面板底部的"添加图层蒙版" ▣ 按钮，为其图层添加图层蒙版，如图5.125所示。

15 选择工具箱中的"画笔工具" ▣ ，在画布中单击鼠标右键，在弹出的面板中选择一种圆角笔触，将"大小"更改为150像素，"硬度"更改为0%，如图5.126所示。

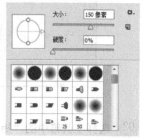

图5.125 添加图层蒙版　　　图5.126 设置笔触

16 单击"图层2 拷贝"图层蒙版缩览图，在画布中的其图像楼房区域拖动，将部分图像隐藏，如图

5.127所示。将其保存供后面调用。

图5.127 隐藏图像

5.9.2 使用Illustrator制作绘制图形及添加文字

01 在Illustrator中执行菜单栏中的"文件"|"打开"命令,在弹出的"Photoshop导入选项"对话框中选中刚才在Photoshop中制作的图像效果,单击"确定"按钮,如图5.128所示。

图5.128 打开文件

02 选择工具箱中的"矩形工具"□,在画板靠右侧位置绘制一个矩形,如图5.129所示。

图5.129 绘制图形

03 选中刚才所绘制的图形,选择工具箱中的"渐变工具"□,在"渐变"面板中设置"类型"为"径向",渐变颜色从咖啡色(R:80,G:52,B:40)到褐色(R:20,G:12,B:9),如图5.130所示。

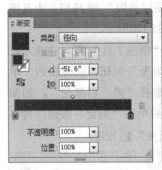

图5.130 设置并填充渐变

04 选择工具箱中的"添加锚点工具" ,在刚才所绘制的图形左侧中间边缘单击添加锚点,如图5.131所示。

05 选择工具箱中的"转换锚点工具" ,在画布中单击刚才所添加的锚点将其转换成节点,如图5.132所示。

图5.131 添加锚点   图5.132 转换锚点

06 选择工具箱中的"直接选择工具" ,在画板中选中刚才经过转换锚点，向右侧拖拖动，将图形变形，如图5.133所示。

图5.133 变形图形

07 选中经过变形的图形按Ctrl+C组合键将其复制，再按Ctrl+B组合键将其粘贴至原图形后方，将填更改为深黄色（R：71，G：55，B：22），再按住Shift键将其向左侧稍微移动，如图5.134所示。

图5.134 复制并粘贴图形并移动图形

08 选择工具箱中的"钢笔工具" ，在刚才所绘制图形上一个不规则图形，如图5.135所示。

09 选中刚才绘制的图形，在画布中按住Alt+Shift组合键向左侧拖动，将图形复制，如图5.136所示。

图5.135 绘制图形　　图5.136 复制图形

10 选中这两个图形，选择工具箱中的"渐变工具" ，在"渐变"面板中，将"类型"更改为线性，"渐变"填充为浅黄色（R：209，G：167，B：107）到深黄色（R：108，G：79，B：1），如图5.137所示。

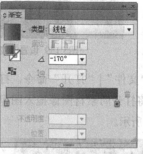

图5.137 设置渐变

11 同时选中包括复制在内的两个图形，按住Alt+Shift组合键向下拖动，将图形复制，完成后再双击工具箱中的"镜像工具" ，在弹出的"镜像"对话框中勾选"水平"单选按钮，完成后单击"确定"按钮，如图5.138所示。

图5.138 复制图形并设置镜像

技巧与提示

将图形镜像之后，根据位置适当移动使之与上方的图形对齐。

12 选中复制所生成的下方右侧图形，选择工具箱中的"渐变工具" ，在"渐变"面板中，将其"角度"更改为－180度，"渐变"填充为黄色（R：209，G：167，B：107）到深黄色（R：108，G：79，B：1），到黄色（R：209，G：167，B：107）再到深黄色（R：108，G：79，B：1），如图5.139所示。

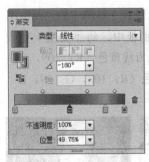

图5.139 设置渐变

⑬ 执行菜单栏中的"文件"|"打开"命令,打开"logo.psd"文件,将打开的素材图像拖入图像靠上方位置,如图5.140所示。

图5.140 添加素材

⑭ 选择工具箱中的"文字工具" T,在画板中适当位置添加文字,颜色设置为黄色(R:231,G:205,B:108),如图5.141所示。

图5.141 添加文字

⑮ 同时选中"投资高回报"文字,按Ctrl+C组合键将其复制,再按Ctrl+F组合键将其粘贴至原文字的上方,修改填充颜色为深黄色(R:207,G:146,B:30),如图5.142所示。

图5.142 复制并粘贴文字

⑯ 选择工具箱中的"矩形工具" ▭,在刚才所复制的文字上方位置绘制一个矩形,并且使矩形将部分文字覆盖,再同时选中所绘制的矩形及其下方的文字,执行菜单栏中的"对象"|"剪贴蒙版"|"建立"命令,将部分文字隐藏,如图5.143所示。

图5.143 建立剪贴蒙版

技巧与提示

同时选中矩形及其下方的文字,单击鼠标右键,从弹出的快捷菜单中选择"建立剪贴蒙版"命令,同样可以将部分文字隐藏。

⑰ 以同样的方法在"泰强即成行"文字的上方位置再次绘制一个矩形,将部分文字隐藏,如图5.144所示。

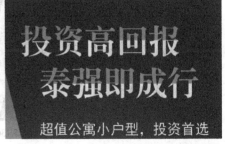

图5.144 隐藏文字

⑱ 选择工具箱中的"直线段工具" ╱，在选项栏中将"填充"更改为无，"描边"更改为白色，"描边粗细"更改为0.1pt，在logo图像下方位置按住Shift键绘制一条稍短的线段，如图5.145所示。

⑲ 选中所绘制的线段，按住Alt+Shift组合键向右侧拖动，将线段复制，如图5.146所示。

图5.145 绘制线条　　　图5.146 复制图形

⑳ 选择工具箱中的"椭圆工具" ⬭，在刚才所绘制的图形下方的文字中间位置按住Shift键绘制一个圆形，将其填充为黄色（R：242，G：240，B：130），如图5.147所示。

图5.147 绘制图形

㉑ 同时选中刚才所绘制的椭圆及旁边的文字，单击鼠标右键，从弹出的快捷菜单中选择"编组"命令，将图形与文字编组，再按Ctrl+C组合键将编组后的图形和文字复制，按Ctrl+B组合键将其粘贴至后方位置，如图5.148所示。

图5.148 复制并移动文字

㉒ 将填充为黑色，再将其向下稍微移动，这样就完成了效果制作，最终效果如图5.149所示。

图5.149 最终效果

5.10 街舞三折页DM广告设计

本例讲解街舞三折页DM广告的设计制作，在设计中将配色与人物素材颜色进行搭配，将人物素材的造型与所要表达的主题内容相呼应，最后为其制作立体效果使整个三折页的效果十分完美，最终效果如图5.150所示。

扫码看视频

图5.150 最终效果

素材位置：素材文件\第5章\街舞三折页DM广告设计
案例位置：案例文件\第5章\街舞三折页DM广告设计.ai、街舞三折页DM广告设计展示效果.psd
视频位置：多媒体教学\5.10 街舞三折页DM广告设计.avi
难易指数：★★★☆☆

5.10.1 使用Illustrator制作平面效果

① 执行菜单栏中的"文件"|"新建"命令，在弹出的"新建文档"对话框中设置"宽度"为285mm，"高度"为210mm，"出血"为3mm，设置完成后单击"确定"按钮，新建一个画板，如图5.151所示。

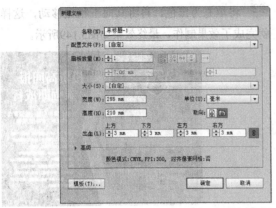

图5.151 新建画板

02 选择工具箱中的"矩形工具" ▣ ，绘制一个与画板大小相同的矩形，如图5.152所示。

03 选中所绘制的矩形，选择工具箱中的"渐变工具" ▣ ，在"渐变"面板中将"类型"更改为径向，"渐变"填充为白色到灰色（R：220，G：220，B：220），如图5.153所示。

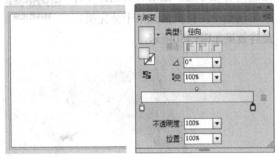

图5.152 绘制图形　　　　图5.153 设置渐变

04 选中刚才所绘制的矩形，从右侧位置向左侧拖动，为图形填充渐变，如图5.154所示。

图5.154 填充渐变

05 选择工具箱中的"矩形工具" ▣ ，沿画板左侧位置绘制一个矩形，将其填充为紫色（R：213，G：91，B：147），如图5.155所示。

06 选择工具箱中的"直接选择工具" ⇗ ，选中刚才所绘制的矩形右下角锚点，按Delete键将其删除，如图5.156所示。

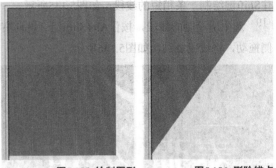

图5.155 绘制图形　　　　图5.156 删除锚点

07 选择工具箱中的"矩形工具" ▣ ，绘制一个与画板大小相同的矩形，并将其填充为任意颜色，如图5.157所示。

图5.157 绘制图形

08 选择工具箱中的"添加锚点工具" ⬈ ，在刚才所绘制的图形靠右上角位置单击添加锚点，如图5.158所示。

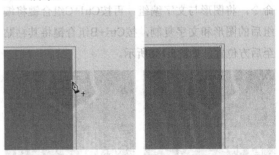

图5.158 添加锚点

09 选择工具箱中的"直接选择工具" ⇗ ，选中

182

刚才所绘制的矩形右下角锚点，按Delete键将其删除，如图5.159所示。

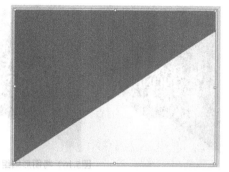

图5.159 删除锚点

⑩ 选中所绘制的矩形，选择工具箱中的"渐变工具" ■，在"渐变"面板中将"类型"更改为径向，"渐变"填充为紫色（R：204，G：88，B：135）到紫色（R：152，G：55，B：104），如图5.160所示。

图5.160 设置渐变

⑪ 选中刚才所绘制的矩形，从右上角位置向左侧拖动，为图形填充渐变，如图5.161所示。

图5.161 填充渐变

⑫ 选中刚才所绘制的图形，按Ctrl+[组合键将其后移一层，如图5.162所示。

图5.162 更改图层顺序

⑬ 选中刚才填渐变的图形，按Ctrl+C组合键将其复制，再按Ctrl+F组合键将其粘贴至原图形的前面，如图5.163所示。

图5.163 复制并粘贴图形

⑭ 选择工具箱中的"直接选择工具" ▷，选中刚才复制所生成的图形右上角下方的锚点向下拖动，将图形变形，如图5.164所示。

图5.164 变形图形

⑮ 选中经过变形的矩形，选择工具箱中的"渐变工具" ■，在"渐变"面板中将"类型"更改为径向，"渐变"填充为灰色（R：230，G：230，B：230）到灰色（R：198，G：198，B：198），如图5.165所示。

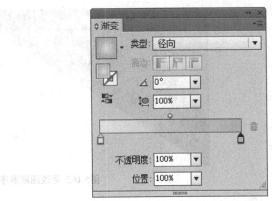

图5.165 设置渐变

⑯ 选择工具箱中的"文字工具" T ，在画板中适当位置添加文字，如图5.166所示。

图5.166 添加文字

⑰ 选择工具箱中的"椭圆工具" ⬭ ，在画板中靠左下角位置，按住Shift键绘制一个圆，并将其填充为灰色（R：65，G：65，B：65），如图5.167所示。

⑱ 选择工具箱中的"文字工具" T ，在绘制的圆形上添加文字，如图5.168所示。

图5.167 绘制图形　　　　图5.168 添加文字

⑲ 同时选中绘制的圆及添加的文字，单击鼠标右键，从弹出的快捷菜单中选择"编组"命令，

将图形与文字编组，再将其适当旋转，如图5.169所示。

图5.169 将图形编组并旋转图形

⑳ 执行菜单栏中的"文件"|"打开"命令，打开"人物.psd"文件，将打开的素材图像拖入画板靠右下角位置，如图5.170所示。

㉑ 选择工具箱中的"矩形工具" ▭ ，沿画板右下角位置绘制一个矩形，将其填充为灰色（R：65，G：65，B：65），如图5.171所示。

图5.170 添加素材　　　图5.171 绘制图形

㉒ 选择工具箱中的"直接选择工具" ▷ ，选中刚才所绘制的矩形左上角的锚点，按Delete键将其删除，这样就完成了街舞三折页DM广告设计平面效果制作，最终平面效果如图5.172所示。

图5.172 平面效果

5.10.2 使用Photoshop制作展示效果

① 执行菜单栏中的"文件"|"新建"命令,在弹出的"新建"对话框中设置"宽度"为12厘米,"高度"为9厘米,"分辨率"为150像素/英寸,"颜色模式"为RGB颜色,新建一个空白画布,如图5.173所示。

图5.173 新建画布

② 选择工具箱中的"渐变工具" ,设置从灰色(R:224,G:224,B:224)到灰色(R:176,G:176,B:176)的渐变,单击选项栏中的"径向渐变" 按钮,打开"渐变编辑器"对话框,如图5.174所示。

③ 在画布中从左上角向右下角方向拖动,为画布填充渐变,如图5.175所示。

图5.174 设置渐变　　　图5.175 填充渐变

技巧与提示

在填充渐变的时候,单击"图层1"图层名称前方的"指示图层可见性" 图标将其暂隐藏,以方便观察填充的渐变效果。

④ 执行菜单栏中的"文件"|"打开"命令,在弹出的"导入PDF"对话框中选中刚才所制作的"街舞三折页DM广告设计.ai"文档,如图5.176所示。将其拖动到新建的画布中,生成"图层1",并将其适当缩小。

图5.176 打开素材

⑤ 选择工具箱中的"矩形选框工具" ,在画布中绘制一个矩形选区,如图5.177所示。

图5.177 新建选区

⑥ 单击"图层"面板底部的"创建新图层" 按钮,新建一个"图层2"图层。

技巧与提示

将光标移至参考线上按Alt键可以在垂直或水平之间转换。

⑦ 选中"图层2"图层,在画布中执行菜单栏中的"编辑"|"描边"命令,在弹出的"描边"对话框中将"宽度"更改为1像素,"颜色"更改为灰色(R:212,G:212,B:212),勾选"居中"单选按钮,完成后单击"确定"按钮,如图5.178所示。

图5.178 设置描边

08 选择工具箱中的任意一个选区工具，在画布中单击鼠标右键，从弹出的快捷菜单中选择"变形选区"命令，将光标移至变形框右侧向内稍微拖动，再将光标移至变形框底部按住Alt键向下方拖动，将选区变形，再按Enter键确认，如图5.179所示。

图5.179 变形选区

09 选中"图层2"图层，将选区中的部分描边图形删除，完成后按Ctrl+D组合键将选区取消。

10 在"图层"面板中，同时选中"图层2"及"图层1"图层，执行菜单栏中的"图层"|"合并图层"命令，将图层合并，此时将生成一个"图层2"图层，如图5.180所示。

图5.180 合并图层

11 选中"图层2"图层，按Ctrl+T组合键对其执行"自由变换"命令，单击鼠标右键，从弹出的快捷菜单中选择"扭曲"命令，将光标移至变形框不同的控制点拖动将图形变形，完成后按Enter键确认，如图5.181所示。

图5.181 扭曲图形

12 选择工具箱中的"钢笔工具" ，沿着刚图形上方边缘位置绘制一个不规则封闭路径，如图5.182所示。

图5.182 绘制路径

13 在画布中按Ctrl+Enter组合键将刚才所绘制的封闭路径转换成选区，如图5.183所示。

14 单击"图层"面板底部的"创建新图层" 按钮，新建一个"图层3"图层，如图5.184所示。

图5.183 转换选区　　　图5.184 新建图层

15 选中"图层3"图层，将选区填充为紫色（R：192，G：82，B：129），填充完成后按Ctrl+D组合键将选区取消，如图5.185所示。

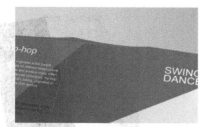

图5.185 填充颜色

⑯ 在"图层"面板中，选中"图层3"图层，单击面板上方的"锁定透明像素" ⊞ 按钮，将当前图层中的透明像素锁定，如图5.186所示。

⑰ 选择工具箱中的"多边形套索工具" ，在画布中绘制一个不规则选区，如图5.187所示。

图5.186 锁定透明像素　　图5.187 绘制选区

⑱ 选中"图层3"图层，在画布中将选区填充为紫色（R：213，G：91，B：147），填充完成后按Ctrl+D组合键，将选区取消，如图5.188所示。

图5.188 填充颜色

⑲ 选择工具箱中的"钢笔工具" ，沿着图形底部边缘位置绘制一个不规则封闭路径，如图5.189所示。

图5.189 绘制路径

⑳ 按Ctrl+Enter组合键，将路径转换成选区，如图5.190所示。

㉑ 选中"图层2"图层按Delete键，将选区中的图形删除，如图5.191所示。然后将"图层2"和"图层3"合并，并重命名为"图层3"。

图5.190 转换选区　　图5.191 删除图形

㉒ 单击"图层"面板底部的"创建新图层" 按钮，新建一个"图层4"图层，如图5.192所示。

㉓ 选中"图层4"图层，将选区填充为黑色，填充完成后按Ctrl+D组合键，将选区取消，如图5.193所示。

图5.192 新建图层　　图5.193 填充颜色

㉔ 选中"图层4"图层，执行菜单栏中的"滤镜"|"模糊"|"高斯模糊"命令，在弹出的"高斯模糊"对话框中，将"半径"更改为4像素，设置完成后单击"确定"按钮，如图5.194所示。

图5.194 设置高斯模糊

187

㉕ 选中"图层4"图层,将其图层"不透明度"更改为50%,再将其向下移至"图层3"下方,在画布中将其向下稍微移动,如图5.195所示。

图5.195 更改图层不透明度

㉖ 选择工具箱中的"钢笔工具" ,在适当位置绘制一个不规则封闭路径,如图5.196所示。

图5.196 绘制路径

㉗ 按Ctrl+Enter组合键,将闭路径转换成选区,如图5.197所示。

㉘ 单击"图层"面板底部的"创建新图层" 按钮,新建一个"图层5"图层,如图5.198所示。

图5.197 转换选区　　　图5.198 新建图层

㉙ 选中"图层5"图层,在画布中将选区填充为黑色,填充完成后按Ctrl+D组合键将选区取消,如图5.199所示。

图5.199 填充颜色

㉚ 在"图层"面板中,选中"图层5"图层,单击面板底部的"添加图层蒙版" 按钮,为图层添加图层蒙版,如图5.200所示。

㉛ 选择工具箱中的"渐变工具" ,在选项栏中单击"点按可编辑渐变"按钮,打开"渐变编辑器"对话框,设置白色到黑色的渐变,如图5.201所示,单击选项栏中的"线性渐变"按钮。

图5.200 设置渐变　　　图5.201 设置渐变

㉜ 单击"图层5"图层蒙版缩览图,在图形上从左向右拖动,将部分图形隐藏,如图5.202所示。

图5.202 隐藏图形

㉝ 选中"图层5"图层,将其图层"不透明度"更改为50%,如图5.203所示。

188

图5.203 更改图层不透明度

㉞ 以刚才同样的方法，在右侧折页位置再次绘制路径并转换选区，新建图层填充颜色，利用图层蒙版制作阴影效果，如图5.204所示。

图5.204 绘制图形

㉟ 选择工具箱中的"多边形套索工具" ，在图形右侧边缘位置绘制一个不规则选区，如图5.205所示。

㊱ 单击面板底部的"创建新图层" 按钮，新建一个"图层7"图层。

㊲ 选中"图层7"图层，将选区填充为黑色，填充完成后按Ctrl+D组合键将选区取消，再将其向下移至"图层3"下方，如图5.206所示。

图5.205 绘制选区　　图5.206 填充颜色

㊳ 选中"图层 7"图层，执行菜单栏中的"滤镜"|"模糊"|"高斯模糊"命令，在弹出的"高

斯模糊"对话框中，将"半径"更改为5像素，设置完成后单击"确定"按钮，如图5.207所示。

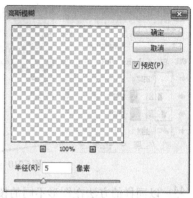

图5.207 设置高斯模糊

㊴ 选中"图层 7"图层，将其图层"不透明度"更改为30%，如图5.208所示。

图5.208 更改图层不透明度

㊵ 单击"图层"面板底部的"创建新图层" 按钮，新建一个"图层8"图层。

㊶ 选择工具箱中的"画笔工具" ，在画布中单击鼠标右键，在弹出的面板中选择一种圆角笔触，将"大小"更改为2像素，"硬度"更改为1%。

㊷ 将前景色设置为深灰色（R：50，G：50，B：50），在画布中三折页的棱角上绘制线条以增加质感，如图5.209所示。

图5.209 绘制图形

㊸ 选中"图层8"图层,将其图层"不透明度"更改为30%,如图5.210所示。

图5.210 更改图层不透明度

㊹ 以同样的方法在图形不同的棱角位置绘制图形,如图5.211所示。

图5.211 绘制图形

技巧与提示

在绘制图形的时候,可以选中"图层9"图层在画布中进行绘制,无须新建图层。

㊺ 选择工具箱中的"减淡工具" 🔍 ,在画布中单击鼠标右键,在弹出的面板中选择一种圆角笔触,将"大小"更改为900像素,"硬度"更改为0%,如图5.212所示。

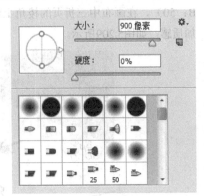

图5.212 设置笔触

㊻ 选中"图层3"图层,在画布中其图形上部分区域涂抹,将部分图形颜色减淡,如图5.213所示。

图5.213 减淡图形颜色

㊼ 选择工具箱中的"钢笔工具" ,在图形靠左侧位置绘制一个封闭路径,如图5.214所示。

图5.214 绘制路径

㊽ 按Ctrl+Enter组合键,将刚才所绘制的封闭路径转换成选区,如图5.215所示。

㊾ 单击"图层"面板底部的"创建新图层"按钮,新建一个"图层9"图层,如图5.216所示。

图5.215 转换选区   图5.216 新建图层

㊿ 选中"图层9"图层,在画布中将选区填充为白色,填充完成后按Ctrl+D组合键将选区取消,如图5.217所示。

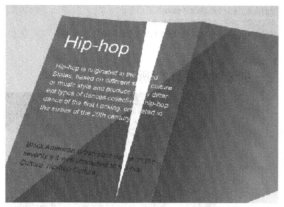

图5.217　填充颜色

(51)　选中"图层 9"，执行菜单栏中的"滤镜"|"模糊"|"高斯模糊"命令，在弹出的"高斯模糊"对话框中将"半径"更改为15像素，设置完成后单击"确定"按钮，如图5.218所示。

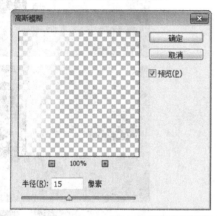

图5.218　设置高斯模糊

(52)　选中"图层 9"图层，将其图层"不透明度"更改为30%，如图5.219所示。

图5.219　更改图层不透明度

(53)　这样就完成了效果制作，最终效果如图5.220所示。

图5.220　最终效果

5.11　本章小结

　　DM是英文Direct Mail 的缩写，意为快讯商品广告，通常采取邮寄、定点派发、选择性派送到消费者住处等多种方式广为宣传，是超市重要的促销方式之一。本章通过5个案例，详细讲解了DM单设计的方法。

5.12　课后习题

　　根据不同的形式，本章安排了3个课后习题供读者练习，用于强化前面所学的知识，不断提升设计能力。

5.12.1　课后习题1——博览会DM广告设计

　　本例讲解博览会DM广告的设计制作，本例的制作过程比较简单，注意对制作初期海报光线背景的整体把握，在文字信息及绘制图形的摆放上力求直观、大气，最终效果如图5.221所示。

扫码看视频

图5.221　最终效果

素材位置：素材文件\第5章\博览会DM广告设计
案例位置：案例文件\第5章\博览会DM广告设计.psd、博览会DM广告设计.ai
视频位置：多媒体教学\5.12.1 课后习题1——博览会DM广告设计.avi
难易指数：★★☆☆☆

素材位置：素材文件\第5章\手机DM单
案例位置：案例文件\第5章\制作手机DM.psd、手机DM单广告设计.ai
视频位置：多媒体教学\5.12.2 课后习题2——手机DM单广告设计.avi
难易指数：★★★☆☆

步骤分解如图5.222所示。

步骤分解如图5.224所示。

图5.222 步骤分解图

图5.224 步骤分解图

5.12.2 课后习题2——手机DM单广告设计

　　本例讲解手机DM单广告的设计制作，本例的制作过程稍有些烦琐，整个构图及视觉效果以体现手机之美为原则，在素材的选用上尽量选择与主题相符的图像，同时在特效图像的绘制过程中注意颜色的搭配，最终效果如图5.223所示。

扫码看视频

5.12.3 课后习题3——知识竞赛DM单广告设计

　　本例讲解知识竞赛DM单广告的设计制作，此款DM单的背景在制作过程中采用科技蓝与放射光芒组合，整个背景整洁却带有视觉冲击感，而纱质

扫码看视频

图5.223 最终效果

图像的添加为背景的底部增添了装饰效果，制作重点在于对图形变形的把握，将图形的变形与文字的排版完美结合，最终效果如图5.225所示。

图5.225　最终效果

素材位置：素材文件\第5章\知识竞赛DM单
案例位置：案例文件\第5章\知识竞赛DM单广告设计.psd、制作知识竞赛DM单.ai
视频位置：多媒体教学\5.12.3　课后习题3——知识竞赛DM单广告设计.avi
难易指数：★★★☆☆

步骤分解如图5.226所示。

图5.226　步骤分解图

图5.226　步骤分解图（续）

193

第6章

精美海报设计

———————— 内容摘要 ————————

本章讲解商业海报设计，海报是视觉传达的表现形式之一，在大多数情况下张贴在人们易见的地方，所以其广告色彩极其浓厚，在制作过程中以传播的重点为制作中心，使人们理解及接纳，同时提升海报主题知名度。通过对本章的学习，读者可以掌握海报的设计重点及制作技巧。

———————— 课堂学习目标 ————————

- 了解海报的特点及功能
- 学习海报的制作方法和技巧
- 了解海报的设计原则及表现手法

6.1　关于海报设计

海报是一种视觉传达的表现形式，主要通过版面构成在几秒钟之内把人们吸引住，并获得瞬间的刺激，要求设计师做到既准确到位，又要有独特的版面创意形式。而设计师的任务就是把构图、图片、文字、色彩、空间这一切要素完美结合，用恰当的形式把信息传达给人们。

海报即招贴，"招贴"按其字义解释，"招"是引起注意，"贴"是张贴，即"为招引注意而进行张贴"。它是指公共场所，以张贴或散发的形式发布的一种广告。在广告诞生初期，就已经有了海报这种形式；在生活的各个空间，它的影子随处可见。海报的英文名字叫"Poster"，在牛津词典里意指展示于公共场所的告示（Placard Displayed in A Public Place）。在伦敦"国际教科书出版公司"出版的广告词典里，Poster意指张贴于纸板、墙、大木板或车辆上的印刷广告，或以其他方式展示的印刷广告，它是户外广告的主要形式，广告的古老形式之一。

海报属于户外广告，分布在各街道、影剧院、展览会、商业闹区、车站、码头、公园等公共场所。海报的分类很详细，根据海报的宣传内容、宣传目的和宣传对象，海报大致可以划分为商业类、活动类、公益类和影视类宣传海报4大类。

海报作品的创作过程，是根据设计作品的整体策划、明确设计目标、准确把握设计主题，然后收集海报设计作品所必需的各种资料，最终制作出具体海报内容的具体过程。这其中的每个环节缺一不可，它们都是围绕在设计主题的前提下进行的。精彩海报设计效果展示如图6.1所示。

图6.1　精彩海报设计效果展示（续）

6.2　海报的特点

海报是以图形、文字、色彩等诸多视觉元素为表现手段，迅速直观地传递政策、商业、文化等各类信息的一种视觉传媒；是"瞬间"的速看广告和街头艺术，所应用的范围主要是户外的公共场所。这一性质决定海报必须要有画面尺寸大、艺术表现力丰富、视觉效果强烈的特点，使观看到的人能迅速准确地理解意图。图形、文字、色彩在海报中的效果如图6.2所示。

图6.2　图形、文字、色彩在海报中的效果

图6.1　精彩海报设计效果展示

图6.2 图形、文字、色彩在海报中的效果（续）

1.画面尺寸大

海报不是捧在手上的设计，而是要张贴在热闹场所，它受到周围环境和各种因素的干扰，所以必须以大尺寸画面及突出的形象和色彩展现在人们面前。其画面有全开、对开、长三开及特大画面（八张全开等）几种。

2.艺术表现力丰富

就海报的整体而言，它包括了商业和非商业方面的种种广告。就每张海报而言，其针对性很强。商业中的商品海报往往以具有艺术表现力的摄影、造型写实的绘画和漫画形式表现较多，给消费者留下真实感人的画面和幽默情趣的感受。

非商业性的海报，内容广泛、形式多样，艺术表现力丰富。特别是文化艺术类的海报画，根据广告主题，可充分发挥想象力，尽情施展艺术手段。许多追求形式美的画家都积极投身到海报画的设计中，并且在设计中用自己的绘画语言，设计出风格各异、形式多样的海报画。不少现代派画家的作品就是以海报画的面目出现的，美术史上也曾留下了诸多精彩的轶事和生动的画作。

3.视觉效果强烈

为了给来去匆忙的人们留下印象，除了以上特点之外，海报设计还要充分体现定位设计的原理，使突出的商标、标志、标题、图形，对比强烈的色彩，或大面积空白、简练的视觉流程，成为视觉焦点。如果就形式上区分广告与其他视觉艺术的不同，海报可以说更具广告的典型性。

6.3 海报的功能

优秀的海报设计不仅能清楚地向受众传达信息，而且在功能性与审美性上也具有独特的风格。海报的主要功能有传播信息、得于企业竞争和刺激大众需求。独特风格的海报效果如图6.3所示。

图6.3 独特风格的海报效果

1.传播信息

传播信息是海报最基本、最重要的功能，特别是商业海报，其传播信息的功能首先表现在对商品的性能、规格、质量、成分、特点、使用方法等进行说明。这些商品信息若不能有效地传递给消费者，消费者就不会采取购买行动。海报作为一种有效的广告形式，正可以充当传递商品信息的角色，使消费者和生产者都可以节约时间，并以高速度及时解决各种需求问题。

2.利于企业竞争

竞争作为市场经济的一个重要特征，对于企业来说是一种挑战，也是一种动力。当今企业与企业之间的竞争，主要表现在两个方面，一是产品内在质量的竞争，二是广告宣传方面的竞争。随着科技水平的不断提高，产品与产品的内在质量差异性将越来越小，相对而言，各企业将越来越重视广告方面的竞争。海报作为广告宣传的一种有效媒体，可以用来树立企业的良好形象，提高产品的知名度，开拓市场，促进销售，利于竞争。

3.刺激大众需求

消费者的某些需求是处于潜在状态之中的，企业如不对其进行刺激，就不可能有消费者的购买行动，企业的产品就卖不出去。海报作为刺激潜在需求的有力武器，其作用不可忽视。

6.4　海报的设计原则

海报作为一种宣传的形式，绝不能以某种强制性的理性说教来对待受众，而应首先使受众感到愉悦，继之让受众经诱导而接受海报宣传的意向。所以，现代海报都很注重设计原则。海报的设计原则有以下几个方面。精彩海报效果如图6.4所示。

图6.4　精彩海报效果

图6.4　精彩海报效果（续）

1.真实性

海报设计首先要讲究真实，产品宣传要建立在可信的基础上，合理地美化，能收到好的效果。如果言过其实，甚至欺骗消费者，则会使人烦恼。

2.引人注目性

海报广告能否吸引消费者的注意是关键。合理的创意设计和艺术处理，能够使产品的功能或其他方面突出，引起人们的注目，这样才能让消费者注目，这样才可能刺激消费者的购买欲。

3.艺术性

在海报广告的画面处理上，依据传达商品信息的不同需要采用不同的表现手法，如对比法、夸张法、寓言法、比喻法等，让海报设计看上去更像艺术品。

6.5　海报的表现手法

表现手法是设计师在艺术创作中所使用的设计手法，和在诗歌文章中行文措辞和表达思想感情时所使用的特殊的语句组织方式一样，它能够将一种概念、一种思想通过精美的构图、版式和色彩，传达给受众者，从而达到传达设计理念或中心思想的目的。

海报设计的表现手法主要是通过将不同的图形按照一定的规则在平面上组合，然后制作出要表达的氛围，使受众能从中体会到设计的理念，达到共鸣，从而起到宣传的目的。有时还会配合一些文字的叙述，更好地将主题思想或设计理念传达给受众。表达手法其实就是一种设计的表达技巧。

1.直接表现手法

这种手法最为常见，一般将实体产品直接放在画面中，突出新产品本身的特点，给人以逼真的现实感，使消费者对所宣传的产品产生一种真实感、亲切感和信任感。

图6.5所示为使用直接展示法制作的海报广告。

图6.5 直接展示法海报

2.特征表现手法

这种手法主要表现产品的突出特点，即与别的产品不同的特点，抓住与众不同的特点来加以艺术处理，使消费者能够在短时间内记住新产品的不同点，以此来刺激消费者的购买欲望。

图6.6所示为使用了突出特征法，突出摄像机的"小巧"特征的海报广告。

图6.6 突出特征法海报

3.对比表现手法

这种手法是一种在对立冲突中体现艺术之美的表现手法。它把产品中所描绘的事物的性质和特点放在鲜明的对照和直接对比来表现，借彼显此，互比互衬，从对比所呈现的差别中，达到集中、简洁、曲折变化的表现。这种手法更鲜明地强调或提示产品的性能和特点，给消费者以深刻的视觉感受。

图6.7所示为使用对比衬托法制作的海报广告。

图6.7 对比衬托法海报

图6.7 对比衬托法海报（续）

4.夸张表现手法

这种手法也是设计中较常使用的手法之一，运用夸张的想象力，对产品的品质或特性的某个方面进行夸大，以加深或扩大这些特征的认识。按其表现的特征，夸张可以分为形态夸张和神情夸张两种类型。夸张表现手法为广告的艺术美注入了浓郁的感情色彩，使产品的个性鲜明、突出、动人。

图6.8所示为使用合理夸张法制作的海报广告。

图6.8 合理夸张法海报

5.联想表现手法

这种手法运用艺术的处理，让人们在看到画面的同时，能产生丰富的联想，突破时空的界限，加深画面的意境。

图6.9所示为使用运用联想法制作的海报广告。

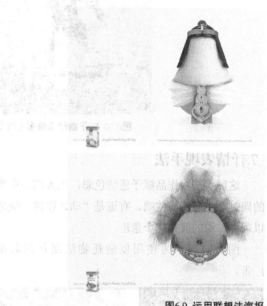

图6.9 运用联想法海报

6.幽默表现手法

这种手法可以在设计的作品中，巧妙地再现喜剧性特征，抓住生活现象中局部性的东西，或把人们的外貌和举止等某些可笑的特征表现出来，营造出一种充满情趣、引人发笑而又耐人寻味的幽默意境，以别具一格的方式，发挥艺术感染力的作用。

图6.10所示为使用富于幽默法制作的海报广告。

图6.10 富于幽默法海报

图6.10 富于幽默法海报（续）

7.抒情表现手法

这种手法将作品赋予感情色彩，让人们在审赏的同时产生感情的共鸣。有道是"动之以情，晓之以理"，说的就是这个意思。

图6.11所示为使用以情托物法制作的海报广告。

图6.11 以情托物法海报

8.偶像表现手法

这种表现手法运用了人们的崇拜、仰慕或效仿的天性，使之获得心理上的满足，借助名人的形象和知名度，来达到宣传诱发的作用，以此激起消费者的购买欲。

图6.12所示为使用选择偶像法制作出的海报广告。

图6.12 选择偶像法海报

6.6 招聘海报设计

本例讲解招聘海报的设计制作，招聘海报的制作形式有多种，一般以突出招聘主题为制作重点，通过文字信息与整个调性的搭配，可以突出招聘的方向及大致的工作内容，最终效果如图6.13所示。

扫码看视频

图6.13 最终效果

素材位置：无
案例位置：案例文件第6章\制作婚戒海报.psd、婚戒海报设计.ai
视频位置：多媒体教学\6.6 招聘海报设计.avi
难易指数：★☆☆☆☆

6.6.1 使用Photoshop制作海报背景

01 执行菜单栏中的"文字"|"新建"命令，在弹出的"新建"对话框中设置"宽度"为70毫米，"高度"为100毫米，"分辨率"为300像素/英寸，新建一个空白画布，将画布填充为黄色（R：247，G：230，B：183），如图6.14所示。

图6.14 新建画布

02 单击面板底部的"创建新图层"按钮，新建一个"图层1"图层，将其填充为白色，如图6.15所示。

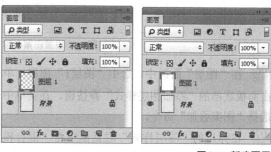

图6.15 新建图层

03 执行菜单栏中的"文件"|"新建"命令，在弹出的"新建"对话框中设置"宽度"为10像素，"高度"为10像素，"分辨率"为72像素/英寸，新建一个空白画布，如图6.16所示。

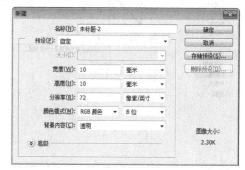

图6.16 新建画布

04 将画布放至最大化，再选择工具箱中的"直线工具"，在选项栏中将"填充"更改为黑色，"描边"为无，"粗细"更改为1像素，绘制一条倾斜线段，将生成一个"形状1"图层，如图6.17所示。

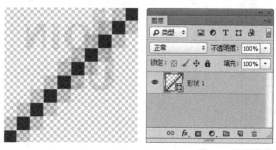

图6.17 绘制线段

05 执行菜单栏中的"编辑"|"定义图案"命令，在弹出的"图案名称"对话框中将"名称"更

改为"斜纹",完成之后单击"确定"按钮,如图6.18所示。

图6.18 设置图案名称

⑥ 在"图层"面板中,选中"图层1"图层,单击面板底部的"添加图层样式"fx按钮,在菜单中选择"图案叠加"命令。

⑦ 在弹出的"图层样式"对话框中将"混合模式"更改为叠加,"图案"为"斜纹",完成之后单击"确定"按钮,如图6.19所示。

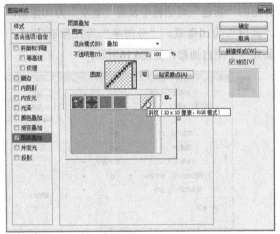

图6.19 设置图案叠加

⑧ 在"图层"面板中,选中"图层1"图层,将其图层"填充"更改为0%,如图6.20所示。

⑨ 选择工具箱中的"横排文字工具"T,添加文字(Exotc350 Bd BT),如图6.21所示。

图6.20 更改填充　　图6.21 添加文字

⑩ 在"图层"面板中,选中"J"图层,单击面板底部的"添加图层样式"fx按钮,在菜单中选择"渐变叠加"命令。

⑪ 在弹出的"图层样式"对话框中将"渐变"更改为绿色(R:112,G:190,B:44)到绿色(R:175,G:209,B:0),"角度"为135度,如图6.22所示。

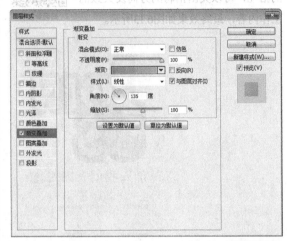

图6.22 设置渐变叠加

⑫ 勾选"投影"复选框,将"颜色"更改为深黄色(R:34,G:19,B:3),"不透明度"更改为60%,"距离"更改为10像素,"大小"更改为20像素,完成之后单击"确定"按钮,如图6.23所示。

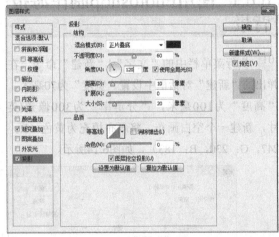

图6.23 设置投影

⑬ 在"J"图层名称上单击鼠标右键,从弹出的快捷菜单中选择"拷贝图层样式"命令,同时选中其他几个字母所在图层,在其图层名称上单击鼠标右键,从弹出的快捷菜单中选择"粘贴图层样式"

命令，如图6.24所示。

⑭ 分别双击粘贴图层样式后的字母图层样式名称，在弹出的对话框中更改渐变颜色，如图6.25所示。

图6.24 复制并粘贴图层样式　　图6.25 更改渐变颜色

⑮ 按住Ctrl键单击"J"图层缩览图，将其载入选区，如图6.26所示。

⑯ 按住Ctrl键的同时再按住Shift键在其他几个字母图层缩览图上单击鼠标左键，将其添加至选区，如图6.27所示。

图6.26 载入选区　　图6.27 添加至选区

⑰ 执行菜单栏中的"选择"|"修改"|"扩展"命令，在弹出的对框中将"扩展量"更改为30像素，完成之后单击"确定"按钮，如图6.28所示。

⑱ 执行菜单栏中的"选择"|"修改"|"平滑"命令，在弹出的对框中将"取样半径"更改为5像素，完成之后单击"确定"按钮，如图6.29所示。

图6.28 扩展选区　　图6.29 平滑选区

⑲ 选择工具箱中的"套索工具" ○，按住Shift键在内部没有选中的选区拖动，将其添加进来，如图6.30所示。

⑳ 单击面板底部的"创建新图层" □ 按钮，新建一个"图层 2"图层，将其移至"图层 1"上方，再填充为深黄色（R：133，G：85，B：36），完成之后按Ctrl+D组合键将选区取消，如图6.31所示。

图6.30 减去选区　　图6.31 填充颜色

㉑ 选择工具箱中的"钢笔工具" ◿，在选项栏中单击"选择工具模式" 路径 ⇕ 按钮，在弹出的选项中选择"形状"，将"填充"更改为白色，"描边"更改为无。

㉒ 在"J"字母左上角位置绘制一个不规则图形，将生成一个"形状 1"图层，如图6.32所示。

㉓ 在"图层"面板中，选中"形状 1"图层，单击面板底部的"添加图层蒙版" ◙ 按钮，为其图层添加图层蒙版，如图6.33所示。

图6.32 绘制图形　　图6.33 添加图层蒙版

㉔ 按住Ctrl键单击"J"图层缩览图，将其载入选区，执行菜单栏中的"选择"|"反向"命令将选区反向，将选区填充为黑色，将部分图形隐藏，完成之后按Ctrl+D组合键将选区取消，如图6.34所示。

203

图6.34 隐藏图形

㉕ 选择工具箱中的"圆角矩形工具" ▢，在选项栏中将"填充"更改为黄色（R：255，G：241，B：0），"描边"为无，"半径"为50像素，绘制一个圆角矩形，将生成一个"圆角矩形1"图层，如图6.35所示。

图6.35 绘制圆角矩形

㉖ 选择工具箱中的"直接选择工具" ▷，选中圆角矩形顶部锚点将其删除，如图6.36所示。

图6.36 删除锚点

㉗ 在"图层"面板中，选中"圆角矩形1"图层，单击面板底部的"添加图层样式" fx 按钮，在菜单中选择"外发光"命令。

㉘ 在弹出的"图层样式"对话框中将"混合模式"更改为正常，"不透明度"为50%，"颜色"更改为黄色（R：255，G：255，B：0），"大小"更改为15像素，完成之后单击"确定"按钮，

如图6.37所示。

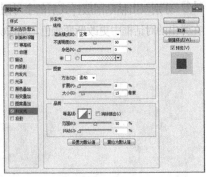

图6.37 设置外发光

㉙ 选择工具箱中的"钢笔工具" ✏，在选项栏中单击"选择工具模式" [路径 ⬍] 按钮，在弹出的选项中选择"形状"，将"填充"更改为黑色，"描边"更改为无。

㉚ 在圆角矩形顶部位置绘制一个半圆图形，将生成一个"形状2"图层，如图6.38所示。

图6.38 绘制图形

㉛ 在"图层"面板中，选中"形状2"图层，单击面板底部的"添加图层样式" fx 按钮，在菜单中选择"渐变叠加"命令。

㉜ 在弹出的"图层样式"对话框中将"渐变"更改为蓝色（R：176，G：232，B：255）到蓝色（R：94，G：184，B：218），如图6.39所示。

图6.39 设置渐变叠加

㉝ 以同样方法在其他几个字母位置绘制多个趣味装饰图形，如图6.40所示。

图6.40 绘制装饰图形

6.6.2 使用Illustrator添加图文及装饰

① 执行菜单栏中的"文件"|"打开"命令，打开"招聘海报背景.ai"文件，如图6.41所示。

② 选择工具箱中的"横排文字工具" **T**，添加文字（华文中宋、方正兰亭黑、方正兰亭中粗黑），如图6.42所示。

图6.41 打开素材

图6.42 添加文字

③ 选择工具箱中的"矩形工具" ▢，绘制一个矩形，将"填充"更改为深黄色（R：133，G：85，B：36），"描边"为无，如图6.43所示。

④ 将矩形复制数份，这样就完成了效果制作，最终效果如图6.44所示。

图6.43 绘制矩形　　　图6.44 添加文字

 技巧与提示
复制矩形后注意将矩形适当变换。

6.7 美食大优惠海报设计

本例讲解美食大优惠海报的设计制作，本例的海报制作过程比较简单，主要以美食为主视觉图像，同样添加变形文字，构成完整的海报效果，最终效果如图6.45所示。

扫码看视频

图6.45 最终效果

素材位置：素材文件\第6章\美食大优惠海报
案例位置：案例文件\第6章\制作美食大优惠海报.psd、美食大优惠海报设计.ai
视频位置：多媒体教学\6.7 美食大优惠海报设计.avi
难易指数：★★☆☆☆

6.7.1 使用Photoshop制作海报背景

(01) 执行菜单栏中的"文字"|"新建"命令,在弹出的"新建"对话框中设置"宽度"为70毫米,"高度"为100毫米,"分辨率"为300像素/英寸,新建一个空白画布,如图6.46所示。

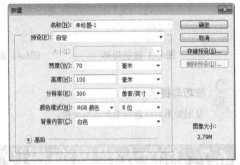

图6.46 新建画布

(02) 将画布填充为红色(R: 230,G: 50,B: 67),执行菜单栏中的"文件"|"打开"命令,打开"菜.psd"文件,将打开的素材拖入画布中靠底部并缩小,如图6.47所示。

(03) 选择工具箱中的"椭圆工具" ,在选项栏中将"填充"更改为深红色(R: 80,G: 5,B: 12),"描边"为无,在菜图像底部绘制一个椭圆图形,如图6.48所示。

图6.47 添加素材　　　　图6.48 绘制图形

(04) 执行菜单栏中的"滤镜"|"模糊"|"高斯模糊"命令,在弹出的"高斯模糊"对话框中将"半径"更改为20像素,完成之后单击"确定"按钮,如图6.49所示。

图6.49 添加高斯模糊

(05) 单击面板底部的"创建新图层" 按钮,新建一个"图层1"图层,如图6.50所示。

(06) 按D键恢复默认前景色及背景色,执行菜单栏中的"滤镜"|"渲染"|"云彩"命令,如图6.51所示。

图6.50 新建图层　　　　图6.51 添加云彩

(07) 选中"图层1"图层,将其图层混合模式设置为"滤色","不透明度"更改为50%,如图6.52所示。

图6.52 设置图层混合模式

(08) 在"图层"面板中,选中"图层1"图层,单击面板底部的"添加图层蒙版" 按钮,为其图层添加图层蒙版,如图6.53所示。

(09) 选择工具箱中的"画笔工具" ,在画布中单击鼠标右键,在弹出的面板中选择一种圆角笔触,将"大小"更改为300像素,"硬度"更改为0%,如图6.54所示。

图6.53 添加图层蒙版

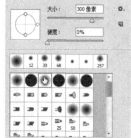

图6.54 设置笔触

⑩ 将前景色更改为黑色，在图像上部分区域涂抹将其隐藏，如图6.55所示。

图6.55 隐藏图像

6.7.2 使用Illustrator添加图文及装饰

① 执行菜单栏中的"文件"|"打开"命令，打开"背景.psd"文件。

② 在弹出的对话框中勾选"将图层拼合为单个图像"单选按钮，完成之后单击"确定"按钮。

③ 选择工具箱中的"横排文字工具" T，添加文字（汉广真标），如图6.56所示。

④ 同时选中两个文字，单击鼠标右键，在弹出的菜单中选择"创建轮廓"命令，如图6.57所示。

图6.56 添加文字

图6.57 创建轮廓

⑤ 选中上方文字，选择工具箱中的"自由变换工具" ，将光标移至变形框右侧位置向上拖动将其斜切变形，以同样方法将下方文字斜切变形，如图6.58所示。

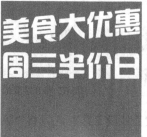

图6.58 将文字变形

⑥ 选择工具箱中的"直接选择工具" ，拖动文字部分锚点将其变形，如图6.59所示。

⑦ 选中"周"字部分结构，将其删除，如图6.60所示。

图6.59 将文字变形

图6.60 删除结构

⑧ 选择工具箱中的"星形工具" ，将"填色"更改为白色，"描边"为无，在"周"字空缺位置绘制一个星形，如图6.61所示。

图6.61 绘制图形

⑨ 选择工具箱中的"横排文字工具" T，添加文字（方正兰亭黑）。

⑩ 以同样的方法将文字斜切变形，如图6.62所示。

图6.62 将文字变形

⑪ 选择工具箱中的"直线段工具" ✏，将"填色"更改为无，"描边"为白色，"粗细"为0.5像素，在刚才添加的文字位置绘制两条线段，如图6.63所示。

图6.63 绘制线段

⑫ 选择工具箱中的"钢笔工具" ✎，在海报左上角绘制一个不规则图形，将"填色"更改为黄色（R：255，G：208，B：12），在海报顶部绘制一个不规则图形。

⑬ 以同样方法再绘制一个黄色（R：255，G：238，B：114）图形，如图6.64所示。

图6.64 绘制图形

⑭ 选中下方图形，按Ctrl+C组合键将其复制，再按Ctrl+Shift+V组合键将其粘贴，如图6.65所示。

⑮ 同时选中3个图形，单击鼠标右键，在弹出的菜单中选择"建立剪切蒙版"命令，如图6.66所示。

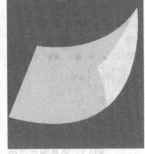

图6.65 复制图形　　图6.66 建立剪切蒙版

⑯ 以同样方法在其他位置绘制数个相似图形，如图6.67所示。

⑰ 选择工具箱中的"横排文字工具" T，添加文字（方正兰亭黑），这样就完成了效果制作，最终效果如图6.68所示。

图6.67 绘制图形　　图6.68 最终效果

6.8 婚戒海报设计

本例讲解婚戒海报的设计制作，本例在设计过程中以婚礼周边元素为主视觉图像，整个制作过程以图像处理为主，文字为辅助，最终效果如图6.69所示。

扫码看视频

图6.69 最终效果

素材位置：素材文件\第6章\婚戒海报
案例位置：案例文件\第6章\制作婚戒海报.psd、婚戒海报设计.ai
视频位置：多媒体教学\6.8 婚戒海报设计.avi
难易指数：★★☆☆☆

6.8.1 使用Photoshop制作海报背景

01 执行菜单栏中的"文字"|"新建"命令，在弹出的"新建"对话框中设置"宽度"为70毫米，"高度"为100毫米，"分辨率"为300像素/英寸，新建一个空白画布，如图6.70所示。

图6.70 新建画布

02 选择工具箱中的"渐变工具" ，编辑黄色（R：255，G：253，B：242）到黄色（R：250，G：226，B：180）的渐变，单击选项栏中的"径向渐变" 按钮，在画布中拖动填充渐变，如图6.71所示。

图6.71 填充渐变

03 在"画笔"面板中，选择一种圆角笔触，将"大小"更改为80像素，"硬度"为100%，"间距"为1000%，如图6.72所示。

04 勾选"形状动态"复选框，将"大小抖动"更改为100%，如图6.73所示。

图6.72 设置画笔笔尖形状 **图6.73 设置形状动态**

05 单击面板底部的"创建新图层" 按钮，新建一个"图层1"图层。

06 将前景色更改为白色，在画布中单击或者涂抹添加图像，如图6.74所示。

图6.74 添加图像

07 选择工具箱中的"椭圆工具" ，在选项栏中将"填充"更改为白色，"描边"为无，按住Shift键绘制一个圆形，如图6.75所示。

08 执行菜单栏中的"滤镜"|"模糊"|"高斯模糊"命令，在弹出的"高斯模糊"对话框中将"半径"更改为115像素，完成之后单击"确定"按钮，如图6.76所示。

图6.75 绘制圆　　　　图6.76 添加高斯模糊

⑨ 执行菜单栏中的"文件"|"打开"命令，打开"草坪.jpg"文件，将打开的素材拖入画布中，如图6.77所示。

⑩ 按Ctrl+T组合键对图像执行"自由变换"命令，单击鼠标右键，从弹出的快捷菜单中选择"变形"命令，在选项栏中单击"变形"后方按钮，在弹出的选项中选择"膨胀"，将"弯曲"更改为60%，完成之后按Enter键确认，如图6.78所示。

图6.77 添加素材　　　　图6.78 将图像变形

⑪ 选择工具箱中的"横排文字工具" **T**，添加文字（Humnst777），如图6.79所示。

图6.79 添加文字

⑫ 同时选中4个文字图层，在其图层名称上单击鼠标右键，从弹出的快捷菜单中选择"转换为形状"命令，如图6.80所示。

⑬ 选中"O"图层，按Ctrl+T组合键对其执行"自由变换"命令，单击鼠标右键，从弹出的快捷菜单中选择"透视"命令，拖动变形框控制点将文字变形，完成之后按Enter键确认，以同样的方法分别选中"V"及"E"图层，将其变形，如图6.81所示。

图6.80 转换为形状　　　　图6.81 将文字变形

⑭ 在"图层"面板中，选中"L"图层，将其拖至面板底部的"创建新图层" 按钮上，复制一个"L拷贝"图层，如图6.82所示。

⑮ 选中"L"图层，在画布中将其向右稍微移动，再选择工具箱中的"直接选择工具" ，拖动文字锚点将其变形，如图6.83所示。

图6.82 复制图层　　　　图6.83 将文字变形

⑯ 在"图层"面板中，选中"L拷贝"图层，单击面板底部的"添加图层样式" *fx*按钮，在菜单中选择"渐变叠加"命令。

⑰ 在弹出的"图层样式"对话框中将"渐变"更改为红色（R：173，G：8，B：15）到红色（R：255，G：77，B：37），完成之后单击"确定"按钮，如图6.84所示。

图6.84 设置渐变叠加

⑱ 在"L 拷贝"图层名称上单击鼠标右键，从弹出的快捷菜单中选择"拷贝图层样式"命令；在"L"图层名称上单击鼠标右键，从弹出的快捷菜单中选择"粘贴图层样式"命令，如图6.85所示。

⑲ 双击"L"图层样式名称，在弹出的对话框中将"渐变"更改为深红色（R：83，G：34，B：22）到红色（R：224，G：66，B：26），完成之后单击"确定"按钮，如图6.86所示。

图6.85 复制并粘贴图层样式

图6.86 更改渐变颜色

⑳ 以同样方法为其他几个字母制作立体效果，如图6.87所示。

图6.87 制作立体效果

㉑ 同时选中所有字母所在图层，按Ctrl+G组合键将其编组，将生成的组名称更改为"文字"。

㉒ 选择工具箱中的"椭圆工具" ●，在选项栏中将"填充"更改为深绿色（R：13，G：28，B：0），"描边"为无，在"L"字母底部绘制一个

椭圆，如图6.88所示。

㉓ 执行菜单栏中的"滤镜"|"模糊"|"高斯模糊"命令，在弹出的"高斯模糊"对话框中将"半径"更改为3像素，完成之后单击"确定"按钮，如图6.89所示。

图6.88 绘制椭圆　　　图6.89 添加高斯模糊

㉔ 以同样方法分别在其他几个字母底部绘制椭圆并添加高斯模糊效果制作阴影，如图6.90所示。

图6.90 制作阴影

㉕ 单击面板底部的"创建新图层" ▣ 按钮，新建一个"图层 3"图层，将其填充为黑色。

㉖ 执行菜单栏中的"滤镜"|"渲染"|"镜头光晕"命令，在弹出的"镜头光晕"对话框中勾选"50-300毫米变焦"单选按钮，完成之后单击"确定"按钮，如图6.91所示。

图6.91 设置镜头光晕

㉗ 选中"图层 3"图层，将其图层混合模式设置为"滤色"，如图6.92所示。

图6.92 设置图层混合模式

28 执行菜单栏中的"文件"|"打开"命令，打开"婚戒.psd"文件，将打开的素材拖入画布中并适当缩小，如图6.93所示。

图6.93 添加素材

29 选择工具箱中的"钢笔工具" ，在选项栏中单击"选择工具模式" 路径 按钮，在弹出的选项中选择"形状"，将"填充"更改为深绿色（R：13；G：28，B：0），"描边"更改为无。

30 沿素材图像底部边缘绘制一个不规则图形，将生成一个"形状1"图层，如图6.94所示。

31 执行菜单栏中的"滤镜"|"模糊"|"高斯模糊"命令，在弹出的"高斯模糊"对话框中将"半径"更改为6像素，完成之后单击"确定"按钮，如图6.95所示。

图6.94 绘制图形　　图6.95 添加高斯模糊

6.8.2 使用Illustrator添加图文及装饰

01 执行菜单栏中的"文件"|"打开"命令，打开"背景.psd"文件。

02 在弹出的对话框中勾选"将图层拼合为单个图像"单选按钮，完成之后单击"确定"按钮。

03 选择工具箱中的"矩形工具" ，绘制一个矩形，将"填充"更改为黑色，"描边"为无，在画布靠下半部分位置绘制一个矩形，如图6.96所示。

04 选中上方文字，选择工具箱中的"自由变换工具" ，将光标移至变形框右上角位置向内侧拖动将其透视变形，如图6.97所示。

图6.96 绘制矩形　　图6.97 将矩形变形

05 选中图形，选择工具箱中的"渐变工具" ，在图形上从上至下拖动为其填充红色（R：221，G：95，B：77）到红色（R：156，G：3，B：5）的线性渐变，如图6.98所示。

06 以同样方法再绘制图形，并为图形添加相似渐变，如图6.99所示。

图6.98 填充渐变　　图6.99 绘制其他图形并填充

07 选中中间图形，执行菜单栏中的"效果"|"风格化"|"投影"命令，在弹出的"投影"对话框中将"不透明度"更改为30%，"X位移"为0，"X位移"为0，"模糊"为0.5mm，完成之后单击"确定"按钮，如图6.100所示。

图6.100 设置投影

08 选择工具箱中的"横排文字工具"T，添加文字（方正兰亭中粗黑、方正兰亭细黑），如图6.101所示。

09 选中"真情永久 至爱一生"文字，单击鼠标右键，从弹出的菜单中选择"创建轮廓"命令，再为其添加渐变，这样就完成了效果制作，最终效果如图6.102所示。

图6.101 添加文字　　　　图6.102 最终效果

6.9 环保手机海报设计

本例讲解的是环保手机海报的设计制作，本例的制作过程始终遵循一种环保的原则，从素材图像的添加到整体的配色都围绕着产品本身的卖点进行设计，最终效果如图6.103所示。

扫码看视频

图6.103 最终效果

素材位置：素材文件\第6章\环保手机海报设计
案例位置：案例文件\第6章\环保手机海报设计.ai、环保手机海报背景处理.psd
视频位置：多媒体教学\6.9 环保手机海报设计.avi
难易指数：★★★☆☆

6.9.1 使用Photoshop制作海报背景

01 执行菜单栏中的"文件"|"新建"命令，在弹出的"新建"对话框中设置"宽度"为10厘米，"高度"更改为6厘米，"分辨率"为300像素/英寸，"颜色模式"为RGB颜色，新建一个空白画布，如图6.104所示。

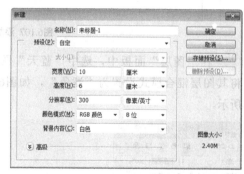

图6.104 新建图层

02 选择工具箱中的"渐变工具"，在选项栏中单击"点按可编辑渐变"按钮，在弹出的"渐变编辑器"对话框中，编辑从浅绿色（R：205，G：215，B：215）到白色再到浅绿色（R：205，G：215，B：215）的渐变，如图6.105所示，设置完成后单击"确定"按钮，再单击选项栏中的"线性渐变"按钮。

03 按住Shift键从上至下拖动，为画布填充渐变，如图6.106所示。

图6.105 设置渐变　　图6.106 填充渐变

04 执行菜单栏中的"文件"|"打开"命令，打开"蓝天.psd"文件，将打开的素材拖至画布上方并适当缩小，如图6.107所示。

图6.107 添加素材

05 在"图层"面板中，选中"蓝天"图层，将其图层混合模式设置为"滤色"，如图6.108所示。

图6.108 设置图层混合模式

06 执行菜单栏中的"文件"|"打开"命令，打开"柏油路.jpg"文件，将打开的素材拖至画布中并适当缩小，此时其图层名称将自动更改为"图层1"，如图6.109所示。

图6.109 添加素材

07 选择工具箱中的"矩形选框工具" ，在图像上方绘制一个选区，以选中部分图像，再选中"图层1"图层，将选区中的图像删除，完成后按Ctrl+D组合键将选区取消，如图6.110所示。

图6.110 绘制选区并删除图像

08 执行菜单栏中的"图像"|"调整"|"曲线"命令，在弹出的"曲线"对话框中调整曲线，完成后单击"确定"按钮，如图6.111所示。

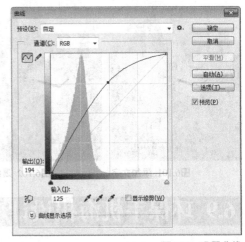

图6.111 设置曲线

09 执行菜单栏中的"图像"|"调整"|"曝光度"命令，在弹出的"曝光度"对话框中将"曝光度"更改为0.53，"位移"更改为0.0635，完成后单击"确定"按钮，如图6.112所示。

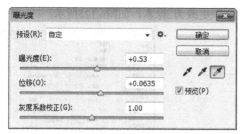

图6.112 调整曝光度

⑩ 执行菜单栏中的"滤镜"|"模糊"|"高斯模糊"命令，在弹出的"高斯模糊"对话框中将"半径"更改为0.5像素，设置完成后单击"确定"按钮，如图6.113所示。

图6.113 调整高斯模糊

⑪ 按Ctrl+T组合键，对其执行"自由变换"命令，单击鼠标右键，从弹出的快捷菜单中选择"透视"命令，将光标移至变形框右上角向左侧拖动，将图像变形使其形成一种透视效果，完成后按Enter键确认，如图6.114所示。

⑫ 选中"图层1"图层，单击面板底部的"添加图层蒙版"  按钮，为其添加图层蒙版，如图6.115所示。

图6.114 变形图像　　图6.115 添加图层蒙版

⑬ 选择工具箱中的"渐变工具" ，在选项栏中单击"点按可编辑渐变"按钮，在弹出的"渐变编辑器"对话框中将"渐变"填充为黑色到白色再到黑色，如图6.116所示，设置完成后单击"确定"按钮，再单击选项栏中的"线性渐变" 按钮。

⑭ 单击"图层1"图层蒙版缩览图，将其图像从左向右拖动，将部分图像隐藏，如图6.117所示。

图6.116 设置渐变　　　　图6.117 隐藏图像

⑮ 选择工具箱中的"画笔工具" ，单击鼠标右键，在弹出的面板中选择一种圆形笔触，将"大小"更改为200像素，"硬度"更改为0%，如图6.118所示。

⑯ 将前景色设置为黑色，单击"图层1"图层蒙版缩览图，在图形上涂抹，将部分多余的图像继续隐藏，如图6.119所示。

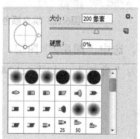

图6.118 设置笔触　　　　图6.119 隐藏图像

⑰ 选择工具箱中的"钢笔工具" ，绘制一个不规则封闭路径，如图6.120所示。

图6.120 绘制路径

⑱ 按Ctrl+Enter组合键，将刚才所绘制的封闭路径转换成选区，如图6.121所示。

⑲ 单击面板底部的"创建新图层"  按钮，新建一个"图层2"图层，如图6.122所示。

图6.121 转换选区

图6.122 新建图层

⑳ 选中"图层2"图层，将选区填充为黑色，填充完成后按Ctrl+D组合键将选区取消，如图6.123所示。

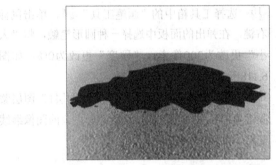

图6.123 填充颜色

㉑ 在"图层"面板中，选中"图层2"图层，将其图层混合模式设置为"叠加"，如图6.124所示。

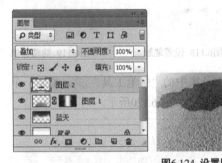

图6.124 设置图层混合模式

㉒ 选中"图层2"图层，单击面板底部的"添加图层样式" *fx* 按钮，在菜单中选择"内阴影"命令，在弹出的"图层样式"对话框中将"不透明度"更改为90%，"距离"更改为2像素，"大

小"更改为2像素，如图6.125所示。

图6.125 设置内阴影

㉓ 勾选"颜色叠加"复选框，将"混合模式"更改为"线性减淡（添加）"，"颜色"更改为绿色（R：14，G：63，B：10），"不透明度"更改为10%，完成后单击"确定"按钮，如图6.126所示。

图6.126 设置颜色叠加

㉔ 执行菜单栏中的"文件"|"打开"命令，打开"水.psd"文件，将打开的素材拖至画布中并适当缩小，如图6.127所示。

图6.127 添加素材

㉕ 在"图层"面板中，选中"水"图层，将其图层混合模式设置为"叠加"，如图6.128所示。

图6.128 设置图层混合模式

㉖　在"图层"面板中，选中"水"图层，将其拖至面板底部的"创建新图层" 🔲 按钮上，复制一个"水 拷贝"图层，如图6.129所示。

㉗　选中"水 拷贝"图层，将其图像适当移动，如图6.130所示。

图6.129 复制图层　　　图6.130 移动图像

㉘　在"图层"面板中，按住Ctrl键单击"图层2"图层缩览图，将其载入选区，如图6.131所示。

㉙　单击面板底部的"创建新图层" 🔲 按钮，新建一个"图层3"图层，如图6.132所示。

图6.131 载入选区　　　图6.132 新建图层

㉚　执行菜单栏中的"选择"|"修改"|"收缩"命令，在弹出的"收缩选区"对话框中将"收缩量"更改为10像素，完成后单击"确定"按钮，如图6.133所示。

图6.133 设置收缩

㉛　选中"图层3"图层，将选区填充为白色，填充完成后按Ctrl+D组合键将选区取消，如图6.134所示。

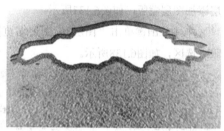

图6.134 填充颜色

㉜　选中"图层 3"图层，执行菜单栏中的"滤镜"|"模糊"|"高斯模糊"命令，在弹出的"高斯模糊"对话框中将"半径"更改为8像素，设置完成后单击"确定"按钮，如图6.135所示。

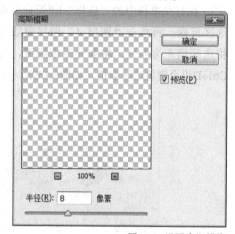

图6.135 设置高斯模糊

㉝　执行菜单栏中的"文件"|"打开"命令，打开"土地.jpg"文件，将打开的素材拖至画布中并适当缩小，此时其图层名称将自动更改为"图层4"，如图6.136所示。

图6.136 添加素材

㉞ 在"图层"面板中，选中"图层4"图层，单击面板底部的"添加图层蒙版"  按钮，为其图层添加图层蒙版，如图6.137所示。

㉟ 按住Ctrl键单击"图层3"图层缩览图，将其载入选区，如图6.138所示。

图6.137 添加图层蒙版　　图6.138 载入选区

㊱ 执行菜单栏中的"选择"|"反向"命令，将选区反向，再单击"图层4"图层蒙版缩览图，将选区填充为黑色，将部分图像隐藏，完成之按Ctrl+D组合键将选区取消，如图6.139所示。

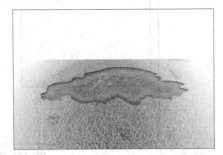

图6.139 隐藏图像

㊲ 在"图层"面板中，选中"图层3"图层，将其拖至面板底部的"创建新图层"  按钮上，复制一个"图层3 拷贝"图层，再将"图层3 拷贝"图层移至所有图层上方，如图6.140所示。

图6.140 更改图层顺序并变形图形

㊳ 执行菜单栏中的"文件"|"打开"命令，打开"草地.jpg"文件，将打开的素材拖动画布中并适当缩小，此时其图层名称将自动更改为"图层5"。

㊴ 选中"图层 5"图层，按Ctrl+T组合键对其执行"自由变换"命令，单击鼠标右键，从弹出的快捷菜单中选择"透视"命令，将光标移至变形框右上角向内侧拖动，将图像变形，使其形成一种透视效果，完成后按Enter键确认，如图6.141所示。

图6.141 变形图像

㊵ 选中"图层5"图层，执行菜单栏中的"图层"|"创建剪切蒙版"命令，为当前图层创建剪切蒙版，将部分图像隐藏，如图6.142所示。

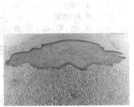

图6.142 创建剪切蒙版

㊶ 执行菜单栏中的"文件"|"打开"命令，打开"草.psd"文件，将打开的素材拖至画布中刚才

制作的草地图像上。

(42) 在"图层"面板中，选中"草"图层，单击面板底部的"添加图层蒙版" ▣ 按钮，为其图层添加图层蒙版，如图6.143所示。

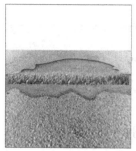

图6.143 添加素材

(43) 选择工具箱中的"画笔工具" ✒，单击鼠标右键，在弹出的面板中选择一种圆形笔触，将"大小"更改为60像素，"硬度"更改为0%，如图6.144所示。

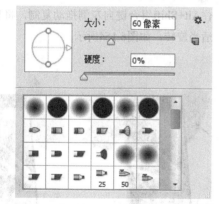

图6.144 设置笔触

(44) 将前景色设置为黑色，单击"草"图层蒙版缩览图，在图像上涂抹，将部分图像隐藏，如图6.145所示。

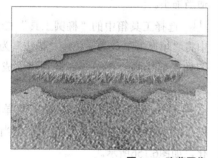

图6.145 隐藏图像

6.9.2 使用Photoshop处理素材

(01) 执行菜单栏中的"文件"|"打开"命令，打开"手机.psd"文件，将打开的素材拖至画布中草地的位置并适当缩小，如图6.146所示。

图6.146 添加素材

(02) 选择工具箱中的"椭圆工具" ⬭，在选项栏中将"填充"更改为黑色，"描边"为无，在手机下方绘制一个椭圆图形并将其适当旋转，此时将生成一个"椭圆1"图层，将"椭圆1"图层移至"手机"图层的下方，如图6.147所示。

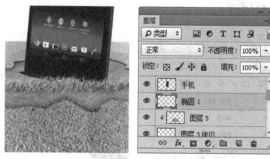

图6.147 绘制图形

(03) 选中"椭圆1"图层，执行菜单栏中的"滤镜"|"模糊"|"高斯模糊"命令，在弹出的"高斯模糊"对话框中将"半径"更改为4像素，设置完成后单击"确定"按钮，如图6.148所示。

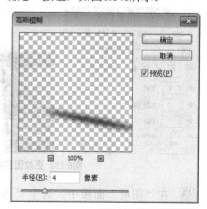

图6.148 设置高斯模糊

④ 执行菜单栏中的"文件"|"打开"命令，打开"植物.psd"文件，将打开的素材拖至画布中手机图像位置并适当缩小，如图6.149所示。

图6.149 添加素材

⑤ 在"图层"面板中，选中"树叶"图层，将其拖至面板底部的"创建新图层" ⬛ 按钮上，复制一个"树叶 拷贝"图层，如图6.150所示。

⑥ 选中"树叶 拷贝"图层，按Ctrl+T组合键对其执行"自由变换"命令，按住Alt+Shift组合键将图形等比例缩小，完成后按Enter键确认，如图6.151所示。

图6.150 复制图层   **图6.151 变形图像**

⑦ 同时选中"树叶 拷贝"及"树叶"图层，将其向下移至"手机"图层下方，将图像适当旋转及缩小，如图6.152所示。

图6.152 更改图层顺序并变形图像

⑧ 在"图层"面板中，选中"树叶 拷贝"图

层，单击面板底部的"添加图层样式" *fx* 按钮，在菜单中选择"投影"命令，在弹出的"图层样式"对话框中将"距离"更改为1像素，"大小"更改为3像素，完成后单击"确定"按钮，如图6.153所示。

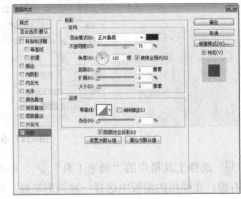

图6.153 设置投影

⑨ 同时选中"树叶"及"树叶 拷贝"图层，按住Alt+Shift组合键向左侧拖动复制，将复制的图像适当旋转，如图6.154所示。

图6.154 复制并变形图像

⑩ 执行菜单栏中的"文件"|"打开"命令，打开"石头.psd"文件，将打开的素材拖至画布中并适当缩小。

⑪ 选择工具箱中的"椭圆工具" ⬭ ，在选项栏中将"填充"更改为黑色，"描边"为无，在石头图像底部绘制一个椭圆，此时将生成一个"椭圆2"图层，如图6.155所示。

⑫ 选中"椭圆2"图层，执行菜单栏中的"图层"|"栅格化"|"形状"命令，将当前图形栅格化，如图6.156所示。

图6.155 绘制图形

图6.156 栅格化形状

⑬ 选中"椭圆2"图层,执行菜单栏中的"滤镜"|"模糊"|"高斯模糊"命令,在弹出的"高斯模糊"对话框中将"半径"更改为3像素,设置完成后单击"确定"按钮,如图6.157所示。

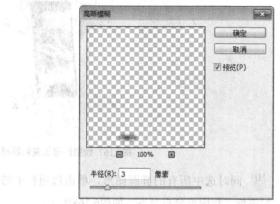
图6.157 设置高斯模糊

⑭ 在"图层"面板中,选中"椭圆2"图层,将其拖至面板底部的"创建新图层" 按钮上,复制一个"椭圆2 拷贝"图层,并将"椭圆2 拷贝"图层移至"石头2"图层下方,如图6.158所示。

图6.158 复制图层并更改图层顺序

⑮ 执行菜单栏中的"文件"|"打开"命令,打开"蝴蝶.psd"文件,将打开的素材拖至画布中并适当缩小,如图6.159所示。

图6.159 添加素材

6.9.3 使用Illustrator绘制图形并添加文字

① 在Illustrator中执行菜单栏中的"文件"|"打开"命令,在弹出的"Photoshop导入选项"对话框中选中刚才在Photoshop中制作的图像效果,单击"确定"按钮,如图6.160所示。

② 选择工具箱中的"矩形工具" ,在画板靠上方位置绘制一个矩形,并将矩形填充为蓝色(R:72,G:180,B:210),如图6.161所示。

图6.160 打开文件　　　　　　图6.161 绘制图形

③ 选中刚才绘制的图形,选择工具箱中的"自由变换工具" ,将光标移至变形框顶部向右侧拖动,将图形变形,如图6.162所示。

④ 选中蓝色矩形,按住Alt+Shift组合键向右侧平移将图形复制,再将其填充为绿色(R:135,G:181,B:24),如图6.163所示。

221

图6.162 变形图形   图6.163 复制图形

(05) 选择工具箱中的"钢笔工具" ✐，在两个图形底部绘制一个不规则图形，将其填充为深蓝色（R：36，G：131，B：147），如图6.164所示。

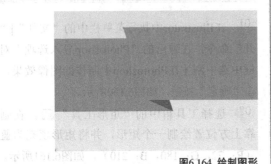

图6.164 绘制图形

(06) 选择工具箱中的"文字工具" T，在刚才绘制的图形上添加文字。

(07) 选中添加的文字，选择工具箱中的"自由变换工具" ▦，以同样的方法将文字变形，如图6.165所示。

图6.165 添加及变形文字

(08) 选择工具箱中的"直线段工具" ╱，在图像底部位置，按住Shift键绘制一条水平线段，并将描边颜色更改为白色，"描边粗细"更改为0.5pt，如图6.166所示。

图6.166 绘制图形

(09) 选择工具箱中的"椭圆工具" ⬭，在刚才绘制线段的左侧顶端，按住Shift键绘制一个圆，并将其填充为白色，选中圆，按住Alt+Shift组合键向右侧拖动，将图形复制3份，如图6.167所示。

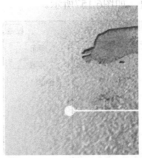

图6.167 绘制图形及复制图形

(10) 同时选中所有的椭圆图形，单击选项栏中的 ▦ 图标，将图形分布对齐，如图6.168所示。

图6.168 对齐图形

(11) 选择工具箱中的"文字工具" T，在画板中适当位置添加文字，如图6.169所示。

图6.169 添加文字

⑫ 执行菜单栏中的"文件"|"置入"命令，打开"logo.psd""logo2.psd"文件，将素材置入并分别放置在左上角及右上角位置，这样就完成了效果制作，最终效果如图6.170所示。

图6.170 添加素材

6.10 汽车音乐海报设计

本例讲解汽车音乐海报的设计制作，本例的制作比较简单，以渐变图形为背景，同时制作放射图形效果，以汽车和音乐两大元素为主题，通过添加大量相关的素材图像将两者很好地结合，从而体现出海报的主题，最终效果如图6.171所示。

扫码看视频

图6.171 最终效果

素材位置：素材文件\第6章\汽车音乐海报
案例位置：案例文件\第6章\汽车音乐海报背景设计.ai、汽车音乐海报设计.psd
视频位置：多媒体教学\6.10 汽车音乐海报设计.avi
难易指数：★★★☆☆

6.10.1 使用Illustrator制作海报背景

① 执行菜单栏中的"文件"|"新建"命令，在弹出的"新建文档"对话框中设置"宽度"为7cm，"高度"为9cm，新建一个空白画板，如图6.172所示。

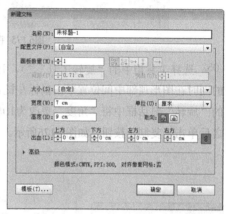

图6.172 新建文档

② 选择工具箱中的"矩形工具" ，绘制一个与画板大小相同的矩形，选择工具箱中的"渐变工具" ，在"渐变"面板中将"渐变"更改为橙色（R：248，G：220，B：175）到橙色（R：215，G：102，B：32），在矩形上从上至下拖动为其填充径向渐变，如图6.173所示。

③ 选择工具箱中的"矩形工具" ，将"填色"更改为白色，在画板中再次绘制一个矩形，如图6.174所示。

图6.173 填充渐变　　图6.174 绘制矩形

④ 选择工具箱中的"自由变换工具" ，拖动控制点将图形变形，如图6.175所示。

223

图6.175 将图形变形

(05) 选择工具箱中的"旋转工具" ⟳，按住Alt键的同时在图形顶部中间位置单击鼠标左键，在弹出的"旋转"对话框中将"角度"更改为10度，完成之后单击"复制"按钮，如图6.176所示。

图6.176 复制图形

(06) 按Ctrl+D组合键数次将图形复制多份，并铺满整个画布，如图6.177所示。

(07) 同时选中所有图形，按Ctrl+G组合键将其编组，再选择工具箱中的"自由变换工具" ⌗，将图形透视变形，再将图形"不透明度"更改为15%，如图6.178所示。

图6.177 复制及变换图形　　图6.178 更改不透明度

(08) 选中背景中的矩形，按Ctrl+C组合键将其复

制，然后按Ctrl+F组合键将其粘贴至当前图形前方，最后单击鼠标右键，从弹出的快捷菜单中选择"排列" | "置于顶层"命令，如图6.179所示。

(09) 同时选中所有图形，单击鼠标右键，从弹出的快捷菜单中选择"建立剪贴蒙版"命令，将多余图形隐藏，如图6.180所示。

图6.179 复制并粘贴图形　　图6.180 隐藏图形

(10) 选择工具箱中的"椭圆工具" ⬭，将"填色"更改为白色，在画布中心位置绘制一个椭圆图形，如图6.181所示。

(11) 选中椭圆图形，执行菜单栏中的"效果" | "模糊" | "高斯模糊"命令，在弹出的"高斯模糊"对话框中将"半径"更改为80像素，完成之后单击"确定"按钮，如图6.182所示。

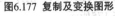

图6.181 绘制图形　　图6.182 添加高斯模糊及最终效果

6.10.2 使用Photoshop添加素材并绘制阴影

(01) 执行菜单栏中的"文件" | "打开"命令，打开"汽车音乐海报设计.ai"文件，如图6.183所示。

02 执行菜单栏中的"图层"|"新建"|"图层背景"命令，将普通图层转换为背景图层，如图6.184所示。

图6.183 打开素材 　　　图6.184 转换图层背景

03 执行菜单栏中的"文件"|"打开"命令，打开"素材.psd"文件，将打开的素材拖入画布中靠左侧位置并适当缩小，如图6.185所示。

图6.185 添加素材

04 在"图层"面板中，选中"素材"组中的"酒"图层，单击面板底部的"添加图层样式" fx 按钮，在菜单中选择"投影"命令，在弹出的"图层样式"对话框中将"不透明度"更改为50%，取消"使用全局光"复选框，将"角度"更改为130度，"距离"更改为25像素，"大小"更改为20像素，完成之后单击"确定"按钮，如图6.186所示。

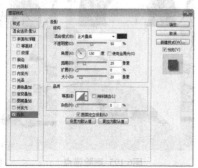

图6.186 添加投影

05 选择工具箱中的"钢笔工具" ，在选项栏中单击"选择工具模式" 路径 按钮，在弹出的选项中选择"形状"，将"填充"更改为黑色，"描边"更改为无，在汽车底部位置绘制一个不规则图形，此时将生成一个"形状1"图层，将"形状1"图层移至"汽车"图层下方，如图6.187所示。

图6.187 绘制图形

06 选中"形状 1"图层，执行菜单栏中的"滤镜"|"模糊"|"高斯模糊"命令，在弹出的"高斯模糊"对话框中将"半径"更改为5像素，完成之后单击"确定"按钮，再将其图层"不透明度"更改为70%，如图6.188所示。

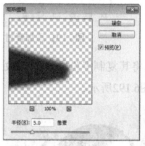 

图6.188 设置高斯模糊

07 在"图层"面板中，选中"素材"组，将其拖至面板底部的"创建新图层" 按钮上，复制一个"素材 拷贝"组，如图6.189所示。

08 选中"素材"组，按Ctrl+T组合键对其执行"自由变换"命令，单击鼠标右键，从弹出的快捷菜单中选择"水平翻转"命令，完成之后按Enter键确认，如图6.190所示。

图6.189 复制组

图6.190 变换图像

6.10.3 添加水素材

① 执行菜单栏中的"文件"|"打开"命令，打开"水.psd"文件，将打开的素材拖入画布中并适当缩小，将其移至"背景"图层上方，如图6.191所示。

图6.191 添加素材

② 选中"水"图层，将其复制多份并适当更改其大小及图层顺序，如图6.192所示。

图6.192 复制并变换图像

③ 在"图层"面板中，选中"素材 拷贝"组中的"唱片"图层，单击面板底部的"添加图层样式" fx 按钮，在菜单中选择"投影"命令，在弹出的"图层样式"对话框中将"不透明度"更改为50%，取消"使用全局光"复选框，将"角度"更改为90度，"距离"更改为4像素，"大小"更

改为27像素，完成之后单击"确定"按钮，如图6.193所示。

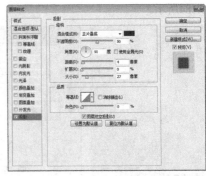

图6.193 设置投影

6.10.4 绘制图形并添加文字

① 选择工具箱中的"矩形工具" ，在选项栏中将"填充"更改为白色，"描边"为无，在画布中间位置绘制一个矩形，此时将生成一个"矩形1"图层，如图6.194所示。

图6.194 绘制图形

② 选择工具箱中的选择工具箱中的"删除锚点工具" ，单击矩形右下角锚点将其删除，如图6.195所示。

③ 选择工具箱中的"直接选择工具" ，选中底部锚点向右侧拖动，再将图形宽度适当缩小，如图6.196所示。

图6.195 删除锚点　　　　图6.196 变换图形

04 在"图层"面板中，选中"矩形1"图层，将其拖至面板底部的"创建新图层" ◻ 按钮上，复制一个"矩形1 拷贝"图层，如图6.197所示。

05 执行菜单栏中的"文件"|"打开"命令，打开"皮革.jpg"文件，将打开的素材拖入画布中并适当缩小，其图层名称将更改为"图层1"，将"图层1"移至"矩形1 拷贝"图层下方，如图6.198所示。

图6.197 复制图层　　图6.198 添加素材

技巧与提示

将"图层1"移至"矩形1 拷贝"图层下方，需要将"矩形1拷贝"图层暂时隐藏。

06 选中"图层1"图层，执行菜单栏中的"图层"|"创建剪贴蒙版"命令，为当前图层创建剪贴蒙版将部分图像隐藏，如图6.199所示。

图6.199 创建剪贴蒙版

07 在"图层"面板中，选中"矩形1"图层，单击面板底部的"添加图层样式" fx 按钮，在菜单中选择"斜面与浮雕"命令，在弹出的"图层样式"对话框中将"大小"更改为2像素，"软化"更改为2像素，取消"使用全局光"复选框，"角度"更改为90度，"高光模式"中的"不透明度"更改为30%，"阴影模式"中的"不透明度"更改为30%，如图6.200所示。

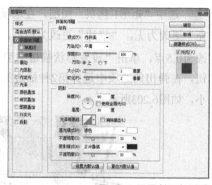

图6.200 设置斜面与浮雕

08 勾选"投影"复选框，取消"使用全局光"复选框，将"角度"更改为90度，"距离"更改为4像素，"大小"更改为20像素，如图6.201所示。

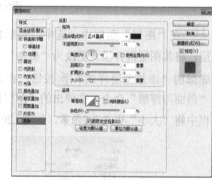

图6.201 设置投影

09 在"图层"面板中，选中"图层1"图层，单击面板底部的"添加图层样式" fx 按钮，在菜单中选择"渐变叠加"命令，在弹出的"图层样式"对话框中将"混合模式"更改为正片叠底，"渐变"更改为绿色（R：186，G：200，B：0）到绿色（R：30，G：77，B：27），"样式"更改为径向，完成之后单击"确定"按钮，如图6.202所示。

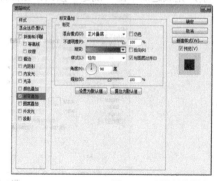

图6.202 设置渐变叠加

⑩ 选中"矩形1 拷贝"图层,在选项栏中将"填充"更改为无,"描边"更改为白色,"大小"更改为0.5点,单击"设置形状描边类型" ━━━━▾ 按钮,在弹出的选项中选择第2种描边类型,适当缩小,如图6.203所示。

图6.203 变换图形

⑪ 在"图层"面板中,选中"矩形1 拷贝"图层,将其图层混合模式更改为"叠加",单击面板底部的"添加图层样式" fx 按钮,在菜单中选择"斜面与浮雕"命令,在弹出的"图层样式"对话框中将"大小"更改为2像素,如图6.204所示。

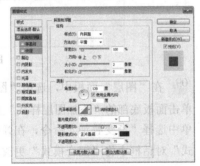

图6.204 设置斜面与浮雕

⑫ 勾选"投影"复选框,将"不透明度"更改为50%,"距离"更改为1像素,"大小"更改为1像素,完成之后单击"确定"按钮,如图6.205所示。

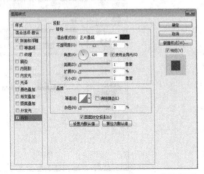

图6.205 设置投影

⑬ 选择工具箱中的"圆角矩形工具" ▢,在选项栏中将"填充"更改为红色(R:177,G:33,B:15),"描边"为无,"半径"为10像素,在画布中绘制一个圆角矩形,此时将生成一个"圆角矩形1"图层,如图6.206所示。

图6.206 绘制图形

⑭ 在"图层"面板中,选中"圆角矩形1"图层,单击面板底部的"添加图层样式" fx 按钮,在菜单中选择"斜面和浮雕"命令,在弹出的"图层样式"对话框中将"大小"更改为4像素,取消"使用全局光"复选框,"角度"更改为90度,"高光模式"中的"不透明度"更改为35%,"阴影模式"中的"不透明度"更改为35%,如图6.207所示。

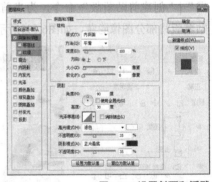

图6.207 设置斜面和浮雕

⑮ 勾选"图案叠加"复选框,将"混合模式"更改为叠加,单击"图案"后方按钮,在弹出的面板中单击右上角 ⚙ 图标,在弹出的菜单中选择"彩色纸",在弹出的对话框中单击"确定"按钮,在面板中选择"红色犊皮纸","缩放"更改为50%,如图6.208所示。

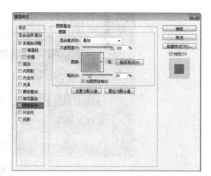

图6.208 设置图案叠加

⑯ 勾选"投影"复选框，取消"使用全局光"，将"角度"更改为90度，"距离"更改为4像素，"大小"更改为4像素，完成之后单击"确定"按钮，如图6.209所示。

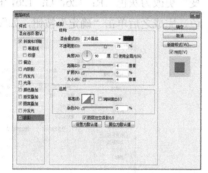

图6.209 设置投影

⑰ 选择工具箱中的"横排文字工具" T ，在画布适当位置添加文字，如图6.210所示。

图6.210 添加文字

⑱ 在"图层"面板中，选中"8"图层，单击面板底部的"添加图层样式" fx 按钮，在菜单中选择"斜面与浮雕"命令，在弹出的"图层样式"对话框中将"大小"更改为2像素，取消"使用全局光"复选框，"角度"更改为90度，如图6.211所示。

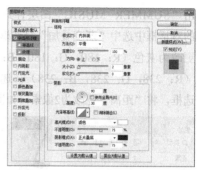

图6.211 设置斜面与浮雕

⑲ 勾选"渐变叠加"复选框，将"渐变"更改为黄色（R：216，G：140，B：0）到黄色（R：255，G：210，B：76），如图6.212所示。

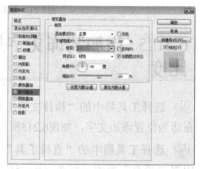

图6.212 设置渐变叠加

⑳ 勾选"投影"复选框，取消"使用全局光"复选框，将"角度"更改为90度，"距离"更改为4像素，"大小"更改为4像素，完成之后单击"确定"按钮，如图6.213所示。

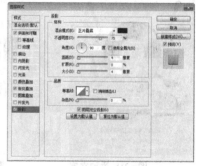

图6.213 设置投影

㉑ 在"8"图层上单击鼠标右键，从弹出的快捷菜单中选择"拷贝图层样式"命令，在"SUMMER MUSIC"图层上单击鼠标右键，从弹出的快捷菜单中选择"粘贴图层样式"命令，双

击"SUMMER MUSIC"图层样式名称，在弹出的对话框中选中"渐变叠加"复选框，将"渐变"更改为灰色（R：180，G：180，B：180）到灰色（R：238，G：238，B：238），选中"投影"复选框，将"距离"更改为2像素，如图6.214所示。

图6.214 复制并粘贴图层样式

6.10.5 添加装饰文字并提升对比度

01 选择工具箱中的"横排文字工具"T，在画布适当位置添加文字，如图6.215所示。

02 选择工具箱中的"直线工具"/，在选项栏中将"填充"更改为绿色（R：50，G：74，B：6），"描边"为无，"粗细"更改为3像素，在刚才添加的部分文字中间位置按住Shift键绘制一条垂直线段将文字分割，此时将生成一个"形状2"图层，如图6.216所示。

图6.215 添加文字　　图6.216 绘制图形

03 选中"形状2"图层，按住Alt+Shift组合键将其复制数份，如图6.217所示。

图6.217 复制图形

04 在"图层"面板中，选中"JUN 5 2019"图层，单击面板底部的"添加图层样式" fx 按钮，在菜单中选择"渐变叠加"命令，在弹出的"图层样式"对话框中将"混合模式"更改为叠加，"渐变"更改为灰色（R：126，G：126，B：126）到白色，完成之后单击"确定"按钮，如图6.218所示。

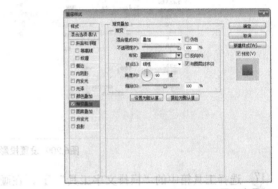

图6.218 设置渐变叠加

05 单击面板底部的"创建新图层" 按钮，新建一个"图层2"图层，如图6.219所示。

06 选中"图层2"图层，按Ctrl+Alt+Shift+E组合键执行"盖印可见图层"命令，如图6.220所示。

图6.219 新建图层　　图6.220 盖印可见图层

07 在"图层"面板中，选中"图层2"图层，将其图层混合模式设置为"正片叠底"，如图6.221所示。

图6.221 设置图层混合模式

⑧ 在"图层"面板中,选中"图层2"图层,单击面板底部的"添加图层蒙版" 按钮,为其图层添加图层蒙版,如图6.222所示。

⑨ 选择工具箱中的"画笔工具" ,在画布中单击鼠标右键,在弹出的面板中选择一种圆角笔触,将"大小"更改为400像素,"硬度"更改为0%,如图6.223所示。

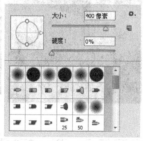

图6.222 添加图层蒙版　　图6.223 设置笔触

⑩ 将前景色更改为黑色,在其图像上部分区域涂抹将其隐藏,这样就完成了效果制作,最终效果如图6.224所示。

图6.224 隐藏图像及最终效果

6.11 本章小结

海报是以图形、文字、色彩等诸多视觉元素为表现手段,迅速直观地传递政策、商业、文化等各类信息的一种视觉传媒。本章通过5个精选案例,讲解海报的制作过程。

6.12 课后习题

海报设计是视觉传达的表现形式之一,通过版面的构成在第一时间吸引人们的目光,使其获得瞬间的刺激。本章安排了4个课后习题供读者练习,以巩固本章所学到的知识。

6.12.1 课后习题1——3G宣传海报设计

本例主要讲解的是3G宣传海报的设计制作,本广告的图形及色彩搭配十分舒适,将扭曲的图形搭配添加的素材,使整个广告十分谐调,最终效果如图6.225所示。

扫码看视频

图6.225 最终效果

231

素材位置：素材文件\第6章\3G宣传海报设计
案例位置：案例文件\第6章\3G宣传海报设计.ai、3G宣传海报背景处理.psd
视频位置：多媒体教学\6.12.1 课后习题1——3G宣传海报设计.avi
难易指数：★★☆☆☆

步骤分解如图6.226所示。

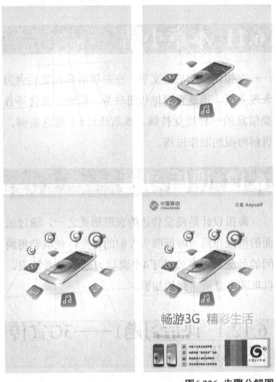

图6.226 步骤分解图

6.12.2 课后习题2——地产海报设计

本例讲解地产海报的设计制作，本例的制作比较简单，以渐变颜色为背景，添加的光晕装饰图像使整个海报有一个视觉焦点，制作过程虽简单但效果却不错，经过变形后的文字在视觉上更显眼，同时商业效应相当出色，最终效果如图6.227所示。

扫码看视频

图6.227 最终效果

素材位置：无
案例位置：案例文件\第6章\地产海报背景处理.psd、地产海报设计.psd
视频位置：多媒体教学\6.12.2 课后习题2——地产海报设计.avi
难易指数：★★☆☆☆

步骤分解如图6.228所示。

图6.228 步骤分解图

6.12.3 课后习题3——草莓音乐吧海报设计

本例讲解草莓音乐吧海报的设计制作，本例的制作过程比较简单，重点在于掌握好混合命令的使用，在制作过程中需要一定的发散思维能力，需要将整个素材完美结合，最终效果如图6.229所示。

扫码看视频

图6.229 最终效果

| 素材位置： | 素材文件\第6章\草莓音乐吧海报 |
素材位置： | 素材文件\第6章\饮料海报

素材位置：　素材文件\第6章\草莓音乐吧海报
案例位置：　案例文件\第6章\制作草莓音乐吧海报背景.ai、草莓音乐吧海报.psd
视频位置：　多媒体教学\6.12.3 课后习题3——草莓音乐吧海报设计.avi
难易指数：　★★★☆☆

步骤分解如图6.230所示。

图6.230　步骤分解图

6.12.4　课后习题4——饮料海报设计

本例讲解饮料海报的设计制作，此款海报的背景以突出渐变颜色为主，将两个区域的高光图像组合形成一种虚拟的立体感，在制作过程中应当留意为素材图像添加绿色渲染，这样可以更好地与背景相对应，最终效果如图6.231所示。

扫码看视频

图6.231　最终效果

素材位置：　素材文件\第6章\饮料海报
案例位置：　案例文件\第6章\制作饮料海报背景.ai、饮料海报设计.psd
视频位置：　多媒体教学\6.12.4 课后习题4——饮料海报设计.avi
难易指数：　★★★☆☆

步骤分解如图6.232所示。

图6.232　步骤分解图

第 **7** 章

封面装帧设计

内容摘要

本章讲解封面装帧设计，封面装帧设计可以直接理解为书籍生产过程中的装潢设计艺术，它是将书籍的主题内容、思想在封面中以和谐、美观的样式完美体现，其设计原则在于有效而恰当地反映书籍的内容、特色和著译者的意图，设计的好坏在一定程度上影响人们的阅读欲望。通过本章的学习，读者可以透彻了解封面装帧设计艺术，同时掌握设计的重点及原则。

课堂学习目标

- 了解封面构成常用术语
- 了解封面图片与色彩的应用
- 掌握封面装帧立体效果的制作技巧
- 了解文字的编排及应用
- 掌握封面装帧设计展开面的制作方法

7.1 关于封面设计

封面设计也称封面装帧设计，其通过艺术形象设计的形式来反映产品的内容。封面设计通常是指对护封、封面和封底的设计，封面是书籍的外衣及脸面，封面设计就好比给书籍穿上适合的"外衣"，一件好的装帧作品能给人以美感，或典雅端庄，或艳丽飘逸，或豪华精美……在琳琅满目的市场中，产品的装帧起到了一个无声的推销员的作用，人们在购买书籍时，首先看到的就是书籍的封面，大多数时候，可以说封面把书籍卖给了读者，随着历史的前进、科学技术的发展，书籍作为人们的精神生活需要，它的审美价值日趋突出和重要，因为书籍封面的好坏，可能会直接影响读者的购买欲望。

随着印刷技术的进步，我国机器印刷代替了雕版印刷，产生了以工业技术为基础的装订工艺，出现了平装本和精装本，由此产生了封面装帧方法在结构层次上的变化，封面、封底、扉页、版权页、护封、环衬、目录页、正页等，成为新的封面设计的重要元素。封面设计的关键还要看书的内容，因为它是为书籍内容服务的，在设计中会受到书籍内容的制约。封面设计还会受到开张范围的制约和设计方向的制约，如中式翻页一般只能向右，西式翻页一般只能向左；封面设计要考虑书籍的整体形态，封面与封底、环衬、扉页、版式要内外协调，风格一致。

文字、图形和色彩是封面设计的三要素，设计者根据书的不同性质、用途和读者对象，把这三者有机地结合起来，从而表现出产品的丰富内涵，并以传递信息为目的，以美感的形式呈现给读者。

7.2 常用术语解析

书籍封面有很多组成部分，了解这些组成部分才能更好地设计封面，下面来讲解这些部分的专业叫法及应用。

1.封面

封面，是指书刊外面的一层。封面也称书封、封皮、外封等，又分封一、封二（属前封）、封三、封四（属后封）。有时特指印有书名、著者或编者、出版者名称等的第一面。

2.封底

封底又称封四，是书封的末页。一般图书在封底的右下方印统一书号和定价，期刊在封底印版权页，或用来印目录及其他非正文部分的文字、图片。封底与封面二者之间紧密关联，相互帮衬，相互补充，缺一不可。

3.书封

书封也称书衣、外封、皮子、封皮等（精装书称封壳），是包在书芯外面的，有保护书芯和装饰书籍的作用。书封分面（封面）与里（封里）和封一、封二（属前封）、封三、封四（属后封）。一般书籍，封一印有书名及出版者名称，封四即封底印有定价或版权。书封通常用较厚的纸，但不能厚得在折叠或压槽时开裂。

4.勒口

书籍勒口是平装书的封面前口边大于书芯前口边宽20～30mm，再将封面沿书芯前口切边向里折齐的一种装帧形式。封面或封底在开口处向内折的部分，并不是每本书都有勒口，但勒口可以加固开口处的边角，并丰富书封的内容。一是好看；二是封面不容易破损，三是一般在上面印上作者的相片、内容简介和书评等书的介绍。

5.书脊

书脊，是指书刊封面、封底连接的部分，相当于书芯厚度，即书芯表面与书背的连接处。在印刷后加工，为了制成书刊的内芯，按正确的顺序配页、折页，组成书帖后形成平的书脊边。经闯齐、上胶或铁丝订，再加封面，形成书脊。骑马订的杂志没有书脊。书刊在书脊上通常印有书名、期号、作者、出版社名称或其他信息。

6.压槽

压槽是在书籍的前后封和书脊连接的部位压出一条宽约3mm的软质书槽的工艺。在一些较长的阀芯上开一些深度0.5~0.8mm、宽为1~5mm的凹槽来减小压力，使读者在打开封面时不会把书芯带起来。

7.腰封

腰封也称"书腰纸"，在书封外另套的一层可拆卸的装饰纸，属于外部装饰物。腰封一般用牢度较强的纸张制作，如铜版纸或特种纸。腰封包裹在书籍封面的腰部，其宽度一般相当于图书高度的三分之一，也可更大些；长度则必须达到不但能包裹封面的面封、书脊和底封，而且两边还各有一个勒口。腰封上可印与该图书相关的宣传、推介性文字。腰封的主要作用是装饰封面或补充封面的表现不足，一般多用于精装书籍。

7.3 文字编排的应用

文字是封面设计中必不可少的组成部分，封面上可以没有图形，但绝不可以没有文字，文字在封面设计中应占非常重要的位置。文字既有语言意义，同时又是抽象的图形符号；它具备了最基本的设计要素的点、线、面，如一句字可以看成一个点，一行字可以看成一条线，一段文字可以看成一个面，将这些设计要素组成即构成封面设计。书籍封面设计中，特别是书名的设计，是完全的文字形态，但通过文字的艺术处理，即可将其以图形符号来显示，因此，在封面设计中，以文字为主，以图形为辅，文字与图形灵活布局，才能设计出好的封面效果。文字在封面中的应用如图7.1所示。

图7.1 文字在封面中的应用

图7.1 文字在封面中的应用（续）

在封面设计中所讲的文字编排是一种艺术表达形式，它是一种视觉语言的传达，在图文设计中，若想使画面主题突出，层次清晰，就需要对不同重点文字的内容进行不同的编排设计，这也是设计中常用的表现手法。好的文字编排设计，可以愉悦人们的感官视觉，意义深刻。因此，掌握好编排的技巧相当重要。

字体编排的设计要素主要包括字体、字号、字间距等，下面将针对中、英文字体编排的技巧进行详细讲解。

1.中文字体编排技巧

（1）字体。

顾名思义，字体是指文字的风格相貌。例如，中文字体可分为黑体、粗黑、宋体、大标宋、楷体、隶书等，这些字体都有自己的属性特征，所呈现出来的感情与意义也不尽相同。

字体的选择在很大程度上影响着整个画面版式的结构，在设计中没有最美的字体，只有最合适的字体，选择合适的字体才能表达正确的画面语言。

（2）字体的结构。

在运用文字的编排之前，我们先来了解一下汉字的结构。在汉字中，字体结构主要分为左右结构、上下结构、上中下结构、左中右结构、半包围结构和全包围结构等。左右结构即将汉字分为左、右两部分的汉字；上下结构即是分为上、下两部分的汉字；上中下结构即是分为上、中、下3个部分的汉字；左中右结构是指分为左、中、右3个部分的汉字；半包围结构比较特殊，是指汉字的偏旁部首占据整个汉字的一半，如庞、氖等；全包围结构是指汉字的偏旁部首将内部的文字或部首全部包围，如囚等。字体结构图示如图7.2所示。

① 左右结构

② 上下结构

③ 上中下结构

④ 左中右结构

图7.2　字体结构图示

⑤ 半包围结构

⑥ 全包围结构

图7.2　字体结构图示（续）

加强对字体结构的认识可以帮助我们提高字体设计的能力。一种新的字体的产生，往往先从结构入手，在遵循一定原则的基础之上，从而创变衍生出一种新的字体。

（3）字体的情感意义与合理搭配。

汉字中，不同字体的感情意义也不同，有的优美、有的清秀、有的醒目、有的钢直、有的欢快、有的轻盈、有的苍劲、有的古朴、有的活泼、有的严谨。不同的内容需要选用不同的字体来体现。

黑体、粗黑体的造型特征醒目、简洁、有力，常用于大标题的使用，使用此类造型特征的字体可以很好地突出标题，吸引人的视觉；而相较之下，宋体、大标宋等的字体造型特征清秀、轻盈，一般适合于正文的使用。

封面文字除了选择恰当的字体外，还要注意字体笔画的清晰度和识别性，要具有较高的可读性，不要选择不容易读懂的字体，虽然随着时代的发展，字体也变得越来越多，但有些小众的字体在选择上要特别注意，尽量不要将主题文字设置成这些字体，不要只注意形式美感而忽略了信息传递的功能，以免造成误读，影响阅读兴趣，影响书籍与读者的交流。当然，封面设计中字体可选用多种形式的艺术字体，如一些书法体、美术体、印刷体等。利用这些字体可以让设计具有强烈的艺术感染力。

值得注意的是，并不是所有的标题和正文都需要用黑体与宋体来表现，也有特殊情况。在设计中，需要把握不同表现主题的内在意义，从而选用不同表达意义的字体来呈现。例如图7.3所示：一本新闻类的报纸杂志，在标题的选用上就可以选用具有代表权威性特征的粗黑体，而如果设计的版面是娱乐性杂志，就需要考虑选用其他的字体，如严谨而不失活泼综艺体、汉真广标字体等。

① 新闻性杂志

② 娱乐性杂志

图7.3 字体编排设计图示

由此得出，构成版面的元素有很多，要学会选用字体，合理灵活搭配运用，如此方能更好地表达主题，增强视觉表现力。在设计中要注意英文字体的合理搭配，一般标题采用较为粗重的字体时，正文就适宜选用简洁干净的字体，这样能使画面形成虚实、强弱的对比，有利于增强画面的视觉表达力与艺术感。

（4）字号。

字号即字体的大小。字体大小的标准主要包括号数制和点数制。号数制是用来计算汉字铅活字大小标准的制度。目前的字号有初号、小初号、一号、小一号、二号、小二号、三号、四号、小四号、五号、小五号、六号、小六号。点数制是国际通用的一种计量字体大小的标准制度，英文是"Point"。因各个字母的深宽度不同，所以其点数只能按长度来计算，1点为0.35mm，72点为1in。

封面设计的字号设置不同，产生的视觉效果也不同。书名一般采用较大的字号，以突出主题，而作者名和出版社等可以选用较小的字号，以辅助的形式出现。字号与点数之间的计算关系及用途如图7.4所示。

号　数	点　数	用　途
初号	42	标题
小初号	36	标题
一号	27.5	标题
小一号	24	标题
二号	21	标题
小二号	18	标题
三号	15.75	标题、正文
四号	13.75	标题、正文
小四号	12	标题、正文
五号	10.5	书刊正文
小五号	9	注文、报刊正文
六号	7.87	脚注
小六号	7.78	注文

图7.4 字号与点数之间的计算关系及用途

（5）字号大小的灵活运用。

字号大小的选用在版面设计中有着举足轻重的作用，它直接影响着版面的格局，决定着版面的布局与层次。相同内容的文字，通常情况下字号越大，越具有吸引力，越突出。但这条规则并不适用于所有，还需要根据实际信息内容而定。一般标题采用大字号，以达到突出主题、醒目的视觉效果。字号大小的不同应用效果如图7.5所示。

此处字号大小对比弱，体现不出画面的标题与重点，整个版面感觉呆板，没有力。

① 字号变化不明显

此版面字号大小运用对比强烈，主题突出，虚实对比明显，版面格局清晰简洁，视觉感强烈。

② 字号对比强烈

图7.5 字号大小的不同应用效果

小字号在版面中也可以起到活跃画面、画龙点睛的作用。譬如企业的标志，将其单独放于画册版面的左上角或右下角，这并不会显得单薄，反而会给人以简约且有足够的分量感的视觉平衡感受。

同时值得注意的是，小字号的文字在版面中也不宜应用太多，不然画面会显得散乱无章，毫无视觉凝聚力，从而影响视觉阅读。小字号文字在版面中的应用效果如图7.6所示。

此处画面版式干净简洁，位于版面右下角的标志与左上角的图文起到很好的呼应效果，亦是画龙点睛之笔。

① 凝聚视觉的版面

图7.6 小字号文字在版面中的应用效果

此幅版面画面零散，过小字号的文字应用太多，主题不明显，影响了视觉阅读。

② 散乱无章的版面效果

图7.6 小字号文字在版面中的应用效果（续）

（6）字距、行距与段距。

通常，在平面设计中，我们将字与字之间的距离，称为字距；将行与行之间的距离，称为行距；将段落与段落之间的距离，称为段距。

在版面设计中，段落文字的编排是相当重要的一个环节，而在进行文字段落编排的时候，就需要注意字距、行距及段距之间的调整与设置。字距、行距与段距之间参数的调整将会影响整个版面的格局。

通常情况下，在篇幅大的段落中，可将字距设置为默认字距或者稍小一点，而行距就要适当地增大，因为篇幅大的段落本身文字信息就很多，如果行距过于紧密就会给人很紧的视觉感受，不利于阅读的进行。字距、行距与段距效果如图7.7所示。

① 字距与行距设置过大

图7.7 字距、行距与段距效果

图7.7 字距、行距与段距效果（续）

而在篇幅小的段落文字信息中，也并不一定要缩短行距，这样不一定美观。字距、行距与段距参数的设置，需要依据实际版面的设计需求，参数设置不宜过大，不然会使画面显得散乱，但也不宜过小，要尽量满足视觉阅读的舒服性与自然性，以不影响视觉正常阅读为宜。行距的不同应用效果如图7.8所示。

图7.8 行距的不同应用效果

2.英文字体编排技巧

（1）字体的应用。

在英文字体中，不同字形表达的意义也是不同的。常用的英文字体有 Helvetica、Times New Poman、Arial、Myriad Pro等，而Times New Poman、Arial、Helvetica常应用于标题， Myriad Pro常应用于正文。

英文的编排也要遵循设计的基本原则，突出主题，分清层次，在字号的应用上突出大小对比的设计原则，增加版面的生气与动感。字体的应用效果如图7.9所示。

此处大标题运用了较为纤细的字体，使得画面主题不够突出醒目；同时正文粗黑字体的应用又显得较为沉重，不利于阅读。

此幅页面的设计较符合视觉感受，粗重大标题的应用突出了主题，正文清爽字体的应用显得简洁，利于阅读。

图7.9 字体的应用效果

（2）字号的应用。

英文中粗体给人坚毅有力的感觉，这样类型的字体常用于突出版面主要内容的文字。同样，常规体的文字可应用于一般板块的文字内容。字号的应用效果如图7.10所示。

此处大标题使用了大字号的字体，次要内容则取用了相对合适大小的字号，版面主题突出，对比明显，层次关系清晰。

此幅版面字号大小关系混乱，主题不明显，版面呆板无次序。

图7.10　字号的应用效果

（3）字距、行距的应用。

英文字体的字距、行距及段距等之间的关系也可参考中文字距、行距及段距等之间的设计技巧。

7.4　文字设计技巧

文字在封面设计中占有重要的地位，那么文字应该怎么设计呢？有没有什么技巧呢？下面根据大量设计师实践而来的经验，讲解几种文字设计中的技巧。

1.文字配色技巧

根据封面类型的不同，文字的配色使用技巧也不同。例如，一些较华丽的杂志封面，文字的颜色在使用上就比较鲜艳；一般在一些科普性的封面设计中，则颜色的使用又比较中规中矩。黑白色文字是比较常用的两种颜色的文字，这种文字一般适合一些副标题或说明性文字，因为一些大标题或重点的文字可以添加其他色彩的文字，使其更加醒目。这里需要特别注意的是，封面设计的颜色都不是随便添加的，在封面设计中，一般常用的方法是将封面中的图片与文字颜色进行匹配，使图片与文字的颜色相呼应，这样可以使整个设计风格更加统一、

自然。如图7.11上面所示封面采用蓝色为主色调，将封面文字与图片上的红色进行呼应，使整个设计更加统一，更加醒目。如图7.11下面所示封面采用洋红色为主色调，将封面文字与粗细不同的线条颜色相统一，使整个设计更加协调。

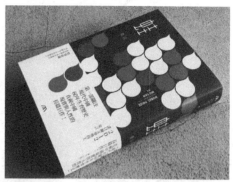

图7.11　文字配色的应用效果

2.文字的位置

封面文字的摆放，一般要与图片和底色相结合，一般要注意背景颜色深的地方要用浅色文字，背景颜色浅的地方要用深色的文字，浅深的搭配更能体现出明暗效果，使文字更加突出。文字的摆放位置效果展示如图7.12所示。

图7.12　文字的摆放位置效果展示

图7.12 文字的摆放位置效果展示（续）

3.字体的使用

封面文字在使用时，还要注意运用不同的字体，如隶书、楷书、行书、宋体、黑体、圆黑体和综艺体等，同时还要注意字体的样式，如粗体、斜体和仿斜体等。在封面设计中，不同字体的混合使用往往能达到艺术化的效果，而且还可以减少视觉疲劳，进一步吸引用户的眼球，特别是杂志的设计，一些主要的标题一般都是在封面中展现的，这更加需要设计师将这些主题以不同的字体、样式和一些图片、色块相结合，以彰显杂志的精彩看点，吸引读者去深入阅读。不同的字体使用效果如图7.13所示。

图7.13 不同的字体使用效果

4.文字的编排

文字的编排与封面设计也有很大的关系，文字可以与封面构图结合使用，封面文字一般以书名为主体，以作者和出版社等信息为辅。通常，在封面设计中所讲的文字编排是一种艺术表达形式，它是一种视觉语言的传达，在图文设计中，若想使画面主题突出、层次清晰，就需要对不同重点文字的内容进行不同的编排设计，这也是设计中常用的表现手法。好的文字编排设计，可以愉悦人们的感官视觉，意义深刻。因此，掌握好编排的技巧是相当重要的。不同文字的编排位置效果如图7.14所示。

文字垂直排列可以将封面设计成垂直构图，文字在垂直构图中可以上居中、下居中、居左、居右、居中垂直等。垂直构图可以形成严肃、刚直、庄重、高尚的风格。

文字水平排列可以将封面设计成水平构图，文字在水平构图中可以水平居中、水平居上、水平居左、水平居右等。如果将主题文字放在中间，则使人感觉沉稳、古典、规矩；在书的上部使人感觉轻松、飘逸；居左靠近书口的一边有动感，有向外的张力；在下部让人感觉压抑、沉闷；水平构图给人以平静、安定、稳重的感觉。

文字倾斜排列可以将封面设计成倾斜构图，倾斜构图可以表现动感，打破过于死板的画面，以静求动。主题文字的倾斜排列令画面活跃有生气，运用合理有助于强化书籍主题。

文字聚焦排列可以使封面设计呈现一种安定的秩序感，并能增强视觉冲击力，使人的心理产生紧张密集的感觉，从而吸引读者的注意力。

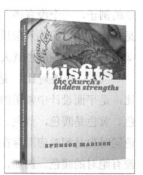

图7.14 不同文字的编排位置效果

7.5 图片设计技巧

封面设计有时候离不开图片，一张恰当的图片可以使书籍内容更加清晰、明了，也可以使封面设计更加生动、华美，易与读者产生共鸣。图片的内容丰富多彩，最常见的如人物、动画、植物、风景

等，我们所有看到的、想到的；图片的选择也可以包括很多种，如摄影图片、手绘图片等，可以是写实的、抽象的或写意。

一般休闲类书籍杂志是最大众化的，通常选择当红的影视明星或模特来做封面图片；而科普性的书籍则是知识性书籍，比较严谨，一般选择与大自然有关的、先进科技成果的图片；体育类书籍杂志则选用体坛或竞技场面图片；新闻类的书籍杂志则选择与新闻有关的人物或场面；摄影、美术刊物的封面可以选择优秀摄影和艺术作品，它的标准是艺术价值；而说明书之类则主要突出产品的个性化及性能要点，放上产品图片突出产品的个性化即可。

一般少儿读物、通俗读物、文艺或科技读物的封面多采用写实手法，这样可以增加读者对具体形象的理解，更具科学性和准确性。一些科技、政治和教育等方面的书籍通常采用抽象手法，因为这些东西很难用具体的形象去表达，运用抽象手法可以使读者意会其中的含义；文学封面上多采用写意手法，如中国的国画，着重抓住事物的形和神，以简练的手法获得具有气韵的情调和感人的联想。图片在封面设计中的不同应用效果如图7.15所示。

图7.15 图片在封面设计中的不同应用效果

图7.15 图片在封面设计中的不同应用效果（续）

7.6 色彩设计技巧

封面除了文字和图片外，还要注意色彩的处理。色彩的应用要根据书籍的内容进行设计，不同色彩表现的内容也会不同。书名是书籍的重点部分，所以在色彩应用上要尽量使用纯正的颜色。

一般来说，儿童书籍封面的色彩，由于儿童天性活泼，对万物充满好奇，因此富有童趣的画面更能吸引孩子的目光，所以在色彩运用上要梦幻，色彩鲜明，并减弱各种颜色的对比度，强调柔和、温暖的感觉，设计风格也应充满童趣；女性书籍封面可以根据女性的特征进行设计，在色彩的选择上，要选择温馨、妖媚、典雅、高贵的色彩系统；艺术类书籍封面的色彩要有艺术性，表现上要注意有深度、有内涵，切不可媚俗；体育类书籍封面要强调色彩的对比，使用具有冲击力的色彩，以给人刺激、兴奋的感受；时装类书籍色彩要明快、青春、个性，并要追求时代潮流；科普类书籍封面色彩可以强调神秘感、真挚、和平感觉。

在色彩的应用上，除了色彩的统一外，还要注意色彩的对比关系。通常，在色相环之中，我们把每一个颜色对面（180度对角）的颜色称为"对比色"。例如，红与绿、蓝与橙、黄与紫。将这样具有鲜明对比的色彩放在同一个画面之中，会给我们带来强烈的视觉冲击感。色彩的对比包括色相对比、明度对比、饱和度对比、冷暖对比等，这些元素都是构成具有明显色彩效果的重要因素，也就是说，这些元素的对比越强烈，整个对比就会越明显。色彩不同对比效果如图7.16所示。

（1）色相对比：即颜色的对比，"色"是指色彩、颜色，"相"是指相貌，此处的色相对比可以简单地理解为色彩的相貌、样子，如红色、蓝色、绿色等。

（2）明度对比：是指色彩的亮度对比，色彩的亮度越大，明度也就越大，反之，明度对比值就越弱。

（3）饱和度对比：是指色彩的纯度、鲜明度，纯度越高，响应的饱和度也就越大。举一个简单的例子，一个没有掺入任何杂质的水晶，其纯度是相当高的，而掺入杂质的水晶，其表现出来的色泽就会暗淡，纯度也就大大降低了。

（4）冷暖对比：是指色彩给人感观上的对比，是平面设计中常用的一种对比手法。例如，红色、黄色是暖色，蓝色、绿色是冷色，而冷色和暖色同时也是相对应而存在的，没有绝对的冷色，也没有绝对的暖色。例如，同样是黄色，橘黄色就比土黄色显得冷一些。画面中的冷、暖色调决定了整个画面的主色调，加强冷暖对比的应用可以大大增加画面的层次感，也是绘画艺术中所讲的：在同一个画面中，冷色会往后走，暖色会往前靠，这样一前一后，画面层次感就出来了，也就有了所谓的画面空间立体感。

画面中的这两个圆形，我们视觉所能感受的一个是红色，一个是蓝色。这两个色彩是属于不同色系的色彩，也可以说它们的色相是不同的。

从视觉上来讲，黄色的圆形比深红色的圆形明度上要亮一些，而深红色的明度要暗一些。

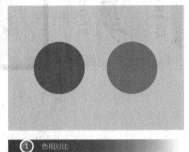

图7.16 色彩不同对比效果

同样是黄色的图形，三角形的饱和度比圆形的饱和度要高。

③ 饱和度对比

从色彩心理学来看，黄色三角形比蓝色圆形的色调看起来要暖一些。

④ 冷暖对比

图7.16 色彩不同对比效果（续）

7.7 旅游文化杂志封面设计

本例讲解旅游文化杂志封面制作，本例的制作比较简单，以直观的风景图像与圆形相结合，整个封面表现出很强的主题特征，最终效果如图7.17所示。

扫码看视频

图7.17 最终效果

素材位置：素材文件\第7章\旅游文化杂志封面
案例位置：案例文件\第7章\旅游文化杂志封面平面效果.ai、旅游文化杂志封面立体效果.psd
视频位置：多媒体教学\7.7 旅游文化杂志封面设计.avi
难易指数：★★☆☆☆

7.7.1 使用Illustrator制作封面平面效果

① 执行菜单栏中的"文件"|"新建"命令，在弹出的"新建文档"对话框中设置"宽度"为

425mm，"高度"为297mm，新建一个空白画板，如图7.18所示。

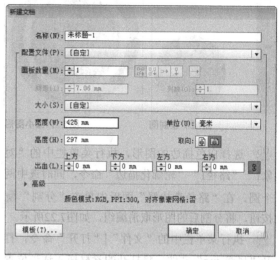

图7.18 新建文档

② 选择工具箱中的"矩形工具" ，绘制一个矩形，选择工具箱中的"渐变工具" ，在图形上拖动为其填充橙色（R：196，G：78，B：26）到橙色（R：141，G：29，B：15）的线性渐变，如图7.19所示。

图7.19 绘制矩形

③ 选择工具箱中的"椭圆工具" ，将"填色"更改为红色（R：211，G：34，B：42），"描边"为无，按住Shift键绘制一个圆形，如图7.20所示。

④ 选中圆，按Ctrl+C组合键将其复制，再按Ctrl+Shift+V组合键将其粘贴，将粘贴的圆的"填充"更改为无，"描边"为白色，"粗细"为20像素，再将其等比缩小，如图7.21所示。

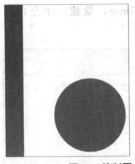

图7.20 绘制圆   图7.21 缩小图形

图7.26 添加素材

05 选择白色描边的图形，执行菜单栏中的"对象1""路径1""轮廓化描边"命令，同时选中两个圆，在"路径查找器"面板中单击"分割" 按钮，将分割后的图形取消编组，如图7.22所示。

06 执行菜单栏中的"文件"|"打开"命令，打开"风景.jpg"文件，将打开的素材拖入适当位置并适当缩小，如图7.23所示。

10 选择工具箱中的"椭圆工具" ，将"填色"更改为无，"描边"为白色，"粗细"为30像素，按住Shift键绘制一个圆形，如图7.27所示。

11 选中圆环，执行菜单栏中的"对象"|"路径"|"轮廓化描边"命令，如图7.28所示。

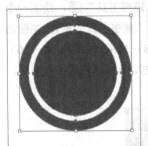

图7.22 分割图形   图7.23 添加素材

图7.27 绘制圆   图7.28 轮廓化描边

07 将风景素材移至圆形底部，如图7.24所示。

08 同时选中最里面的小圆及素材图像，单击鼠标右键，从弹出的快捷菜单中选择"建立剪切蒙版"命令，如图7.25所示。

12 选择工具箱中的"矩形工具" ，按住Shift键绘制一个矩形，将"填充"更改为白色，"描边"为无，如图7.29所示。

13 同时选中矩形及圆环，在"路径查找器"面板中单击"减去顶层"按钮，在图形上单击鼠标右键，从弹出的快捷菜单中选择"取消编组"命令，再将不需要的图形删除，如图7.30所示。

图7.24 更改顺序   图7.25 建立剪切蒙版

09 以同样方法在右上角位置再次绘制相似圆形，并执行菜单栏中的"文件"|"打开"命令，打开"风景 2.jpg"文件，将打开的素材拖入适当位置并适 当缩小，如图7.26所示。

图7.29 绘制矩形   图7.30 删除图形

⑭ 选择工具箱中的"直线段工具" ╱ ，在刚才绘制的圆形位置绘制一条水平线段，设置"填色"为无，"描边"为白色，"粗细"为1像素，如图7.31所示。

⑮ 将线段向右侧平移复制一份，并将其"描边"更改为灰色（R：170，G：170，B：170），如图7.32所示。

图7.31 绘制线段　　　　　　图7.32 复制线段

⑯ 同时选中两条线段，向下移动并复制，如图7.33所示。

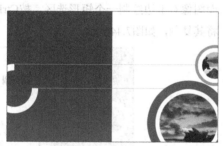

图7.33 复制线段

⑰ 选择工具箱中的"横排文字工具" T ，添加文字（Arial、Geometr706 BlkCn BT Black），如图7.34所示。

图7.34 添加文字

⑱ 选择工具箱中的"矩形工具" ▊，绘制一个矩形，将"填充"更改为红色（R：211，G：34，

B：42），"描边"为无，如图7.35所示。

⑲ 选中文字，单击鼠标右键，从弹出的快捷菜单中选择"创建轮廓"命令，如图7.36所示。

图7.35 绘制矩形　　　　　　图7.36 创建轮廓

⑳ 同时选中矩形及文字，在"路径查找器"面板中单击"减去顶层"按钮，再将文字删除，如图7.37所示。

图7.37 删除文字

7.7.2 使用Photoshop制作封面立体效果

① 执行菜单栏中的"文字"|"新建"命令，在弹出的"新建"对话框中设置"宽度"为80毫米，"高度"为60毫米，"分辨率"为300像素/英寸，新建一个空白画布，如图7.38所示。

图7.38 新建画布

② 将画布填充为深黄色（R：58，G：54，B：

52），选择工具箱中的"矩形工具" ，在选项栏中将"填充"更改为白色，"描边"为无，在画布靠底部绘制一个矩形，将生成一个"矩形1"图层，如图7.39所示。

图7.39 绘制矩形

03 选中"矩形1"图层，将其图层混合模式设置为"叠加"，"不透明度"更改为40%，如图7.40所示。

图7.40 设置图层混合模式

04 在"图层"面板中，选中"矩形1"图层，单击面板底部的"添加图层蒙版" 按钮，为其添加图层蒙版，如图7.41所示。

05 选择工具箱中的"渐变工具" ，编辑黑色到白色的渐变，如图7.42所示。

图7.41 添加图层蒙版　　　图7.42 编辑渐变

06 单击选项栏中的"线性渐变" 按钮，在图形上拖动将部分图形隐藏，如图7.43所示。

图7.43 隐藏图形

07 执行菜单栏中的"文件"|"打开"命令，打开"旅游文化杂志封面平面.ai"文件。

08 在打开的文档中，单击面板底部的"创建新图层" 按钮，新建一个"图层2"图层，将其移至"图层1"图层下方，并将其填充为白色，将两个图层合并。

09 选择工具箱中的"矩形选框工具" ，在封面图像右半边绘制一个矩形选区，按Ctrl+C组合键将其复制，如图7.44所示。

图7.44 绘制选区

10 按Ctrl+V组合键将其粘贴，按Ctrl+T组合键对图像执行"自由变换"命令，单击鼠标右键，从弹出的快捷菜单中选择"扭曲"命令，拖动变形框控制点将图像变形，完成之后按Enter键确认，如图7.45所示。

图7.45 将图像变形

⑪ 选择工具箱中的"钢笔工具" ✐，在选项栏中单击"选择工具模式" [路径 ▼]按钮，在弹出的选项中选择"形状"，将"填充"更改为灰色（R：201，G：201，B：201），"描边"更改为无。

⑫ 在封面图像顶部绘制一个不规则图形制作纸张效果，将生成一个"形状 1"图层，将其移至"图层 1"图层下方，如图7.46所示。

⑬ 以同样方法再次绘制多个相似图形。

图7.46 绘制图形

技巧与提示

　　在绘制纸张图形时注意图层的前后顺序。

⑭ 在"图层"面板中，选中"图层 1"图层，将其拖至面板底部的"创建新图层" ▣ 按钮上，复制一个"图层 1 拷贝"图层，如图7.47所示。

⑮ 选中"图层 1 拷贝"图层，按Ctrl+T组合键对其执行"自由变换"命令，单击鼠标右键，从弹出的快捷菜单中选择"垂直翻转"命令。

⑯ 再单击鼠标右键，从弹出的快捷菜单中选择"斜切"命令，拖动控制点将图像斜切变形，完成之后按Enter键确认，如图7.48所示。

图7.47 复制图层　　　图7.48 将图像变形

⑰ 在"图层"面板中，选中"图层 1 拷贝"图层，单击面板底部的"添加图层蒙版" ▣ 按钮，为其添加图层蒙版，如图7.49所示。

⑱ 选择工具箱中的"渐变工具" ▣，编辑黑色到白色的渐变，单击选项栏中的"线性渐变" ▣ 按钮，在图像上拖动将部分图像隐藏制作倒影效果，如图7.50所示。

图7.49 添加图层蒙版　　　图7.50 隐藏图形

⑲ 执行菜单栏中的"滤镜"|"模糊"|"高斯模糊"命令，在弹出的"高斯模糊"对话框中将"半径"更改为2像素，完成之后单击"确定"按钮，如图7.51所示。

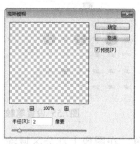

图7.51 添加高斯模糊

技巧与提示

　　在为图像添加高斯模糊效果时，需要注意选中图层本身，在选中图层蒙版缩览图的情况下是不会产生高斯模糊效果的。

⑳ 选择工具箱中的"钢笔工具" ✐，在选项栏中单击"选择工具模式" [路径 ▼]按钮，在弹出的选项中选择"形状"，将"填充"更改为黑色，"描边"更改为无。

㉑ 在封面左侧位置绘制一个不规则图形，将生成一个"形状 10"图层，将其移至图层最底部，如图7.52所示。

㉒ 选中"形状 10"图层，将其图层"不透明

度"更改为30%,如图7.53所示。

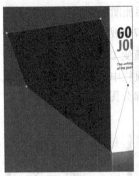
图7.52 绘制图形

图7.53 更改不透明度

㉓ 在"图层"面板中,选中"形状 10"图层,单击面板底部的"添加图层蒙版" ▣ 按钮,为其图层添加图层蒙版,如图7.54所示。

㉔ 选择工具箱中的"画笔工具" ✎ ,在画布中单击鼠标右键,在弹出的面板中选择一种圆角笔触,将"大小"更改为200像素,"硬度"更改为0%,如图7.55所示。

图7.54 添加图层蒙版

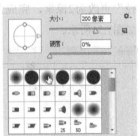
图7.55 设置笔触

㉕ 将前景色更改为黑色,在图像上部分区域涂抹将其隐藏制作真实倒影效果,这样就完成了效果制作,最终效果如图7.56所示。

图7.56 最终效果

7.8 潮流主题封面设计

本例讲解潮流主题封面的设计制作,此款封面在设计过程中使用大量的前卫图形与文字,同时与协调的色彩相搭配,整个封面表现出浓郁的潮流视觉感受,最终效果如图7.57所示。

扫码看视频

图7.57 最终效果

素材位置:素材文件\第7章\潮流主题封面
案例位置:案例文件\第7章\潮流主题封面平面效果.ai、潮流主题封面立体效果.psd
视频位置:多媒体教学\7.8 潮流主题封面设计.avi
难易指数:★★☆☆☆

7.8.1 使用Illustrator制作主题封面平面效果

① 执行菜单栏中的"文件"|"新建"命令,在弹出的"新建文档"对话框中设置"宽度"为425mm,"高度"为297mm,新建一个空白画板,如图7.58所示。

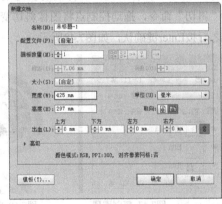
图7.58 新建文档

02　选择工具箱中的"文字工具" T，添加文字（Constantia），如图7.59所示。

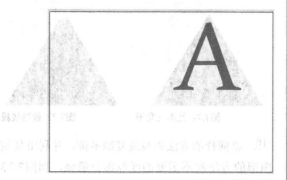

图7.59　添加文字

03　选择工具箱中的"直线段工具" ，在字母上半部分位置绘制一条线段，设置"填色"为无，"描边"为白色，"粗细"为10像素，如图7.60所示。

04　将线段向右下方移动复制一份，如图7.61所示。

图7.60　绘制线段　　　　　图7.61　复制线段

05　按Ctrl+D组合键将线段复制多份，如图7.62所示。

06　选中字母，按Ctrl+C组合键将其复制，再按Ctrl+Shift+V组合键将其粘贴，单击鼠标右键，从弹出的快捷菜单中选择"排列"|"置于顶层"命令，如图7.63所示。

图7.62　复制线段　　　　　图7.63　复制字母

07　同时选中所有对象，单击鼠标右键，从弹出的快捷菜单中选择"建立剪切蒙版"命令，如图7.64所示。

图7.64　创建剪切版本

08　选择工具箱中的"文字工具" T，添加文字（Constantia），如图7.65所示。

图7.65　添加文字

09　选择工具箱中的"椭圆工具" ，将"填色"更改为蓝色（R：39，G：58，B：116），"描边"为无，按住Shift键绘制一个圆，如图7.66所示。

图7.66　绘制圆

⑩ 选择工具箱中的"矩形工具" ▭ ，绘制一个矩形，将"填充"更改为无，"描边"为蓝色（R：62，G：188，B：233），"粗细"为15像素，如图7.67所示。

⑪ 选择工具箱中的"文字工具" T ，添加文字（方正兰亭黑），如图7.68所示。

图7.67 绘制矩形　　　　图7.68 添加文字

⑫ 选择工具箱中的"矩形工具" ▭ ，绘制一个矩形，将"填充"更改为红色（R：234，G：28，B：119），"描边"为无，如图7.69所示。

⑬ 选择工具箱中的"文字工具" T ，添加文字（方正兰亭黑），如图7.70所示。

图7.69 绘制矩形　　　　图7.70 添加文字

⑭ 选择工具箱中的"钢笔工具" ✐ ，在画板靠底部绘制一个三角形，将"填充"更改为蓝色（R：11，G：30，B：57），"描边"为无，如图7.71所示。

⑮ 选择工具箱中的"直线段工具" ／ ，在字母上半部分位置绘制一条线段，设置"填色"为无，"描边"为蓝色（R：1，G：159，B：231），"粗细"为20像素，如图7.72所示。

图7.71 绘制三角形　　　　图7.72 绘制线段

⑯ 以同样的方法将线段复制多份，并利用复制图形的方法将不需要的线段部分隐藏，如图7.73所示。

图7.73 隐藏图形

⑰ 选择工具箱中的"椭圆工具" ⬭ ，将"填色"更改为白色，"描边"为无，按住Shift键绘制一个圆形，如图7.74所示。

⑱ 选中圆，按Ctrl+C组合键将其复制，再按Ctrl+Shift+V组合键将其粘贴，将粘贴的图形等比缩小，如图7.75所示。

图7.74 绘制圆　　　　图7.75 缩小图形

⑲ 同时选中两个圆，在"路径查找器"面板中单击"分割" ▱ 按钮，再单击鼠标右键，从弹出的快捷菜单中选择"取消编组"命令，再将内部的圆稍微等比缩小，如图7.76所示。

⑳ 选择工具箱中的"直线段工具" ✏，在圆的位置绘制一条水平线段，设置"填色"为无，"描边"为蓝色（R：11，G：30，B：57），"粗细"为2像素，如图7.77所示。

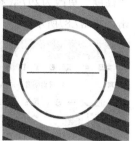

图7.76 缩小图形　　　　图7.77 绘制线段

㉑ 选择工具箱中的"文字工具" T，添加文字（Arial），如图7.78所示。

图7.78 添加文字

㉒ 同时选中圆及文字对象，将其复制后移至画板左上角位置并等比缩小，然后分别更改圆及文字的颜色，如图7.79所示。

图7.79 复制图文

㉓ 选择工具箱中的"椭圆工具" ⬭，将"填色"更改为紫色（R：234，G：28，B：119），

"描边"为无，按住Shift键绘制一个圆形，如图7.80所示。

㉔ 选择工具箱中的"矩形工具" ▢，绘制一个矩形，将"填充"更改为无，"描边"为青色（R：62，G：188，B：233），"粗细"为10像素，如图7.81所示。

图7.80 绘制圆　　　　图7.81 绘制矩形

㉕ 选择工具箱中的"钢笔工具" ✒，在画板左下角绘制一个三角形，将"填充"更改为黄色（R：255，G：163，B：4），"描边"为无，如图7.82所示。

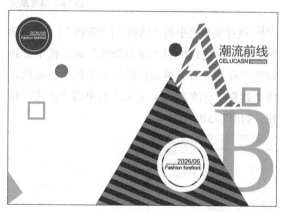

图7.82 绘制图形

7.8.2 使用Photoshop制作主题封面立体效果

① 执行菜单栏中的"文字"|"新建"命令，在弹出的"新建"对话框中设置"宽度"为80毫米，"高度"为60毫米，"分辨率"为300像素/英寸，新建一个空白画布，如图7.83所示。

图7.83 新建画布

02 选择工具箱中的"渐变工具" ，编辑灰色（R：226，G：226，B：226）到灰色（R：183，G：183，B：183）的渐变，单击选项栏中的"径向渐变" 按钮，在画布上拖动填充渐变，如图7.84所示。

图7.84 填充渐变

03 执行菜单栏中的"滤镜"|"杂色"|"添加杂色"命令，在弹出的"添加杂色"对话框中分别勾选"高斯分布"单选按钮及"单色"复选框，将"数量"更改为1%，完成之后单击"确定"按钮，如图7.85所示。

图7.85 添加杂色

04 执行菜单栏中的"文件"|"打开"命令，打开"名片正面.ai"文件。

05 在打开的文档中，单击面板底部的"创建新图层" 按钮，新建一个"图层2"图层，将其移至"图层1"图层下方，并将其填充为白色，将

两个图层合并，如图7.86所示。

06 选择工具箱中的"矩形选框工具" ，单击选项栏中"样式"后方按钮，在弹出的选项中选择"固定大小"，将"宽度"更改为212.5毫米，"高度"更改为297毫米，在封面图像右侧位置单击，如图7.87所示。

图7.86 合并图层　　图7.87 创建选区

07 按Ctrl+C组合键将图像复制，在新建文档画布中按Ctrl+V组合键将图像粘贴，其图层名称将更改为"图层1"，如图7.88所示。

图7.88 粘贴图像

08 按Ctrl+T组合键对图像执行"自由变换"命令，单击鼠标右键，从弹出的快捷菜单中选择"扭曲"命令，拖动变形框控制点将图像变形，完成之后按Enter键确认，如图7.89所示。

09 选择工具箱中的"钢笔工具" ，在封面图像底部绘制一个不规则路径，如图7.90所示。

图7.89 将图像变形　　图7.90 绘制路径

⑩ 按Ctrl+Enter组合键将路径转换为选区，如图7.91所示。

⑪ 按Delete键将图像删除，完成之后按Ctrl+D组合键将选区取消，如图7.92所示。

图7.91 转换为选区　　　　**图7.92 删除图像**

⑫ 以同样方法在图像顶部绘制选区，并将部分图像删除，如图7.93所示。

图7.93 删除图像

⑬ 选择工具箱中的"钢笔工具" ，在选项栏中单击"选择工具模式" 路径 ⇕ 按钮，在弹出的选项中选择"形状"，将"填充"更改为灰色（R：80，G：80，B：80），"描边"更改为无。

⑭ 在图像底部位置绘制一个不规则图形，将生成一个"形状 1"图层，如图7.94所示。

图7.94 绘制图形

⑮ 以同样方法在左侧位置再次绘制一个不规则图形，将"填充"更改为灰色（R：113，G：113，B：113），"描边"更改为无，如图7.95所示。

⑯ 执行菜单栏中的"滤镜" | "模糊" | "高斯模糊"命令，在弹出的"高斯模糊"对话框中将"半径"更改为2像素，完成之后单击"确定"按钮，如图7.96所示。

图7.95 绘制图形　　　　**图7.96 添加高斯模糊**

⑰ 在"图层"面板中，选中"图层 1"图层，单击面板底部的"添加图层样式" *fx* 按钮，在菜单中选择"渐变叠加"命令。

⑱ 在弹出的"图层样式"对话框中将"混合模式"更改为正片叠底，"渐变"更改为灰色（R：198，G：198，B：198）到白色，"不透明度"更改为50%，"角度"为0度，完成之后单击"确定"按钮，如图7.97所示。

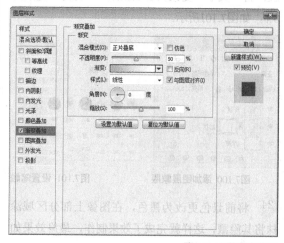

图7.97 设置渐变叠加

⑲ 选择工具箱中的"钢笔工具" ，在选项栏中单击"选择工具模式" 路径 ⇕ 按钮，在弹

出的选项中选择"形状",将"填充"更改为灰色(R:147,G:147,B:147),"描边"更改为无。

⑳ 在封面左下角位置绘制一个不规则图形,将生成一个"形状 3"图层,如图7.98所示。

㉑ 按Ctrl+F组合键为其添加高斯模糊效果,如图7.99所示。

图7.98 绘制图形　　　图7.99 添加高斯模糊

㉒ 在"图层"面板中,选中"形状 3"图层,将其图层"不透明度"更改为30%,再单击面板底部的"添加图层蒙版" 按钮,为其图层添加图层蒙版,如图7.100所示。

㉓ 选择工具箱中的"画笔工具" ,在画布中单击鼠标右键,在弹出的面板中选择一种圆角笔触,将"大小"更改为130像素,"硬度"更改为0%,如图7.101所示。

 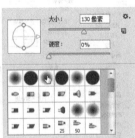

图7.100 添加图层蒙版　　　图7.101 设置笔触

㉔ 将前景色更改为黑色,在图像上部分区域涂抹将其隐藏,这样就完成了效果制作,最终效果如图7.102所示。

图7.102 最终效果

7.9 文艺小说封面设计

本例讲解文艺小说封面的设计制作,此款封面的设计感很强,整个版面十分简洁,主题图形及文字信息十分明确,在制作过程中要注意文字与图形之间的关系,最终效果如图7.103所示。

扫码看视频

图7.103 最终效果

素材位置:素材文件\第7章\文艺小说封面
案例位置:案例文件\第7章\文艺小说封面平面效果.ai、文艺小说封面立体效果.psd
视频位置:多媒体教学\7.9 文艺小说封面设计.avi
难易指数:★★★☆☆

7.9.1 使用Illustrator制作封面平面效果

① 执行菜单栏中的"文件"|"新建"命令,在弹出的"新建文档"对话框中设置"宽度"为450mm,"高度"为285mm,新建一个空白画板,如图7.104所示。

图7.104 新建文档

02 执行菜单栏中的"视图"|"标尺"命令,当出现标尺以后,创建一个参考线,将"X值"更改为235,再创建一个参考线,将"X值"更改为215,如图7.105所示。

图7.105 创建参考线

? 技巧与提示

创建参考线时,确定位置是由整个封面大小计算而来的,除去中间的宽度,应当使左、右两侧区域保持相同大小。

03 选择工具箱中的"矩形工具" ▇ ,绘制一个矩形,将"填充"更改为青色(R:215,G:255,B:255),"描边"为无。

04 以同样方法再次绘制一个黑色矩形,如图7.106所示。

图7.106 绘制矩形

05 同时选中两个矩形,在"路径查找器"面板中单击"减去顶层"按钮,如图7.107所示。

图7.107 删除图形

06 选择工具箱中的"直接选择工具" ▷ ,选中图形部分锚点拖动将其稍微变形,如图7.108所示。

07 执行菜单栏中的"文件"|"打开"命令,打开"相机.psd"文件,将打开的素材拖入适当位置并适当缩小,如图7.109所示。

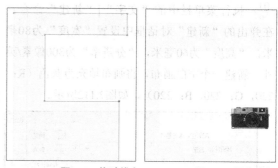

图7.108 拖动锚点　　　　图7.109 添加素材

08 以同样方法在左侧位置再次绘制两个相似矩形,并将其修剪,如图7.110所示。

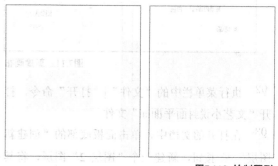

图7.110 绘制图形

09 选择工具箱中的"横排文字工具" T ,添加文字（方正清刻本悦宋简体），这样就完成了效果，制作最终效果如图7.111所示。

图7.111 最终效果

7.9.2 使用Photoshop制作封面立体效果

⑴ 执行菜单栏中的"文字"|"新建"命令，在弹出的"新建"对话框中设置"宽度"为80毫米，"高度"为60毫米，"分辨率"为300像素/英寸，新建一个空白画布，将画布填充为灰色（R：220，G：220，B：220），如图7.112所示。

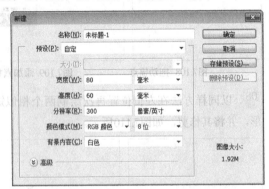

图7.112 新建画布

⑵ 执行菜单栏中的"文件"|"打开"命令，打开"文艺小说封面平面.ai"文件。

⑶ 在打开的文档中，单击面板底部的"创建新图层" □ 按钮，新建一个"图层 2"图层，将其移至"图层 1"图层下方，并将其填充为白色，将两个图层合并。

⑷ 选择工具箱中的"矩形选框工具" □，单击选项栏中"样式"后方按钮，在弹出的选项中选择"固定大小"，将"宽度"更改为212.5毫米，"高度"更改为297毫米，在封面图像右侧位置单击，按Ctrl+C组合键将选区中图像复制，如图7.113所示。

图7.113 创建选区

⑸ 按Ctrl+V组合键粘贴图像，将生成一个"图层 1"图层，如图7.114所示。

⑹ 按Ctrl+T组合键对图像执行"自由变换"命令，单击鼠标右键，从弹出的快捷菜单中选择"扭曲"命令，拖动变形框控制点将图像变形，完成之后按Enter键确认，如图7.115所示。

图7.114 粘贴图像　　图7.115 将图像变形

⑺ 选择工具箱中的"钢笔工具" ✐，在选项栏中单击"选择工具模式" 路径 ⌄ 按钮，在弹出的选项中选择"形状"，将"填充"更改为黑色，"描边"更改为无。

⑻ 在封面左侧位置绘制一个不规则图形，将生成一个"形状 1"图层，如图7.116所示。

⑼ 以同样方法再绘制一个青色（R：215，G：255，B：255）图形，将生成一个"形状 2"图层，如图7.117所示。

图7.116 绘制图形

图7.117 绘制青色图形

⑩ 在"形状 2"图层名称上单击鼠标右键，在弹出的菜单中选择"栅格化图层"命令，按住Ctrl键单击"形状 1"图层缩览图将其载入选区，如图7.118所示。

⑪ 执行菜单栏中的"选择"|"反向"命令将选区反向，再选中"形状 2"图层，按Delete键将选区中图像删除，完成之后按Ctrl+D组合键将选区取消，如图7.119所示。

图7.118 载入选区　　　　　　**图7.119 删除图像**

⑫ 在"图层"面板中，选中"形状 1"图层，单击面板底部的"添加图层样式" *fx* 按钮，在菜单中选择"渐变叠加"命令。

⑬ 在弹出的"图层样式"对话框中将"渐变"更改为灰色（R：252，G：252，B：252）到灰色（R：177，G：177，B：177），"角度"为﹣128度，"缩放"为30%，完成之后单击"确定"按钮，如图7.120所示。

图7.120 设置渐变叠加

⑭ 在"图层"面板中，选中"形状 2"图层，单击面板底部的"添加图层样式" *fx* 按钮，在菜单中选择"渐变叠加"命令。

⑮ 在弹出的"图层样式"对话框中将"混合模式"更改为正片叠底，"不透明度"更改为30%，"渐变"更改为黑色到白色，"角度"为50度，"缩放"为20%，完成之后单击"确定"按钮，如图7.121所示。

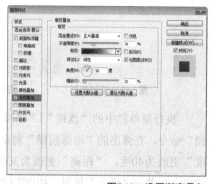

图7.121 设置渐变叠加

⑯ 选择工具箱中的"钢笔工具" ✒，在选项栏中单击"选择工具模式" [路径 ▼] 按钮，在弹出的选项中选择"形状"，将"填充"更改为灰色（R：82，G：82，B：82），"描边"更改为无。

⑰ 在封面图像底部位置绘制一个不规则图形，将生成一个"形状 3"图层，将其移至"图层 1"图层下方。

⑱ 以同样方法再次绘制一个白色图形制作厚度效果，如图7.122所示。

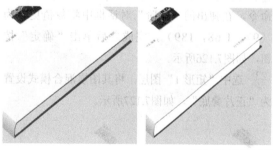

图7.122 绘制图形

⑲ 选择工具箱中的"矩形工具" ▬，在选项栏中将"填充"更改为白色，"描边"为无，在刚才绘制的图形位置绘制一个矩形，将生成一个"矩形1"图层，如图7.123所示。

⑳ 执行菜单栏中的"滤镜"|"杂色"|"添加杂

色"命令，在弹出的"添加杂色"对话框中单击"栅格化"按钮，再弹出的"设置"对话框中，分别勾选"高斯分布"复选按钮及"单色"复选框，将"数量"更改为70%，完成之后单击"确定"按钮，如图7.124所示。

图7.123 绘制矩形

图7.124 添加杂色

㉑ 执行菜单栏中的"滤镜"|"模糊"|"动感模糊"命令，在弹出的"动感模糊"对话框中将"角度"更改为40度，"距离"更改为300像素，设置完成之后单击"确定"按钮，如图7.125所示。

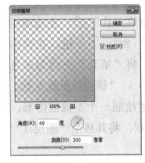
图7.125 添加动感模糊

㉒ 执行菜单栏中的"图像"|"调整"|"色阶"命令，在弹出的"色阶"对话框中将数值更改为（97，1.68，189），完成之后单击"确定"按钮，如图7.126所示。

㉓ 选中"矩形 1"图层，将其图层混合模式设置为"正片叠底"，如图7.127所示。

图7.126 调整色阶

图7.127 设置图层混合模式

㉔ 选中"矩形 1"图层，执行菜单栏中的"图层"|"创建剪贴蒙版"命令，为当前图层创建剪贴蒙版将部分图像隐藏，如图7.128所示。

图7.128 创建剪贴蒙版

㉕ 选择工具箱中的"钢笔工具"，在选项栏中单击"选择工具模式" 路径 按钮，在弹出的选项中选择"形状"，将"填充"更改为黑色，"描边"更改为无。

㉖ 沿封面边缘绘制一个不规则图形，将生成一个"形状 5"图层，将其移至"背景"图层上方，如图7.129所示。

图7.129 绘制图形

㉗ 执行菜单栏中的"滤镜"|"模糊"|"高斯模糊"命令，在弹出的"高斯模糊"对话框中将"半径"更改为3像素，完成之后单击"确定"按钮。

㉘ 将"形状 5"图层"不透明度"更改为40%，这样就完成了效果制作，最终效果如图7.130所示。

图7.130 最终效果

7.10 汽车杂志封面设计

本例讲解汽车杂志封面的设计制作，本例的设计风格十分简洁，整体呈现出一种高端、大气、上档次的视觉感受，很好地与汽车主题相匹配，最终效果如图7.131所示。

扫码看视频

图7.131 最终效果

素材位置：素材文件\第7章\汽车杂志封面
案例位置：案例文件\第7章\汽车杂志封面平面效果.ai、汽车杂志封面立体效果.psd
视频位置：多媒体教学\7.10 汽车杂志封面设计.avi
难易指数：★★★☆☆

7.10.1 使用Illustrator制作封面平面效果

01 执行菜单栏中的"文件"|"新建"命令，在弹出的"新建文档"对话框中设置"宽度"为425mm，"高度"为297mm，新建一个空白画板，如图7.132所示。

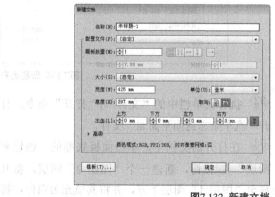

图7.132 新建文档

02 执行菜单栏中的"视图"|"标尺"命令，当出现标尺以后，创建一个参考线，将"X值"更改为215，再创建一个参考线，将"X值"更改为210，如图7.133所示。

图7.133 创建参考线

03 执行菜单栏中的"文件"|"打开"命令，打开"汽车.psd"文件，将打开的素材拖入画板靠右侧位置并适当缩放，如图7.134所示。

04 选择工具箱中的"矩形工具" ，绘制一个矩形，将"填充"更改为黑色，"描边"为无，如图7.135所示。

图7.134 添加素材　　　　图7.135 绘制矩形

05 同时选中图像及矩形图形，单击鼠标右键，从弹出的快捷菜单中选择"创建剪切蒙版"，如图7.136所示。

06 选择工具箱中的"直接选择工具" ，拖动图像，调整图像位置，如图7.137所示。

图7.136 创建剪切蒙版　　　　图7.137 调整位置

07 选择工具箱中的"矩形工具" ，绘制一个矩形，将"填充"更改为蓝色（R：139，G：193，B：242），"描边"为无，如图7.138所示。

08 选择工具箱中的"横排文字工具" ，添加

文字（Lucida Sans Unicode、方正兰亭黑），如图
7.139所示。

图7.138 绘制矩形　　　图7.139 添加文字

⑨　选择工具箱中的"矩形工具" ▭，在部分文字旁边位置绘制一个矩形，将"填充"更改为蓝色（R：139，G：193，B：242），"描边"为无，如图7.140所示。

图7.140 绘制矩形

⑩　选择工具箱中的"矩形工具" ▭，在画板左侧位置绘制一个矩形，将"填充"更改为蓝色（R：139，G：193，B：242），"描边"为无，如图7.141所示。

⑪　选择工具箱中的"横排文字工具" T，添加文字（Lucida Sans Unicode、方正兰亭黑），如图7.142所示。

图7.141 绘制矩形　　　图7.142 添加文字

⑫　选择工具箱中的"直线段工具" ／，在文字之间绘制一条线段，设置"填色"为无，"描边"为白色，"粗细"为2像素，如图7.143所示。

图7.143 绘制线段

7.10.2　使用Photoshop制作封面立体效果

①　执行菜单栏中的"文字"|"新建"命令，在弹出的"新建"对话框中设置"宽度"为80毫米，"高度"为60毫米，"分辨率"为300像素/英寸，新建一个空白画布，将画布填充为蓝色（R：74，G：166，B：199），如图7.144所示。

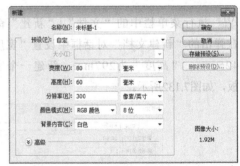

图7.144 新建画布

②　执行菜单栏中的"文件"|"打开"命令，打开"汽车杂志封面平面.ai"文件。

③　在打开的文档中，单击面板底部的"创建新图层" ▫ 按钮，新建一个"图层 2"图层，将其移至"图层 1"图层下方，并将其填充为白色，将两个图层合并。

④　选择工具箱中的"矩形选框工具" ▢，在封面右侧区域图像位置绘制选区，按Ctrl+C组合键将选区中图像复制，如图7.145所示。

图7.145 创建选区

图7.148 粘贴图像

05 按Ctrl+V组合键粘贴图像,将生成一个"图层1"图层。

06 按Ctrl+T组合键对图像执行"自由变换"命令,单击鼠标右键,从弹出的快捷菜单中选择"扭曲"命令,拖动变形框控制点将图像变形,完成之后按Enter键确认,如图7.146所示。

09 选择工具箱中的"钢笔工具" ,在选项栏中单击"选择工具模式" 路径 按钮,在弹出的选项中选择"形状",将"填充"更改为蓝色(R:139,G:193,B:242),"描边"更改为无。

10 在图像左侧位置绘制一个不规则图形,将生成一个"形状1"图层,如图7.149所示。

图7.146 将图像变形

图7.149 绘制图形

07 在素材文档中,选择任意选区工具,将选区平移至左侧区域,如图7.147所示。

11 在"图层"面板中,单击面板底部的"添加图层样式" *fx*按钮,在菜单中选择"渐变叠加"命令。

12 在弹出的"图层样式"对话框中将"混合模式"更改为正片叠底,"不透明度"为50%,"渐变"更改为黑色到白色,"角度"为﹣150度,"缩放"为50%,完成之后单击"确定"按钮,如图7.150所示。

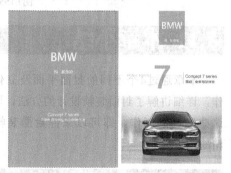

图7.147 绘制选区

08 以同样的方法将图像复制,再将其粘贴至新建画布中,如图7.148所示。

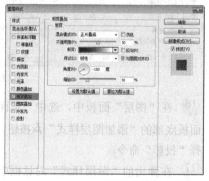

图7.150 设置渐变叠加

⑬ 以同样的方法在底部位置再次绘制一个图形制作厚度效果,将"填充"更改为蓝色(R:195,G:221,B:244),"描边"更改为无如图7.151所示。

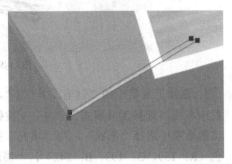

图7.151 绘制图形

⑭ 以同样的方法在正面图像左侧和底部位置,分别绘制图形制作厚度效果,如图7.152所示。

图7.152 制作厚度

⑮ 同时选中所有和正面相关的图层,按Ctrl+G组合键将图层编组,将生成的组名称更改为"正面",以同样的方法将其他几个图层编组,将生成的组名称更改为"背面",如图7.153所示。

图7.153 将图层编组

⑯ 在"图层"面板中,选中"正面"组,单击面板底部的"添加图层样式" fx 按钮,在菜单中选择"投影"命令。

⑰ 在弹出的"图层样式"对话框中将"不透明度"更改为40%,"距离"更改为3像素,"大小"更改为10像素,完成之后单击"确定"按钮,如图7.154所示。

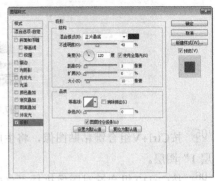

图7.154 设置投影

⑱ 在"正面"组名称上单击鼠标右键,从弹出的快捷菜单中选择"拷贝图层样式"命令,在"背面"组名称上单击鼠标右键,从弹出的快捷菜单中选择"粘贴图层样式"命令,这样就完成了效果制作,最终效果如图7.155所示。

图7.155 最终效果

7.11 本章小结

本章通过4个不同的封面平面及立体效果制作,详细讲解了封面装帧设计的方法,读者通过这些案例的制作,即可以掌握封面装帧设计的精髓。

7.12 课后习题

书籍生产过程中的装潢设计工作,又称书籍艺术。本章安排了4个课后习题供读者练习,以巩固前面所学的知识,掌握封面装帧设计的方法和技巧。

7.12.1 课后习题1——旅游杂志封面设计

本例讲解旅游杂志封面的设计制作，杂志封面设计主要在于背景图像的完美色调调整及文字信息的摆放，同时颜色搭配也至关重要，不同的颜色搭配所调整的最终效果都会有较大的差别，最终效果如图7.156所示。

扫码看视频

图7.156 最终效果

素材位置：素材文件\第7章\旅游杂志封面设计
案例位置：案例文件\第7章\旅游杂志封面效果处理.psd、旅游杂志封面平面效果ai、旅游杂志封面展示效果.psd
视频位置：多媒体教学\7.12.1 课后习题1——旅游杂志封面设计.avi
难易指数：★★☆☆☆

步骤分解如图7.157所示。

图7.157 步骤分解图

图7.157 步骤分解图（续）

7.12.2 课后习题2——公司宣传册封面设计

本例讲解公司宣传册封面的设计制作，在设计之初采用了简洁的图形及文字组合，使整个封面十分简洁，在色彩方面采用了经典的蓝色系，使整个封面设计简约，令人赏心悦目，最终效果如图7.158所示。

扫码看视频

图7.158 最终效果

素材位置：素材文件\第7章\公司宣传册封面设计
案例位置：案例文件\第7章\公司宣传册封面平面效果ai、公司宣传册封面展示效果.psd
视频位置：多媒体教学\7.12.2 课后习题2——公司宣传册封面设计.avi
难易指数：★★☆☆☆

步骤分解如图7.159所示。

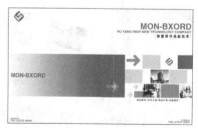

图7.159 步骤分解图

图7.159 步骤分解图（续）

7.12.3 课后习题3——科技封面装帧设计

本例讲解科技封面装帧的设计制作，本例在制作过程中围绕科技公司的定位，特别选用与公司定位相关的素材图像相结合，封面的展示效果最能直观地体现出封面的设计感，在本例中以木纹作图像作为背景与绿色生物科技相结合，整个展示效果相当不错，最终效果如图7.160所示。

扫码看视频

图7.160 最终效果

素材位置：素材文件\第7章\科技封面
案例位置：案例文件\第7章\科技封面平面效果设计.ai、科技封面展示效果制作.psd
视频位置：多媒体教学\7.12.3 课后习题3——科技封面装帧设计.avi
难易指数：★★☆☆☆

步骤分解如图7.161所示。

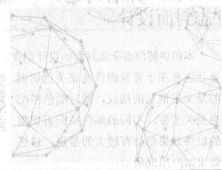

图7.161 步骤分解图

7.12.4 课后习题4——工业封面装帧设计

本例讲解工业封面装帧的设计制作，本例在制作过程中选用工业素材图像与科技蓝色的色调相结合，整个达到和谐统一，本例在封面展示效果制作过程中采用经典的俯视角度，以最直观地展示封面的设计，制作过程比较简单，重点注意最后加深画布边缘的操作过程，最终效果如图7.162所示。

扫码看视频

图7.162 最终效果

素材位置：素材文件\第7章\工业封面
案例位置：案例文件\第7章\工业封面平面效果设计.ai、工业封面展示效果制作.psd
视频位置：多媒体教学\7.12.4 课后习题4——工业封面装帧设计.avi
难易指数：★★★☆☆

步骤分解如图7.163所示。

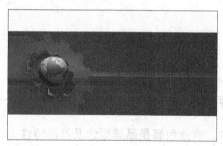

图7.163 步骤分解图（续）

图7.163 步骤分解图

第**8**章

商业包装设计

───── 内容摘要 ─────

　　本章讲解商业包装设计与制作，商业包装是品牌理念及产品特性的综合反映，它直接影响到消费者的购买欲。包装是联系产品与消费者的极具亲和力的手段，包装的功能是保护商品，提高产品附加值。对包装的规整设计令整个品牌效应持久及出色，包装的设计原则是体现品牌特点，传达直观印象、漂亮图案、品牌印象及产品特点等，通过本章的学习，读者可以快速掌握商业包装的设计与制作。

───── 课堂学习目标 ─────

- 了解包装的发展
- 了解包装的原则
- 掌握包装展开面与立体效果的制作技巧
- 了解包装的特点与功能
- 了解包装的材料与分类

8.1 关于包装设计

在市场经济高速发展的今天，越来越多的人认识到包装的重要性，包装已经成为商品经营中必不可少的一个环节。在今天这种大量生产和大量销售的时代，现代包装已经成了沟通生产者与消费者的最好桥梁，设计的好坏直接影响到新产品的销售情况。

包装设计是平面设计中的一个分支，涉及管理学、营销学、广告学及学术设计等诸多方面的知识，可以说，这是一个比较完善的学科。

8.2 包装的概念

所谓包装，从字面上可以理解为包扎、包裹、装饰、装潢。在过去，包装只是为了保护商品，方便运输和储藏。而到了今天，包装已经不是局限在保护商品的定义中，它已经是美化商品、宣传商品、进一步提高商品商业价值的一种体现，是一种营销的手段。

包装设计包含丰富的内容，包括材料、造型、印刷等多方面要素，因此，包装设计已经是提高商品商业价值的艺术处理过程。一个成功的包装设计应能准确反映商品的属性和档次，并且构思新颖，具有较强的视觉冲击力。

8.3 包装的发展

包装作为人类智慧的结晶，是随着人类商品交易的发展而发展起来的，经历了从简到繁、从实用到美化提升的发展过程。

最初，人们使用树叶、果壳、贝壳等天然材料作为食物的包装。随着纸的发明，出现了纸包装，公元前100年左右，人类生产木箱作为包装，公元300年左右，在罗马的普通家庭中，使用了玻璃瓶进行包装，成为最早的玻璃包装。

随着社会的发展，包装行业得到了很大发展，出现了专门的包装设计学校和专业，包装设计水平也有了极大的飞跃。现在，包装已经越来越豪华，甚至已经超越了商品本身的价值，而出现包装价值越来越高，商品价值越来越低的局面。

8.4 包装的特点

随着包装行业的兴起，包装也有了自身的特点，只有掌握了包装的特点，才能更好地应用这些特点来表现包装的意义，以改变其产品在消费者心中的形象，从而也提升企业自身的形象。不同包装效果如图8.1所示。

图8.1 不同包装效果

1.保护商品

保护商品是包装设计的前提，也是包装设计的基本特点。不管应用什么样的包装，首先要考虑包装保护商品的能力，要根据商品的特点来设计包装。

2.宣传商品

包装除了起保护商品的作用外，现在还有更重要的特点，那就是宣传商品，让消费者从包装上了解该商品，从而引发他们的购物欲望。包装虽然不能直接诱导消费者去购买商品，但通过包装能显示出商品的特点，引起消费者的注意，以潜移默化的力量影响消费者的购买行为。

3.营销目标

在设计包装时，还要注意企业的目标市场所面对消费群体的消费能力和人性世故，商品本身价值要大于包装的价值。面对不同的消费群体，商品的包装设计也不同，商品包装的价值也就不同，如相对低端市场的，不宜过分华丽，以朴实为主。不能让消费者买回去后发现包装与商品不符，更不能以次充好来欺骗消费者，不然以后该商品将无人问津。

8.5 包装的功能

包装的功能是指包装对所包的商品起到的作用和效果。包装的主要作用体现在如下几个方面。精彩包装效果如图8.2所示。

图8.2 精彩包装效果

1.保护作用

包装最基本的作用是保护商品，方便商品的存储及运输，对商品起到防潮、防震、防污染、防破坏等保护作用。

2.容器作用

包装可以将一些不易储存和运输的物品，如液态、气态、颗粒状等商品，进行包装封袋，以方便储存、运输或销售。

3.促销作用

在市场经济的今天，包装对商品的影响越来越大，同样的商品，不同的包装将直接影响到该商品在市场中的销售情况。包装不但可以起到美化商品的作用，还可以提高商品的档次，激起消费者的购买欲望，从而达到促进商品销售的目的。

8.6 包装设计的原则

要想使包装设计发挥出更好的效果，在包装设计中应遵循以下三大原则。精彩包装效果如图8.3所示。

图8.3 精彩包装效果

图8.3 精彩包装效果（续）

1.注重色彩的表现

色彩设计在包装设计中占据重要的位置，色彩是美化和突出产品的重要因素。包装设计在力求创意的同时，还要注意色彩的表现，精美的图案及艳丽的色彩才能使商品更加醒目，才能更好地刺激消费者的购买欲。

2.注意产品的信息表现

成功的包装，不但要色彩突出，还要注意新产品信息的表现，告诉人们包装所表达的产品信息，准确地传达新产品的信息，不能以次充好、以劣充优，那样才能更好地起到表现产品信息的目的，刺激消费者。

3.以消费者为根本

包装的造型、色彩及质地，在设计中都要想到消费者。不但要满足消费者的需要，还要满足消费者的习惯。要注意各国家、各民族有不同的喜爱色，如美国人喜欢黄色，使用黄色包装的商品都畅销，但日本人不喜欢黄色，在日本采用黄色包装往往销不动。这种国家、民族喜爱的心理也是相对的、变化的，要在设计之前了解一下相关的细节，才能做到让消费者满意。

8.7 包装的材料

包装材料的选择是包装设计的前提，不同类型的商品有不同的包装材料，设计者在进行包装设计时，不仅要考虑产品的属性，还要熟悉包装材料的特点。要进行包装设计，首先要考虑包装的材料，下面介绍几种包装设计中常用的材料。

1.纸材料

在商品包装中，纸材料的应用是最多的。当然，不同的纸张有不同的性能，只有充分了解纸张的性能，才能更好地应用它们。纸材料包括牛皮纸、玻璃纸、瓦楞纸、铜版纸和蜡纸等。纸材料包装效果如图8.4所示。

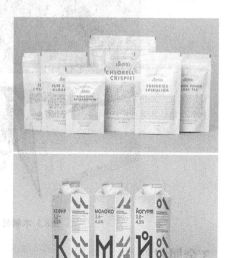

图8.4 纸材料包装效果

2.木制材料

木材是常见的包装材料，通常分为硬木和软木两种，主要用于制作木盒、木桶、木箱等。木制包装具有耐压、抗菌等特点，适合制作运输包装和储藏包装。但也有缺点，如一般较笨重、不易运输。木制材料包装效果如图8.5所示。

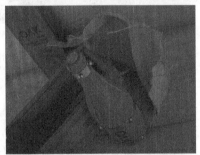

图8.5 木制材料包装效果

3.金属材料

金属类包装的主要形式有各种金属罐、金属软管、桶等，多应用在生活用品、饮料、罐头包装中，也出现在工业产品的包装中。金属包装中使用最多的是马口铁和铝、铝箔、镀铬无锡铁皮等。金属材料包装效果如图8.6所示。

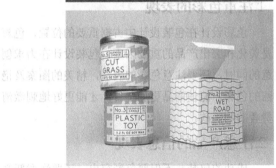

图8.6 金属材料包装效果

4.玻璃材料

玻璃材料也是包装中常用的材料之一，它由一种天然矿石制造而成，经常吹塑或压制成型，制作出各种形状供包装使用，它是饮料、酒类、化妆品、食品等常用的包装材料。玻璃具有耐酸、稳定、无毒、无味、透明等特点，但缺点也很明显，易碎、不易运输，所以一般在应用玻璃包装的同时，还要再加上纸材料或木材料来包装。玻璃材料包装效果如图8.7所示。

但也有缺点，如不耐热、易变形、不易分解等。塑料材料包装效果如图8.8所示。

图8.7 玻璃材料包装效果

图8.8 塑料材料包装效果

5.塑料材料

塑料的种类很多，常用于商品包装的塑料有聚氯乙烯薄膜、聚丙乙烯薄膜、聚乙烯醇薄膜等。塑料具有高强度、防潮性、保护性、防腐蚀等特点，

8.8 包装的分类

商品包装发展到今天，已有很多类别，下面介绍几种比较常见的分类。

1.按产品种类分类

按产品种类，可以将包装分为日用品类、食品类、化妆品类、烟酒类、医药类、文体类、五金家电类、工艺品类、纺织品类等。

2.按包装的形态分类

按照包装的形态，可以将包装分为个包装、中包装和外包装3类。

（1）个包装。

个包装是指单个包装，有时也称为小包装，它是商品包装的第一层，直接与商品接触，因此要注意材料的选择，以无侵蚀、无污染为主，以防止对商品造成损害。另外，还要注意个包装的设计，有些商品本身只有一层包装，要注意包装的吸引力和宣传力。个包装效果如图8.9所示。

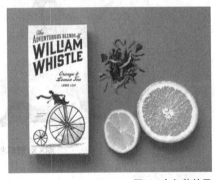

图8.9 个包装效果

图8.9 个包装效果（续）

（2）中包装。

中包装有时也称为中包，是指对有包装的商品进行再次包装，一般指两个或两个以上的包装面组成的包装整体。中包装一般是为了加强对商品的保护面另加的包装，位于外包装的内层，而处于个包装的外层，不但要能够保护商品，还要具有视觉冲击力。中包装效果如图8.10所示。

图8.10 中包装效果

图8.10 中包装效果（续）

（3）外包装。

外包装也称大包装、运输包装。通常是将商品几份或是多份地打包，以将其整理便于运输，一般用硬纸箱或大木箱来包装，上面标有产品的型号、规格、数量、出厂日期等。如果是特殊商品，还要加上特殊的警示标志，如易碎品、防堆放、有毒等。外包装效果如图8.11所示。

图8.11 外包装效果

图8.11 外包装效果（续）

3.按包装材料的质地分类

按照包装材料的质地，可以将包装分为软包装、半硬包装和硬包装3种。也有人将其粗略地分为软包装和硬包装两种。

4.按包装材料分类

按照使用的包装材料不同，可将包装分为纸包装、木包装、金属包装、玻璃包装、塑料包装、纺织品包装等。

8.9 节能灯包装设计

本例讲解节能灯包装的设计制作，此款包装的设计风格十分简约，以白色、红色作为主体色调，将整个包装十分直观地表现出来，同时富有极强的产品特征，最终效果如图8.12所示。

扫码看视频

图8.12 最终效果

素材位置	素材文件\第8章\节能灯包装
案例位置	案例文件\第8章\节能灯包装平面效果.ai、节能灯包装立体效果.psd
视频位置	多媒体教学\8.9 节能灯包装设计.avi
难易指数	★★☆☆☆

8.9.1　使用Illustrator制作包装平面效果

01　执行菜单栏中的"文件"|"新建"命令，在弹出的"新建文档"对话框中设置"宽度"为60mm，"高度"为60mm，新建一个空白画板，如图8.13所示。

图8.13　新建文档

02　选择工具箱中的"矩形工具" ，绘制一个与画板相同大小的矩形。

03　选择工具箱中的"渐变工具" ，在图形上拖动为其填充白色到灰色（R：172，G：172，B：172）的径向渐变，如图8.14所示。

图8.14　填充渐变

04　选择工具箱中的"矩形工具" ，绘制一个矩形，将"填色"更改为白色，"描边"为无，如图8.15所示。

05　选中图形，按Ctrl+C组合键将其复制，再按

Ctrl+Shift+V组合键将其粘贴，将粘贴的矩形"填色"更改为灰色（R：204，G：204，B：204），再缩小其宽度，移动到右侧如图8.16所示。

图8.15　绘制矩形　　　**图8.16　复制并变换图形**

06　执行菜单栏中的"文件"|"打开"命令，打开"灯泡.psd"文件，将打开的素材拖入适当位置并缩小，如图8.17所示。

07　选择工具箱中的"椭圆工具" ，将"填色"更改为灰色（R：67，G：67，B：67），在灯泡图像底部绘制一个椭圆，如图8.18所示。

图8.17　添加素材　　　**图8.18　绘制椭圆**

08　执行菜单栏中的"效果"|"模糊"|"高斯模糊"命令，在弹出的"高斯模糊"对话框中将"半径"更改为2像素，完成之后单击"确定"按钮，如图8.19所示。

图8.19　添加高斯模糊

09　选择工具箱中的"文字工具" ，添加文字（方正兰亭细黑、方正兰亭中粗黑、方正兰亭超细黑），如图8.20所示。

⑩ 选择工具箱中的"圆角矩形工具" ▭ ,绘制一个圆角矩形,设置"填色"为深黄色(R: 205,G: 163,B: 70),"描边"为无,如图 8.21所示。

图8.20 添加文字   图8.21 绘制圆角矩形

⑪ 选择工具箱中的"文字工具" T ,添加文字 (方正兰亭细黑),如图8.22所示。

图8.22 添加文字

⑫ 以同样的方法在灯光图像左侧再次绘制两个圆角矩形,如图8.23所示。

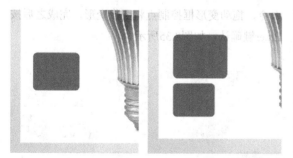

图8.23 绘制圆角矩形

⑬ 选择工具箱中的"直接选择工具" ▷ ,选中圆角矩形左侧锚点将其删除,如图8.24所示。

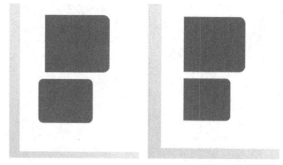

图8.24 删除锚点

⑭ 选择工具箱中的"文字工具" T ,添加文字 (方正兰亭细黑),如图8.25所示。

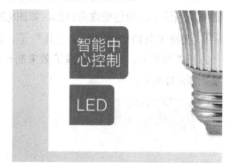

图8.25 添加文字

⑮ 选择工具箱中的"矩形工具" ▭ ,在右侧灰色矩形位置绘制一个矩形,将"填充"更改为红色 (R: 235,G: 25,B: 34),"描边"为无,如图8.26所示。

⑯ 选择工具箱中的"文字工具" T ,添加文字 (方正兰亭细黑),如图8.27所示。

图8.26 绘制矩形   图8.27 添加文字

⑰ 选择工具箱中的"椭圆工具" ◯ ,将"填色"更改为无,"描边"为白色,"粗细"为0.5,按住Shift键绘制一个圆形,如图8.28所示。

⑱ 将圆向下移动复制两份,如图8.29所示。

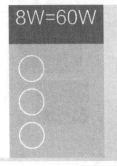

图8.28 绘制圆   图8.29 复制圆

⑲ 执行菜单栏中的"文件"|"打开"命令，打开"标示.ai"文件，将打开的素材拖入圆环内部位置并适当缩小，颜色更改为白色，如图8.30所示。

⑳ 选择工具箱中的"文字工具" T ，添加文字（方正兰亭黑），这样就完成了效果制作，最终效果如图8.31所示。

图8.30 添加素材   图8.31 最终效果

8.9.2 使用Photoshop制作包装立体效果

① 执行菜单栏中的"文字"|"新建"命令，在弹出的"新建"对话框中设置"宽度"为60毫米，"高度"为50毫米，"分辨率"为300像素/英寸，新建一个空白画布，如图8.32所示。

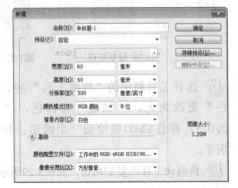

图8.32 新建画布

② 将画布填充为灰色（R：253，G：253，B：253）到灰色（R：220，G：220，B：220）的径向渐变。执行菜单栏 中的"文件"|"打开"命令，打开"节能灯包装平面.ai"文件。

③ 在打开的文档中，选择工具箱中的"矩形选框工具" □ ，在包装左侧区域绘制一个矩形选区，以选中图像，如图8.33所示。

④ 按Ctrl+C组合键将其复制，在新建画布中按Ctrl+V组合键将其粘贴，如图8.34所示。

图8.33 绘制选区   图8.34 粘贴图像

⑤ 按Ctrl+T组合键对其执行"自由变换"命令，单击鼠标右键，从弹出的快捷菜单中选择"透视"命令，拖动变形框控制点将图像变形，完成之后按Enter键确认。

⑥ 以同样的方法在图像右侧绘制选区选中侧面图像，将其复制并粘贴至新建画布中。

⑦ 按Ctrl+T组合键对其执行"自由变换"命令，单击鼠标右键，从弹出的快捷菜单中选择"透视"命令，拖动变形框控制点将图像变形，完成之后按Enter键确认，如图8.35所示。

图8.35 将图像变形

⑧ 在"图层"面板中，选中"图层 2"图层，按Ctrl+E组合键向下合并，将生成一个"图层 2"图层。

⑨ 将"图层2"图层拖至面板底部的"创建新图层" 🖿 按钮上，复制一个"图层2拷贝"图层。

⑩ 选中"图层2"拷贝图层，将其图层混合模式设置为"正片叠底"，"不透明度"更改为50%，如图8.36所示。

图8.36 设置图层混合模式

⑪ 同时选中"图层2拷贝"及"图层2"图层，按Ctrl+E组合键将其合并，将生成的图层名称更改为"包装"。

⑫ 选择工具箱中的"矩形选框工具" □，在包装左侧绘制一个矩形选区，如图8.37所示。

⑬ 执行菜单栏中的"图层"|"新建"|"通过拷贝的图层"命令，此时将生成一个"图层1"图层。

⑭ 按Ctrl+T组合键对其执行"自由变换"命令，单击鼠标右键，从弹出的快捷菜单中选择"垂直翻转"命令，在出现的变形框中单击鼠标右键，从弹出的快捷菜单中选择"斜切"命令，拖动变形框将图像变形，完成之后按Enter键确认，如图8.38所示。

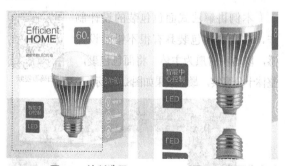

图8.37 绘制选区　　图8.38 将图像变形

⑮ 在"图层"面板中，选中"图层1"图层，单击面板底部的"添加图层蒙版" ▣ 按钮，为其添加图层蒙版，如图8.39所示。

⑯ 选择工具箱中的"渐变工具" ▣，编辑黑色到白色的渐变，单击选项栏中的"线性渐变" ▣ 按钮，在图像上拖动将部分图像隐藏，如图8.40所示。

图8.39 添加图层蒙版　　图8.40 隐藏图像

⑰ 选择工具箱中的"矩形选框工具" □，在包装右侧位置绘制一个矩形选区，如图8.41所示。

⑱ 执行菜单栏中的"图层"|"新建"|"通过拷贝的图层"命令，此时将生成一个"图层2"图层，以同样的方法将图像变形后制作倒影效果，如图8.42所示。

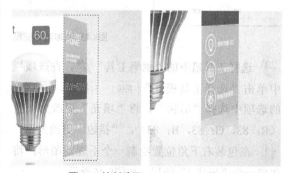

图8.41 绘制选区　　图8.42 制作倒影

⑲ 同时选中"图层2"及"图层1"图层，移至"包装"图层下方，选择工具箱中的"钢笔工具" ✐，在选项栏中单击"选择工具模式" 路径 按钮，在弹出的选项中选择"形状"，将"填充"更改为灰色（R：67，G：67，B：67），"描边"更改为无。

⑳ 在包装底部位置绘制一个不规则图形，将生成一个"形状1"图层，如图8.43所示。

㉑ 执行菜单栏中的"滤镜"|"模糊"|"高斯模糊"命令，在弹出的"高斯模糊"对话框中将"半径"更改为3像素，完成之后单击"确定"按钮，如图8.44所示。

图8.43 绘制图形　　　　图8.44 添加高斯模糊

㉒　执行菜单栏中的"滤镜"|"模糊"|"动感模糊"命令，在弹出的"高斯模糊"对话框中将"角度"更改为0度，"距离"更改为65像素，设置完成之后单击"确定"按钮，如图8.45所示。

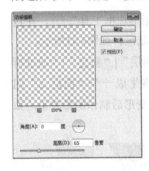

图8.45 添加动感模糊

㉓　选择工具箱中的"钢笔工具" ✐，在选项栏中单击"选择工具模式" 路径 按钮，在弹出的选项中选择"形状"，将"填充"更改为灰色（R：83，G：83，B：83），"描边"更改为无。

㉔　在包装右下角位置绘制一个不规则图形，将生成一个"形状 2"图层，如图8.46所示。

图8.46 绘制图形

㉕　在"图层"面板中，选中"形状 2"图层，单击面板底部的"添加图层蒙版" ▣ 按钮，为其图层添加图层蒙版，如图8.47所示。

㉖　选择工具箱中的"画笔工具" ✎，在画布中

单击鼠标右键，在弹出的面板中选择一种圆角笔触，将"大小"更改为150像素，"硬度"更改为0%，如图8.48所示。

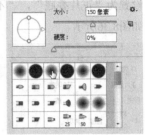

图8.47 添加图层蒙版　　　　图8.48 设置笔触

㉗　将前景色更改为黑色，在图像上部分区域涂抹将其隐藏制作投影，这样就完成了效果制作，最终效果如图8.49所示。

图8.49 最终效果

8.10 法式面包包装设计

　　本例讲解法式面包包装的设计制作，本例中的包装具有很不错的设计感，以透明材质为主体，将面包包裹，整体十分真实，最终效果如图8.50所示。

扫码看视频

图8.50 最终效果

素材位置　素材文件\第8章\法式面包包装
案例位置：案例文件\第8章\法式面包包装平面效果.ai、法式面包包装立体效果.psd
视频位置：多媒体教学\8.10 法式面包包装设计.avi
难易指数：★★☆☆☆

8.10.1　使用Illustrator制作包装平面效果

01　执行菜单栏中的"文件"|"新建"命令，在弹出的"新建文档"对话框中设置"宽度"为80mm，"高度"为55mm，新建一个空白画板，如图8.51所示。

图8.51　新建文档

02　选择工具箱中的"矩形工具"，根据页面大小绘制一个填充为白色的矩形，然后将"填充"更改为浅黄色（R：249，G：246，B：234），"描边"为无，在页面中间绘制一个与画板宽度相同的矩形，如图8.52所示。

图8.52　绘制矩形

03　执行菜单栏中的"文件"|"打开"命令，打开"插画.jpg"文件，将打开的素材拖入适当位置并适当缩小，如图8.53所示。

04　在"透明度"面板中，将"混合模式"更改为正片叠底，如图8.54所示。

图8.53　添加素材　　　　图8.54　更改混合模式

05　选择工具箱中的"直线段工具"，将"填色"更改为无，"描边"为橙色（R：239，G：178，B：43），"粗细"更改为0.5像素，绘制一条水平线段，如图8.55所示。

图8.55　绘制线段

06　选择工具箱中的"圆角矩形工具"，设置"填色"为橙色（R：239，G：178，B：43），"描边"为无，绘制一个圆角矩形，如图8.56所示。

07　按Ctrl+C组合键将图形复制，再按Ctrl+Shift+V组合键将其粘贴，将粘贴的图形"填色"更改为无，"描边"为橙色（R：239，G：178，B：43），"宽度"为0.5像素，再将其等比放大，如图8.57所示。

图8.56　绘制图形　　　　图8.57　复制并变换图形

⑧ 选择工具箱中的"横排文字工具" **T** ，添加文字（方正正粗黑简体），如图8.58所示。

⑨ 在文字上单击鼠标右键，在弹出的菜单中选择"创建轮廓"命令，同时选中文字及圆角矩形，在"路径查找器"面板中单击"减去顶层"按钮，如图8.59所示。

图8.58 添加文字

图8.59 分割图形

⑩ 同时选中圆角矩形及描边图形，按Ctrl+G组合键将其编组，执行菜单栏中的"效果"|"变形"|"弧形"命令，在弹出的对话框中将"弯曲"更改为20%，完成之后单击"确定"按钮，如图8.60所示。

图8.60 将图形变形

⑪ 将线段长度向右侧缩短，再将其向左侧平移复制一份后缩短，如图8.61所示。

图8.61 变换线段

⑫ 选择工具箱中的"横排文字工具" **T** ，添加文字（方正兰亭细黑、Segoe Script），如图8.62所示。

图8.62 添加文字

8.10.2 使用Photoshop制作包装立体效果

① 执行菜单栏中的"文字"|"新建"命令，在弹出的"新建"对话框中设置"宽度"为80毫米，"高度"为60毫米，"分辨率"为300像素/英寸，新建一个空白画布，如图8.63所示。将画布填充为深黄色（R：56，G：39，B：30）。

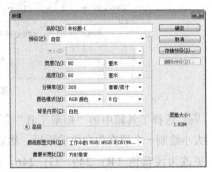

图8.63 新建画布

② 执行菜单栏中的"文件"|"打开"命令，打开"法式面包包装平面.ai"文件。

③ 将图层名称更改为"包装"后拖入新建画布中缩小，如图8.64所示。

图8.64 添加素材

④ 选择工具箱中的"矩形选框工具" ，在包

装贴位置绘制一个矩形选区，如图8.65所示。

(05) 执行菜单栏中的"图层"|"新建"|"通过剪切的图层"命令，将生成的图层名称更改为"包装贴"，如图8.66所示。

图8.65 绘制选区　　　图8.66 通过剪切的图层

(06) 选中"包装"图层，将其图层"不透明度"更改为10%，如图8.67所示。

(07) 执行菜单栏中的"文件"|"打开"命令，打开"面包.psd"文件，将其拖至当前画布中并移至"包装贴"和"包装"图层之间，如图8.68所示。

图8.67 更改不透明度　　　图8.68 添加素材

(08) 同时选中除"背景"之外所有图层，按Ctrl+G组合键将其编组，如图8.69所示。

(09) 在"图层"面板中，选中"组 1"组，将其拖至面板底部的"创建新图层" 按钮上，复制一个"组 1 拷贝"组，按Ctrl+E组合键将组合并，将生成的图层名称更改为"完整包装"，再将"组1"隐藏，如图8.70所示。

 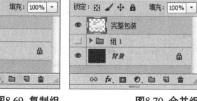

图8.69 复制组　　　图8.70 合并组

(10) 选择工具箱中的"钢笔工具" ，在包装顶部绘制一个不规则路径，如图8.71所示。

(11) 按Ctrl+Enter组合键将路径转换为选区，如图8.72所示。

图8.71 绘制路径　　　图8.72 转换为选区

(12) 选择任意选区工具，将选区向下移动，单击鼠标右键，从弹出的快捷菜单中选择"变换选区"命令。

(13) 再单击鼠标右键，从弹出的快捷菜单中选择"垂直翻转"命令，完成之后按Enter键确认，如图8.73所示。

(14) 以同样的方法将底部部分区域图像删除，如图8.74所示。

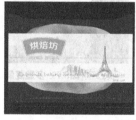 

图8.73 变换选区　　　图8.74 删除图像

(15) 选择工具箱中的"矩形工具" ，在选项栏中将"填充"更改为黑色，"描边"为无，在包装左上角按住Shift键绘制一个矩形，将生成一个"矩形 1"图层，如图8.75所示。

(16) 按Ctrl+T组合键对矩形执行"自由变换"命令，当出现框以后在选项栏中"旋转"后方文本框中输入45，完成之后按Enter键确认，如图8.76所示。

图8.75 绘制矩形　　　图8.76 旋转图形

⑰ 在"矩形 1"图层名称上单击鼠标右键，在弹出的菜单中选择"栅格化图层"命令，按住Ctrl键单击其图层缩览图，将其载入选区，如图8.77所示。

图8.77 载入选区

⑱ 按Ctrl+Alt+T组合键将矩形向下方移动复制一份，如图8.78所示。

⑲ 按住Ctrl+Alt+Shift组合键同时按T键多次，执行"多重复制"命令，将图像复制多份，如图8.79所示。

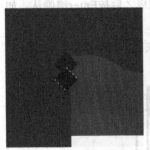

图8.78 变换复制　　　图8.79 多重复制

⑳ 选中"矩形 1"图层，在画布中将图像向右侧平移复制一份，如图8.80所示。

㉑ 按住Ctrl键单击"矩形 1"图层缩览图，再按住Shift键单击"矩形 1 拷贝"图层缩览图，将其加选至选区，如图8.81所示。

图8.80 复制图像　　　图8.81 载入选区

㉒ 选中"完整包装"图层，将图像删除，完成之后按Ctrl+D组合键将选区取消，再将两个锯齿图像所在图层删除，如图8.82所示。

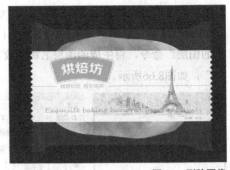

图8.82 删除图像

㉓ 选择工具箱中的"椭圆工具" ⬭，在选项栏中将"填充"更改为白色，"描边"为无，在包装顶部绘制一个椭圆图形，将生成一个"椭圆 1"图层，如图8.83所示。

㉔ 执行菜单栏中的"滤镜"|"模糊"|"高斯模糊"命令，在弹出的"高斯模糊"对话框中将"半径"更改为8像素，完成之后单击"确定"按钮，如图8.84所示。

图8.83 绘制椭圆　　　图8.84 添加高斯模糊

㉕ 执行菜单栏中的"滤镜"|"模糊"|"动感模糊"命令，在弹出的"动感模糊"对话框中将"角度"更改为0度，"距离"更改为200像素，设置完成之后单击"确定"按钮，如图8.85所示。

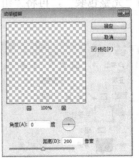

图8.85 添加动感模糊

㉖ 按住Ctrl键单击"完整包装"图层缩览图，将

其载入选区，如图8.86所示。

㉗ 执行菜单栏中的"选择"|"反向"命令将选区反向，将选区中图像删除，完成之后按Ctrl+D组合键将选区取消，如图8.87所示。

图8.86 载入选区　　　　　图8.87 删除图像

㉘ 选中"椭圆 1"图层，在画布中将图像向下移动复制一份，按Ctrl+T组合键对其执行"自由变换"命令，单击鼠标右键，从弹出的快捷菜单中选择"垂直翻转"命令，完成之后按Enter键确认，如图8.88所示。

㉙ 选择工具箱中的"钢笔工具" ，在选项栏中单击"选择工具模式" 路径 按钮，在弹出的选项中选择"形状"，将"填充"更改为白色，"描边"更改为无，在包装顶部位置绘制一个不规则图形，将生成一个"形状 1"图层，如图8.89所示。

图8.88 复制图像　　　　　图8.89 绘制图形

㉚ 执行菜单栏中的"滤镜"|"模糊"|"高斯模糊"命令，在弹出的"高斯模糊"对话框中将"半径"更改为5像素，完成之后单击"确定"按钮，如图8.90所示。

㉛ 选中"形状 1"图层，将其图层"不透明度"更改为30%，如图8.91所示。

图8.90 添加高斯模糊　　　　图8.91 更改不透明度

㉜ 将图像向下移动复制一份，如图8.92所示。

图8.92 复制图像

㉝ 选择工具箱中的"直线工具" ，在选项栏中将"填充"更改为深黄色（R：87，G：56，B：0），"描边"为无，"粗细"更改为1像素，在包装左侧封口位置按住Shift键绘制一条垂直线段，将生成一个"形状 2"图层，如图8.93所示。

㉞ 在"形状 2"图层名称上单击鼠标右键，在弹出的菜单中选择"栅格化图层"命令，按住Ctrl键单击"形状 2"图层缩览图将其载入选区，如图8.94所示。

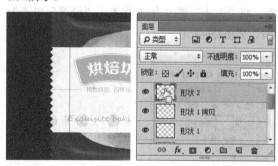

图8.93 绘制线段　　　　　图8.94 载入选区

㉟ 按Ctrl+Alt+T组合键将线段向左侧平移复制一份，如图8.95所示。

㊱ 按住Ctrl+Alt+Shift组合键同时按T键多次，执行"多重复制"命令，将其复制多份，如图8.96所示。

图8.95 变换复制　　　　图8.96 多重复制

㊲ 执行菜单栏中的"滤镜"|"模糊"|"高斯模糊"命令，在弹出的"高斯模糊"对话框中将"半径"更改为0.5像素，完成之后单击"确定"按钮，如图8.97所示。

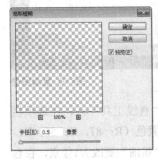

图8.97 添加高斯模糊

㊳ 在"图层"面板中，选中"形状2"图层，单击面板底部的"添加图层蒙版" ▣ 按钮，为其图层添加图层蒙版，如图8.98所示。

㊴ 选择工具箱中的"画笔工具" ✎ ，在画布中单击鼠标右键，在弹出的面板中选择一种圆角笔触，将"大小"更改为170像素，"硬度"更改为0%，如图8.99所示。

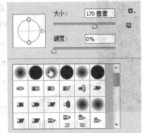

图8.98 添加图层蒙版　　　　图8.99 设置笔触

㊵ 将前景色更改为黑色，在图像上部分区域涂抹将其隐藏，如图8.100所示。

㊶ 将图像向右侧平移复制一份，如图8.101所示。

图8.100 隐藏图像　　　　图8.101 复制图像

㊷ 同时选中除"背景"及"组1"之外所有图层，按Ctrl+G组合键将其编组，将生成的组名称更改为"立体效果"。

㊸ 选中"立体效果"组，将其拖至面板底部的"创建新图层" ▣ 按钮上，复制一个"立体效果拷贝"组，按Ctrl+E组合键将其合并，将生成的图层名称更改为"倒影"，如图8.102所示。

㊹ 按Ctrl+T组合键对其执行"自由变换"命令，单击鼠标右键，从弹出的快捷菜单中选择"垂直翻转"命令，完成之后按Enter键确认，将图像向下移动，如图8.103所示。

图8.102 复制组　　　　图8.103 变换图像

㊺ 执行菜单栏中的"滤镜"|"模糊"|"高斯模糊"命令，在弹出的"高斯模糊"对话框中将"半径"更改为3像素，完成之后单击"确定"按钮，如图8.104所示。

㊻ 在"图层"面板中，选中"倒影"图层，单击面板底部的"添加图层蒙版" ▣ 按钮，为其图层添加图层蒙版，如图8.105所示。

图8.104 添加高斯模糊

图8.105 添加图层蒙版

㊼ 选择工具箱中的"渐变工具" ，编辑黑色到白色的渐变，单击选项栏中的"线性渐变" 按钮，在图像上拖动将部分图像隐藏制作倒影效果，这样就完成了效果制作，最终效果如图8.106所示。

图8.106 最终效果

8.11 果干包装设计

本例讲解果干包装的设计制作，整个包装效果十分真实，以简洁的设计手法，完美表现出出色的包装内容，最终效果如图8.107所示。

扫码看视频

图8.107 最终效果

素材位置：素材文件\第8章\果干包装
案例位置：案例文件\第8章\果干包装平面效果.ai、果干包装立体效果.psd
视频位置：多媒体教学\8.11 果干包装设计.avi
难易指数：★★☆☆☆

8.11.1 使用Illustrator制作包装平面效果

① 执行菜单栏中的"文件"|"新建"命令，在弹出的"新建文档"对话框中设置"宽度"为60mm，"高度"为80mm，新建一个空白画板，如图8.108所示。

图8.108 新建文档

② 选择工具箱中的"矩形工具" ，绘制一个矩形，将"填充"更改为黄色（R：245，G：211，B：176），"描边"为无，绘制一个与画板相同大小的矩形，如图8.109所示。

③ 执行菜单栏中的"文件"|"打开"命令，打开"果干.psd"文件，将打开的素材拖入画板中间适当位置，如图8.110所示。

图8.109 绘制矩形

图8.110 添加素材

④ 选择工具箱中的"椭圆工具" ，将"填色"更改为黄色（R：132，G：104，B：80），"描边"为无，在图像底部绘制一个椭圆图形，如图8.111所示。

⑤ 执行菜单栏中的"效果"|"模糊"|"高斯模

287

糊"命令,在弹出的"高斯模糊"对话框中将"半径"更改为16像素,完成之后单击"确定"按钮,如图8.112所示。

图8.111 绘制椭圆　　　**图8.112 添加高斯模糊**

⑥　选择工具箱中的"矩形工具"，绘制一个矩形,将"填充"更改为紫色(R:247,G:236,B:228),"描边"为无。

⑦　以同样方法再次绘制一个浅黄色矩形,如图8.113所示。

图8.113 绘制矩形

⑧　选择工具箱中的"横排文字工具"，添加文字(李旭科毛笔行书、幼圆、Candara),如图8.114所示。

图8.114 添加文字

8.11.2　使用Photoshop制作包装立体效果

①　执行菜单栏中的"文字"|"新建"命令,在弹出的"新建"对话框中设置"宽度"为80毫米,"高度"为60毫米,"分辨率"为300像素/英寸,新建一个空白画布,如图8.115所示。

图8.115 新建画布

②　选择工具箱中的"渐变工具"，编辑紫色(R:65,G:46,B:70)到紫色(R:10,G:2,B:10)的渐变,单击选项栏中的"径向渐变"按钮,在画布中从中间向右下角方向拖动填充渐变,如图8.116所示。

图8.116 填充渐变

③　执行菜单栏中的"文件"|"打开"命令,打开"果干包装平面.ai"文件,将打开的素材图像拖入当前画布中,如图8.117所示。

图8.117 添加素材

04 选择工具箱中的"钢笔工具" ，沿包装边缘绘制一个不规则路径，如图8.118所示。

05 按Ctrl+Enter组合键将路径转换为选区，如图8.119所示。

图8.118 绘制路径　　　　图8.119 转换选区

06 将选区中图像删除，完成之后按Ctrl+D组合键将选区取消，如图8.120所示。

07 选择工具箱中的"钢笔工具" ，在选项栏中单击"选择工具模式" 路径 ▼按钮，在弹出的选项中选择"形状"，将"填充"更改为深黄色（R：134，G：113，B：100），"描边"更改为无。

08 在包装左上角位置绘制一个不规则图形，将生成一个"形状 1"图层，如图8.121所示。

图8.120 删除图像　　　　图8.121 绘制图形

09 执行菜单栏中的"滤镜"|"模糊"|"高斯模糊"命令，在弹出的"高斯模糊"对话框中将"半径"更改为5像素，完成之后单击"确定"按钮，如图8.122所示。

10 选中"形状 1"图层，将其图层"不透明度"更改为40%，如图8.123所示。

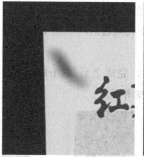 

图8.122 添加高斯模糊　　图8.123 更改不透明度

11 以同样的方法绘制多个相似图形并添加高斯模糊效果，如图8.124所示。

图8.124 添加高斯模糊

12 选择工具箱中的"钢笔工具" ，在选项栏中单击"选择工具模式" 路径 ▼按钮，在弹出的选项中选择"形状"，将"填充"更改为紫色（R：21，G：12，B：23），"描边"更改为无。

13 在包装左下角位置绘制一个不规则图形，将生成一个"形状 6"图层，如图8.125所示。

14 执行菜单栏中的"滤镜"|"模糊"|"高斯模糊"命令，在弹出的"高斯模糊"对话框中将"半径"更改为15像素，完成之后单击"确定"按钮，如图8.126所示。

图8.125 绘制图形　　　　图8.126 添加高斯模糊

⑮ 选择工具箱中的"多边形套索工具" ⬦，在图像左侧区域绘制一个不规则选区，以选中部分图像，如图8.127所示。

⑯ 将选区中图像删除，完成之后按Ctrl+D组合键将选区取消，如图8.128所示。

图8.127 绘制选区　　　　**图8.128 删除图像**

⑰ 以同样的方法将右侧不需要的部分图像删除，如图8.129所示。

图8.129 删除图像

⑱ 按住Ctrl键单击"图层1"图层缩览图，将其载入选区，执行菜单栏中的"选择"|"反向"命令将选区反向，如图8.130所示。

⑲ 分别选中"形状6"及"形状6拷贝"图层，将选区中多余图像删除，如图8.131所示。

图8.130 载入选区　　　　**图8.131 删除图像**

⑳ 同时选中除"背景"之外所有图层，按Ctrl+G组合键将其编组，将生成的组名称更改为"立体效果"。

㉑ 在"图层"面板中，选中"立体效果"组，将其拖至面板底部的"创建新图层" ⬚ 按钮上，复制一个"立体效果 拷贝"组，选中"立体效果"组，按Ctrl+E组合键将其合并，如图8.132所示。

㉒ 选中"立体效果"图层，按Ctrl+T组合键对其执行"自由变换"命令，单击鼠标右键，从弹出的快捷菜单中选择"垂直翻转"命令，完成之后按Enter键确认，将图像向下移动，如图8.133所示。

图8.132 合并组　　　　**图8.133 变换图像**

㉓ 选中"立体效果"图层，按Ctrl+T组合键对其执行"自由变换"命令，单击鼠标右键，从弹出的快捷菜单中选择"变形"命令，拖动变形框控制点将图像变形，完成之后按Enter键确认，如图8.134所示。

㉔ 执行菜单栏中的"滤镜"|"模糊"|"高斯模糊"命令，在弹出的"高斯模糊"对话框中将"半径"更改为3像素，完成之后单击"确定"按钮，如图8.135所示。

图8.134 将图像变形　　　　**图8.135 添加高斯模糊**

㉕ 在"图层"面板中，选中"立体效果"图层，将其图层"不透明度"更改为50%，再单击面板底部的"添加图层蒙版" ▣ 按钮，为其添加图

层蒙版，如图8.136所示。

图8.136 添加图层蒙版

㉖ 选择工具箱中的"渐变工具" ▣，编辑黑色
到白色的渐变，单击选项栏中的"线性渐变" ▣
按钮，在图像上拖动将部分图像隐藏，制作倒影效
果，这样就完成了效果制作，最终效果如图8.137
所示。

图8.137 最终效果

8.12 油鸡包装设计

　　本例讲解油鸡包装的设计制作，此款包装的
整体设计着重突出了"油鸡"，通过
醒目的文字及矢量素材图形的组合，
制作出符合产品特点的包装，同时深
色系的色彩搭配显得产品的档次感十
足，最终效果如图8.138所示。

扫码看视频

图8.138 最终效果

素材位置　素材文件\第8章\油鸡包装设计
案例位置　案例文件\第8章\油鸡包装平面效果.ai、油鸡包装展示效果.psd
视频位置　多媒体教学\8.12 油鸡包装设计.avi
难易指数：★★★☆☆

8.12.1 包装平面效果

㉑ 执行菜单栏中的"文件"|"新建"命令，
在弹出的"新建文档"对话框中设置"宽度"为
100mm，"高度"为70mm，设置完成后单击"确
定"按钮，新建一个画板，如图8.139所示。

图8.139 新建画板

㉒ 选择工具箱中的"矩形工具" ▣，在画板
中单击绘制一个矩形，将其填充为浅黄色（R：
230，G：225，B：215），如图8.140所示。

㉓ 选中矩形，按Ctrl+C组合键将其复制，再按
Ctrl+F组合键将其粘贴至原图形上方，将其适当缩
小后填充为灰色（R：252，G：252，B：252），
如图8.141所示。

图8.140 绘制矩形　　　图8.141 复制并变形图形

㉔ 执行菜单栏中的"文件"|"打开"命令，打
开"鸡.ai"文件，将打开的素材图像拖动到画板中
适当位置，如图8.142所示。

05 选择工具箱中的"文字工具" **T**，在刚才添加的图像上方位置添加文字，如图8.143所示。

图8.142 添加素材

图8.143 添加文字

06 选择工具箱中的"椭圆工具" ⬭，绘制一个圆，将其填充为深红色（R：163，G：16，B：20），如图8.144所示。

07 选中圆，按住Alt+Shift组合键向右侧拖动，将图形复制3份，如图8.145所示。

图8.144 绘制图形

图8.145 复制图形

08 选择工具箱中的"文字工具" **T**，添加文字，如图8.146所示。

图8.146 添加文字

09 选择工具箱中的"矩形工具" ▨，在文字旁边绘制一个长条矩形，并将矩形填充为灰色（R：56，G：56，B：56），描边设置为无。

10 选中长条矩形，按住Alt+Shift组合键向右侧拖动，将图形复制4份，如图8.147所示。

图8.147 绘制并复制图形

11 选中所有的文字及图形，按住Alt+Shift组合键向右侧拖动，将其复制一份，如图8.148所示。

图8.148 复制图形

12 选中部分文字及长条矩形，将填充为黄色（R：196，G：160，B：95），以同样的方法选中上方的圆，将其更改为相同的颜色，如图8.149所示。

图8.149 更改颜色

⑬ 将鸡素材取消编组，并将其也填充黄色（R：196，G：160，B：95），将大矩形填充为深红色（R：138，G：46，B：29），这样就完成了包装的平面效果制作，最终平面效果如图8.150所示。

图8.150 更改颜色及平面效果

8.12.2 包装立体效果

① 执行菜单栏中的"文件"|"新建"命令，在弹出的"新建"对话框中设置"宽度"为10厘米，"高度"为7.5厘米，"分辨率"为300像素/英寸，"颜色模式"为RGB颜色，新建一个空白画布，如图8.151所示。

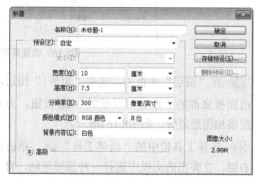

图8.151 新建画布

② 选择工具箱中的"渐变工具" ■，在选项栏中单击"点按可编辑渐变"按钮，在弹出的"渐变编辑器"对话框中设置渐变颜色从浅灰色（R：250，G：250，B：250）到灰色（R：235，G：235，B：235），如图8.152所示，设置完成后单击"确定"按钮，再单击"径向渐变" ■ 按钮。

③ 在画布中按住Shift键，从中间向边缘位置拖动为画布填充渐变，如图8.153所示。

图8.152 设置渐变　　　　**图8.153 填充渐变**

④ 执行菜单栏中的"文件"|"打开"命令，打开刚才制作的"油鸡包装设计"文件，如图8.154所示。

图8.154 打开素材

⑤ 选择工具箱中的"矩形选框工具" ▭，在素材文档画布中沿左侧包装的边缘绘制一个矩形选区以，选中包装图像，按Ctrl+C组合键将其复制，再回到当前文档中按Ctrl+V组合键将其粘贴，此时将生成一个"图层1"图层，如图8.155所示。

图8.155 添加图像

⑥ 选择工具箱中的"钢笔工具" ✐，在画布中沿着图像周围边缘绘制一个封闭路径，如图8.156所示。

图8.156 绘制路径

07 按Ctrl+Enter组合键，将路径转换为选区，执行菜单栏中的"选择"|"反向"命令，将选区反向，将多余的图形删除，完成后按Ctrl+D组合键将选区取消，如图8.157所示。

图8.157 转换选区并删除图形

8.12.3 质感效果

01 选择工具箱中的"矩形工具" ，在选项栏中将"填充"更改为灰色（R：83，G：83，B：83）"描边"为无，在包装顶部位置绘制一个矩形，此时将生成一个"矩形1"图层，如图8.158所示。

图8.158 绘制图形

02 选中"矩形1"图层，执行菜单栏中的"图层"|"栅格化"|"图形"命令，将当前图形栅格化，如图8.159所示。

图8.159 栅格化图层

03 选中"矩形1"图层，执行菜单栏中的"滤镜"|"模糊"|"高斯模糊"命令，在弹出的"高斯模糊"对话框中将"半径"更改为1像素，设置完成后单击"确定"按钮，如图8.160所示。

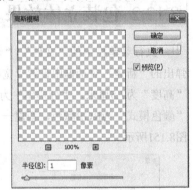

图8.160 设置高斯模糊

04 在"图层"面板中，选中"矩形1"图层，单击面板底部的"添加图层蒙版" 按钮，为其图层添加图层蒙版，如图8.161所示。

05 选择工具箱中的"画笔工具" ，单击鼠标右键，在弹出的面板中选择一种圆形笔触，将"大小"更改为80像素，"硬度"更改为0%，如图8.162所示。

 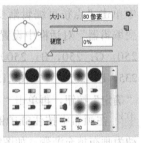

图8.161 添加图层蒙版　　　图8.162 设置笔触

06 单击"矩形1"图层蒙版缩览图，将前景色更改为黑色，在图形上涂抹，将多余图形隐藏，如图8.163所示。

图8.163 隐藏图形

07 在"图层"面板中，选中"矩形1"图层，将其图层混合模式设置为"正片叠底"，"不透明度"更改为20%，如图8.164所示。

图8.164 设置图层混合模式及更改图层不透明度

技巧与提示

　　在选中图形蒙版对图形进行涂抹隐藏操作的过程中，可适当更改笔触大小及硬度使涂抹的效果更加自然。

08 选择工具箱中的"钢笔工具" ，在画布包装左侧靠近边缘位置绘制一个封闭路径，如图8.165所示。

图8.165 绘制路径

09 按Ctrl+Enter组合键，将路径转换成选区，然后在"图层"面板中，单击面板底部的"创建新图层" 按钮，新建一个"图层2"图层，如图8.166所示。

图8.166 转换选区并新建图层

10 选中"图层2"图层，将选区填充为灰色（R：83，G：83，B：83），填充完成后按Ctrl+D组合键将选区取消，如图8.167所示。

图8.167 填充颜色

11 选中"图层2"图层，执行菜单栏中的"滤镜"|"模糊"|"高斯模糊"命令，在弹出的"高斯模糊"对话框中将"半径"更改为1像素，设置完成后单击"确定"按钮，如图8.168所示。

12 选中"图层2"图层，单击"图层"面板底部的"添加图层蒙版" 按钮，为其图层添加图层蒙版，如图8.169所示。

图8.168 设置高斯模糊　　　图8.169 添加图层蒙版

⑬ 选择工具箱中的"画笔工具" ✏，单击鼠标右键，在弹出的面板中选择一种圆形笔触，将"大小"更改为100像素，"硬度"更改为0%，如图8.170所示。

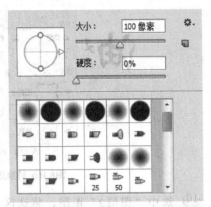

图8.170 设置笔触

⑭ 单击"图层2"图层蒙版缩览图，将前景色更改为黑色，在图形上涂抹，将多余图形隐藏，如图8.171所示。

图8.171 隐藏图形

⑮ 在"图层"面板中，选中"图层2"图层，将其图层混合模式设置为"正片叠底"，"不透明度"更改为40%，如图8.172所示。

图8.172 设置图层混合模式及更改图层不透明度

⑯ 以同样的方法在包装的右侧和底部添加阴影

效果，如图8.173所示。

⑰ 选择工具箱中的"钢笔工具" ✎，在包装右上角位置绘制一个封闭路径，如图8.174所示。

图8.173 添加阴影效果　　　　图8.174 绘制路径

⑱ 按Ctrl+Enter组合键，将路径转换成选区，然后在"图层"面板中，单击面板底部的"创建新图层" ⬚ 按钮，新建一个"图层5"图层，如图8.175所示。

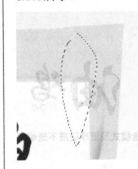

图8.175 转换选区并新建图层

⑲ 选中"图层5"图层，将选区填充为白色，填充完成后按Ctrl+D组合键将选区取消，如图8.176所示。

图8.176 填充颜色

⑳ 执行菜单栏中的"滤镜"|"模糊"|"高斯模糊"命令，在弹出的"高斯模糊"对话框中将"半

径"更改为1像素，设置完成后单击"确定"按钮，如图8.177所示。

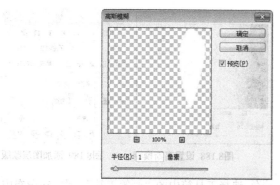

图8.177 设置高斯模糊

㉑ 选中"图层5"图层，单击面板底部的"添加图层蒙版" ◙ 按钮，为其图层添加图层蒙版，如图8.178所示。

㉒ 选择工具箱中的"画笔工具" ✐，单击鼠标右键，在弹出的面板中选择一种圆形笔触，将"大小"更改为66像素，"硬度"更改为0%，如图8.179所示。

图8.178 添加图层蒙版

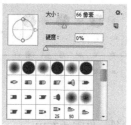

图8.179 设置笔触

㉓ 选择工具箱中的"画笔工具" ✐，将前景色更改为黑色，单击"图层5"图层蒙版缩览图，在图形上涂抹，将部分图形隐藏，如图8.180所示。

图8.180 隐藏图形

㉔ 选中"图层5"图层，将其图层"不透明度"

更改为50%，如图8.181所示。

图8.181 更改图层不透明度

㉕ 同样的方法，绘制不同路径进行处理，为包装制作质感效果，如图8.182所示。

图8.182 添加效果

㉖ 选择工具箱中的"加深工具" ✎，单击鼠标右键，在弹出的面板中选择一种圆形笔触，将"大小"更改为100像素，"硬度"更改为0%，如图8.183所示。

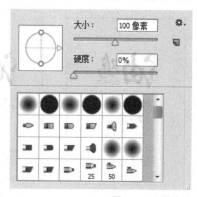

图8.183 设置笔触

㉗ 选中"图层1"图层，在图形上适当位置进行涂抹，将部分图形颜色加深，进一步增加包装的质感效果，如图8.184所示。

图8.184 加深图像增加质感

28 在"图层"面板中，选中"图层1"图层，将其拖至面板底部的"创建新图层" ▣ 按钮上，复制一个"图层1拷贝"图层，如图8.185所示。然后将"图层1"锁定透明并填充黑色，如图8.186所示。

图8.185 复制图层 图8.186 锁定透明像素并填充

29 选中"图层1"图层，将图形适当等比例缩小，如图8.187所示。

图8.187 变形图形

30 选中"图层1"图层，执行菜单栏中的"滤镜"|"模糊"|"高斯模糊"命令，在弹出的"高斯模糊"对话框中将"半径"更改为20像素，设置完成后单击"确定"按钮，如图8.188所示。

31 在"图层"面板中，选中"图层1"图层，单击面板底部的"添加图层蒙版" ▣ 按钮，为其图层添加图层蒙版，如图8.189所示。

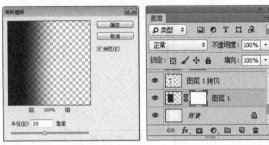

图8.188 设置高斯模糊 图8.189 添加图层蒙版

32 选择工具箱中的"画笔工具" ✎ ，在画布中单击鼠标右键，在弹出的面板中选择一种圆形笔触，将"大小"更改为250像素，"硬度"更改为0%。

33 将前景色更改为黑色，单击"图层1"图层蒙版缩览图，在图形上部分区域涂抹，将部分图形隐藏，如图8.190所示。

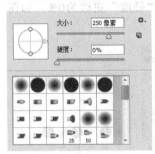 

图8.190 设置笔触

34 将刚才在Illustrator中制作的包装背面图像拖至画布中，以同样的方法为其复制阴影及高光效果后完成最终效果制作，油鸡包装的最终立体效果如图8.191所示。

图8.191 最终效果

8.13 果酱包装设计

本例讲解果酱包装的设计制作，本例在制作过程中以矢量水果图像为主视觉，同时搭配简洁、易懂的文字信息，整体效果十分直观，此款果酱包装采用玻璃瓶做容器，可以十分直观地观察果酱的品质，同时瓶口的小标签也起到很好的装饰作用，最终效果如图8.192所示。

扫码看视频

图8.192 最终效果

素材位置　素材文件\第8章\果酱包装
案例位置　案例文件\第8章\果酱包装平面效果.ai、果酱包装展示效果.psd
视频位置　多媒体教学\8.13 果酱包装设计.avi
难易指数　★★★☆☆

8.13.1 使用Illustrator制作不规则背景

01 执行菜单栏中的"文件"|"新建"命令，在弹出的"新建文档"对话框中设置"宽度"为200mm，"高度"为200mm，新建一个空白画板，如图8.193所示。

图8.193 新建文档

02 选择工具箱中的"钢笔工具" ，将"填充"更改为浅黄色（R：255，G：253，B：

238），"描边"更改为无，在画板左侧位置绘制一个不规则图形，如图8.194所示。

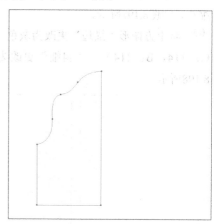

图8.194 绘制图形

03 选中图形，双击工具箱中的"镜像工具" 图标，在弹出的"镜像"对话框中勾选"垂直"单选按钮，单击"复制"按钮，选中复制生成的图像移至右侧相对位置，如图8.195所示。

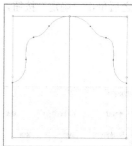

图8.195 复制图形

04 同时选中两个图形，在"路径查找器"面板中单击"合并" 按钮将图形合并，如图8.196所示。

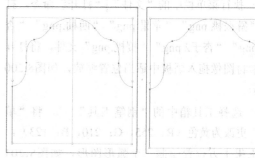

图8.196 合并图形

 技巧与提示

按Ctrl+Shift+F9可打开"路径查找器"面板。

(05) 选中图形按Ctrl+C组合键将其复制，再按Ctrl+F组合键将其粘贴至原图形上方，并将其适当缩小，如图8.197所示。

(06) 将上方图形"描边"更改为灰色（R：214，G：214，B：214），"粗细"更改为2pt，如图8.198所示。

图8.197 复制并粘贴图形 　　　图8.198 添加描边

(07) 选中上方图形，执行菜单栏中的"效果"|"模糊"|"高斯模糊"命令，在弹出的"高斯模糊"对话框中将"半径"更改为1像素，完成之后单击"确定"按钮，如图8.199所示。

图8.199 设置高斯模糊

8.13.2 添加水果素材和文字

(01) 执行菜单栏中的"文件"|"打开"命令，打开"猕猴桃.png""苹果.png""西柚.png""杏子.png""杏子2.png""樱桃.png"文件，将打开的素材图像拖入画板中适当位置缩放，如图8.200所示。

(02) 选择工具箱中的"钢笔工具" ，将"填色"更改为黄色（R：255，G：210，B：123），在水果上方位置绘制一个弧形图形，如图8.201所示。

图8.200 添加素材 　　　图8.201 绘制图形

(03) 选中绘制的图形，执行菜单栏中的"效果"|"模糊"|"高斯模糊"命令，在弹出的"高斯模糊"对话框中将"半径"更改为5像素，完成之后单击"确定"按钮，如图8.202所示。

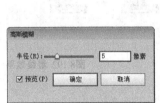
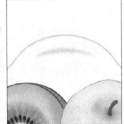

图8.202 设置高斯模糊

(04) 选择工具箱中的"钢笔工具" ，将"填色"更改为绿色（R：158，G：188，B：63），在水果图像位置绘制一个不规则图形，如图8.203所示。

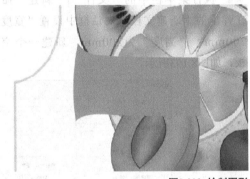

图8.203 绘制图形

(05) 选中，双击工具箱中的"镜像工具" 图标，在弹出的"镜像"对话框中勾选"垂直"单选按钮，单击"复制"按钮，将图像复制，再选中复制生成的图像移至与原图形相对的位置，完成之后单击"确定"按钮，如图8.204所示。

图8.204 设置镜像

⑥　同时选中两个图形，在"路径查找器"面板中单击"合并" 按钮将图形合并，如图8.205所示。

图8.205 合并图形

⑦　选中合并后的图形，将其"不透明度"更改为80%，如图8.206所示。

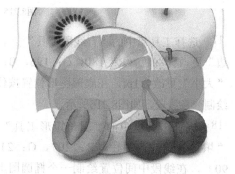

图8.206 更改不透明度

⑧　选中合并后的图形，执行菜单栏中的"效果"|"风格化"|"内发光"命令，在弹出的"内发光"对话框中将"模式"更改为正常，"颜色"更改为绿色（R：73，G：90，B：22），完成之后单击"确定"按钮，如图8.207所示。

图8.207 设置内发光

⑨　选中图形，单击鼠标右键，从弹出的快捷菜单中选择"排列"|"后移一层"命令，更改图形顺序，如图8.208所示。

图8.208 更改顺序

技巧与提示

更改图形顺序的目的是将其移至水果图像之间，移动图形无法达到目的时可以适当移动部分水果图像的顺序。

⑩　选择工具箱中的"钢笔工具" ，将"填色"更改为无，"描边"更改为绿色（R：180，G：196，B：77），"粗细"为0.5pt，沿水果图像边缘位置绘制一个不规则图形，如图8.209所示。

图8.209 绘制图形

⑪　选中绘制的图形，执行菜单栏中的"效果"|"模糊"|"高斯模糊"命令，在弹出的"高斯模糊"对话框中将"半径"更改为5像素，完成

301

之后单击"确定"按钮，如图8.210所示。

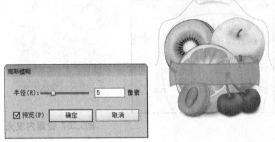

图8.210 设置高斯模糊

⑫　选择工具箱中的"矩形工具"▭，将"填色"更改为无，"描边"更改为绿色（R：180，G：196，B：77），"粗细"为1.5pt，在水果图像下方绘制一个矩形，如图8.211所示。

图8.211 绘制矩形

技巧与提示
绘制图形的时候需要注意图形的前后顺序。

⑬　选中图形按Ctrl+C组合键将图形复制，再按Ctrl+F组合键将其粘贴至原图形上方，如图8.212所示。

⑭　将上方图形"填色"更改为绿色（R：80，G：105，B：47），描边为无，再将其宽度缩小，如图8.213所示。

图8.212 复制图形　　图8.213 变换图形

⑮　选中上方矩形，执行菜单栏中的"效

果"|"风格化"|"内发光"命令，在弹出的"内发光"对话框中将"模式"更改为正常，"颜色"更改为绿色（R：42，G：50，B：8），"模糊"更改为10mm，完成之后单击"确定"按钮，如图8.214所示。

图8.214 设置内发光

⑯　选择工具箱中的"文字工具"T，在适当位置添加文字，如图8.215所示。

图8.215 添加文字

⑰　选择工具箱中的"直线段工具"╱，将"描边"更改为绿色（R：180，G：196，B：77），"大小"更改为1pt，在底部图形位置按住Shift键绘制一条线段，如图8.216所示。

⑱　选择工具箱中的"圆角矩形工具"▭，将"填色"更改为绿色（R：207，G：210，B：90），在线段中间位置绘制一个椭圆图形，如图8.217所示。

图8.216 绘制直线　　图8.217 绘制圆角矩形

⑲ 选择工具箱中的"矩形工具" ▢，将"填色"更改为黄色（R：250，G：234，B：215），"描边"为白色，"粗细"为1pt，在画板左上角位置绘制一个矩形，如图8.218所示。

⑳ 选择工具箱中的"文字工具" T，在适当位置添加文字，如图8.219所示。

图8.218 绘制图形

图8.219 添加文字

㉑ 执行菜单栏中的"文件"|"打开"命令，打开"logo.ai"文件，将打开的素材图像拖入画板中矩形里适当位置并旋转，这样就完成了效果制作，最终效果如图8.220所示。

图8.220 最终效果

8.13.3 使用Photoshop绘制主体瓶子

① 执行菜单栏中的"文件"|"新建"命令，在弹出的"新建"对话框中设置"宽度"为10厘米，"高度"为8厘米，"分辨率"为300像素/英寸，"颜色模式"为RGB颜色，新建一个空白画布，如图8.221所示。

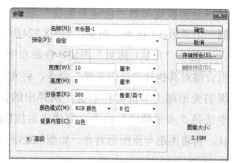

图8.221 新建画布

② 选择工具箱中的"渐变工具" ▢，编辑黄色（R：248，G：242，B：234）到黄色（R：208，G：190，B：140）的渐变，单击选项栏中的"径向渐变" ▣按钮，在画布中从中间向右下角方向拖动填充渐变，如图8.222所示。

图8.222 填充渐变

③ 选择工具箱中的"钢笔工具" ✐，在选项栏中单击"选择工具模式" ［路径 ▾］按钮，在弹出的选项中选择"形状"，将"填充"更改为橙色（R：200，G：113，B：0），"描边"更改为无，在位置绘制一个不规则图形，此时将生成一个"形状1"图层，如图8.223所示。

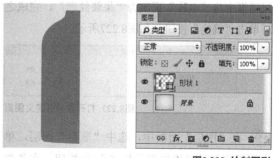

图8.223 绘制图形

④ 在"图层"面板中，选中"形状1"图层，将

303

其拖至面板底部的"创建新图层" 按钮上,复制一个"形状1 拷贝"图层,如图8.224所示。

05 选中"形状1 拷贝"图层,在画布中按Ctrl+T组合键对其执行"自由变换"命令,将光标移至出现的变形框上单击鼠标右键,从弹出的快捷菜单中选择"水平翻转"命令,完成之后按Enter键确认,再将图形与原图形对齐,如图8.225所示。

图8.224 复制图层　　　　图8.225 变换图形

06 同时选中"形状1 拷贝"及"形状1"图层,按Ctrl+E组合键将图层合并,将生成的图层名称更改为"瓶身",如图8.226所示。

图8.226 合并图层

07 执行菜单栏中的"文件"|"打开"命令,打开"棉絮.jpg"文件,执行菜单栏中的"编辑"|"定义图案"命令,在弹出的"图案名称"对话框中将"名称"更改为"果酱纹理",完成之后单击"确定"按钮,如图8.227所示。

图8.227 打开素材并定义图案

08 在"图层"面板中,选中"瓶身"图层,单击面板底部的"添加图层样式" fx 按钮,在菜单中选择"图案叠加"命令,在弹出的"图层样式"

对话框中将"混合模式"更改为叠加,"图案"更改为刚才定义的"果酱纹理",如图8.228所示。

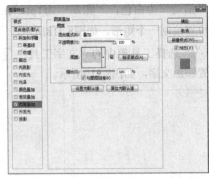

图8.228 设置图案叠加

09 勾选"渐变叠加"复选框,将"混合模式"更改为柔光,"渐变"更改为白色到黑色,如图8.229所示。

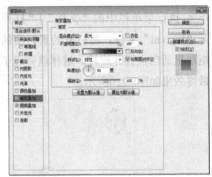

图8.229 设置渐变叠加

10 勾选"颜色叠加"复选框,将"混合模式"更改为正片叠底,"颜色"更改为橙色(R:230,G:90,B:0),"不透明度"更改为50%,完成之后单击"确定"按钮,如图8.230所示。

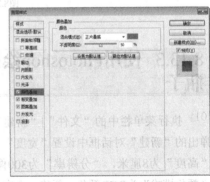

图8.230 设置颜色叠加

最后设置"颜色叠加"图层样式可以更方便观察实际的图像效果。

⑪　在"图层"面板中，选中"瓶身"图层，单击面板底部的"添加图层蒙版"  按钮，为其图层添加图层蒙版，如图8.231所示。

⑫　选择工具箱中的"多边形套索工具" 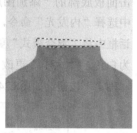，在瓶身靠顶部位置绘制一个不规则选区，如图8.232所示。

图8.231 添加图层蒙版　　　图8.232 绘制选区

⑬　将选区填充为黑色，完成之后按Ctrl+D组合键将选区取消，如图8.233所示。

图8.233 隐藏图像

8.13.4 绘制高光及瓶盖

①　选择工具箱中的"钢笔工具" ，在选项栏中单击"选择工具模式" 路径 ÷ 按钮，在弹出的选项中选择"形状"，将"填充"更改为白色，"描边"更改为无，在瓶身靠左侧位置绘制一个不规则图形，此时将生成一个"形状1"图层，如图8.234所示。

图8.234 绘制图形

②　选中"形状1"图层，执行菜单栏中的"图层"|"创建剪贴蒙版"命令，为当前图层创建剪贴蒙版，将部分图形隐藏，如图8.235所示。

图8.235 创建剪贴蒙版

③　在"图层"面板中，选中"形状1"图层，单击面板底部的"添加图层蒙版"  按钮，为其图层添加图层蒙版，如图8.236所示。

④　选择工具箱中的"画笔工具" ，在画布中单击鼠标右键，在弹出的面板中选择一种圆角笔触，将"大小"更改为150像素，"硬度"更改为0%，如图8.237所示。

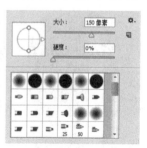

图8.236 添加图层蒙版　　　图8.237 设置笔触

⑤　将前景色更改为黑色，在画布中其图像上部分区域涂抹，将其隐藏，如图8.238所示。

图8.238 隐藏图像

06 在"图层"面板中，选中"形状1"图层，将其拖至面板底部的"创建新图层" 按钮上，复制一个"形状1拷贝"图层，如图8.239所示。

07 选中"形状1 拷贝"图层，在画布中按Ctrl+T组合键对其执行"自由变换"命令，将光标移至出现的变形框上单击鼠标右键，从弹出的快捷菜单中选择"水平翻转"命令，完成之后按Enter键确认，再将图形移至瓶身靠右侧位置，如图8.240所示。

图8.239 复制图层　　**图8.240 变换图像**

08 以同样的方法绘制图形继续为瓶身添加高光效果，如图8.241所示。

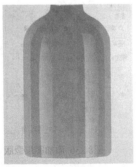

图8.241 绘制图形添加高光

09 选择工具箱中的"矩形工具" ，在选项栏中将"填充"更改为白色，"描边"为无，在瓶身顶部位置绘制一个矩形，此时将生成一个"矩形

1"图层，如图8.242所示。

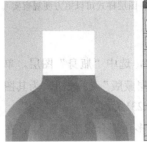

图8.242 绘制图形

10 在"图层"面板中，选中"矩形1"图层，单击面板底部的"添加图层样式" 按钮，在菜单中选择"内发光"命令，在弹出的"图层样式"对话框中将"混合模式"更改为正常，"颜色"更改为白色，"大小"更改为25像素，完成之后单击"确定"按钮，如图8.243所示。

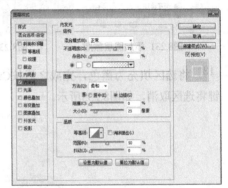

图8.243 设置内发光

11 在"图层"面板中，选中"矩形1"图层，单击面板底部的"添加图层蒙版" 按钮，为其图层添加图层蒙版，如图8.244所示。

12 选择工具箱中的"画笔工具" ，在画布中单击鼠标右键，在弹出的面板中选择一种圆角笔触，将"大小"更改为50像素，"硬度"更改为0%，如图8.245所示。

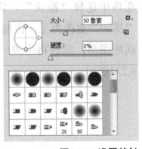

图8.244 添加图层蒙版　　**图8.245 设置笔触**

⑬ 将前景色更改为黑色，在其图像上靠底部区域涂抹将其隐藏，将"填充"更改为0%，如图8.246所示。

图8.246 隐藏图像

⑭ 选择工具箱中的"圆角矩形工具" ，在选项栏中将"填充"更改为白色，"描边"为无，"半径"为10像素，在瓶口位置绘制一个圆角矩形，此时将生成一个"圆角矩形 1"图层，如图8.247所示。

图8.247 绘制图形

⑮ 在"图层"面板中，选中"圆角矩形1"图层，单击面板底部的"添加图层样式" fx 按钮，在菜单中选择"渐变叠加"命令，在弹出的"图层样式"对话框中将"渐变"更改为深黄色（R：88，G：45，B：33）到深黄色（R：170，G：130，B：110）再到深黄色（R：88，G：45，B：33），"角度"更改为0度，完成之后单击"确定"按钮，如图8.248所示。

图8.248 设置渐变叠加

⑯ 选中"圆角矩形 1"图层，执行菜单栏中的"滤镜"|"杂色"|"添加杂色"命令，在弹出的"添加杂色"对话框中分别勾选"平均分布"单选按钮及"单色"复选框，将"数量"更改为2%，完成之后单击"确定"按钮，如图8.249所示。

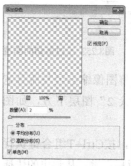

图8.249 设置添加杂色

8.13.5 添加标签图像

① 执行菜单栏中的"文件"|"打开"命令，打开"果酱包装平面效果.ai"文件，将打开的素材拖入画布中并适当缩小，其图层名称将更改为"图层1"，如图8.250所示。

图8.250 添加图像

② 选择工具箱中的"多边形套索工具" ，在画布中小标签图像位置绘制一个不规则选区以选中部分图像，如图8.251所示。

③ 执行菜单栏中的"图层"|"新建"|"通过剪切的图层"命令，将生成的图层名称更改为"小标签"，将"图层1"图层名称更改为"瓶贴"，如图8.252所示。

图8.251 绘制选区

图8.252 通过剪切的图层

04 选中"瓶贴"图层，将图像缩小至与瓶身宽度相同，并将其移至"形状 2"图层下方，如图8.253所示。

05 选中"小标签"图层，按Ctrl+T组合键执行"自由变换"命令，单击鼠标右键，从弹出的快捷菜单中选择"旋转90度（逆时针）"命令，再将图像等比缩小，完成之后按Enter键确认，如图8.254所示。

图8.253 调整图层

图8.254 变换图像

06 同时选中除"背景"图层之外所有图层按Ctrl+G组合键将其编组，将生成的组名称更改为"立体包装"，如图8.255所示。

07 在"图层"面板中，选中"立体包装"组，将其拖至面板底部的"创建新图层" 按钮上，复制一个"立体包装 拷贝"组，选中"立体包装"组按Ctrl+E组合键将其合并，如图8.256所示。

图8.255 将图层编组

图8.256 复制及合并组

8.13.6 制作倒影并增强对比

01 选中"立体包装"图层，在画布中按Ctrl+T组合键对其执行"自由变换"命令，将光标移至出现的变形框上单击鼠标右键，从弹出的快捷菜单中选择"垂直翻转"命令，完成之后按Enter键确认，再将图像与原图像对齐，如图8.257所示。

图8.257 变换图像

02 选中"立体包装"图层，执行菜单栏中的"滤镜"|"模糊"|"动感模糊"命令，在弹出的"高斯模糊"对话框中将"角度"更改为0度，"距离"更改为10像素，设置完成之后单击"确定"按钮，如图8.258所示。

图8.258 设置动感模糊

03 在"图层"面板中，选中"立体包装"图层，单击面板底部的"添加图层蒙版" 按钮，为其图层添加图层蒙版，如图8.259所示。

04 选择工具箱中的"渐变工具" ，编辑黑色到白色的渐变，单击选项栏中的"线性渐变" 按钮，在画布中其图像上从下至上拖动，将部分图像隐藏为包装制作倒影效果，如图8.260所示。

图8.259 添加图层蒙版

图8.260 隐藏图像

05 选择工具箱中的"椭圆工具" ，在选项栏中将"填充"更改为黑色，"描边"为无，在瓶子底部绘制一个椭圆图形，此时将生成一个"椭圆1"图层，将"椭圆1"图层移至"立体包装 拷贝"组下方，如图8.261所示。

图8.261 绘制图形

06 选中"椭圆1"图层，执行菜单栏中的"滤镜"|"模糊"|"高斯模糊"命令，在弹出的"高斯模糊"对话框中将"半径"更改为5像素，完成之后单击"确定"按钮，如图8.262所示。

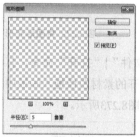

图8.262 设置高斯模糊

07 选中"椭圆1"图层，执行菜单栏中的"滤镜"|"模糊"|"动感模糊"命令，在弹出的"动感模糊"对话框中将"角度"更改为0度，"距离"更改为65像素，设置完成之后单击"确定"按钮，如图8.263所示。

图8.263 设置动感模糊

08 同时选中除"背景"图层之外的所有图层，在画布中按住Alt+Shift组合键向右侧拖动将图像复制，如图8.264所示。

图8.264 复制图像

09 同时选中除"背景"图层以外所有图层，如图8.265所示，按Ctrl+G组合键将其编组，将生成的组名称更改为"最终效果"。

10 选中"最终效果"组，将其拖至面板底部的"创建新图层" 按钮上，复制一个"最终效果 拷贝"组，如图8.266所示。

图8.265 编组图层　　图8.266 复制组

11 选中"最终效果 拷贝"图层，将其图层混合模式更改为叠加，"不透明度"更改为30%，这样就完成了效果制作，最终效果如图8.267所示。

309

图8.267 设置图层混合模式及最终效果

8.14 咖啡杯包装设计

本例讲解咖啡杯包装的设计制作，本例采用花纹与简洁文字相结合的方式，而勺子图像的添加十分形象，咖啡杯展示效果制作的重点在于咖啡杯效果的制作，通过将平面图像进行变换及添加阴影、高光等制作出真实的杯子效果，最终效果如图8.268所示。

扫码看视频

图8.268 最终效果

素材位置	素材文件\第8章\咖啡杯
案例位置	案例文件\第8章\咖啡杯包装平面效果.ai、咖啡杯包装展示效果.psd
视频位置	多媒体教学\8.14 咖啡杯包装设计.avi
难易指数	★★★☆☆

8.14.1 使用Illustrator绘制杯子并填充花纹

01 执行菜单栏中的"文件"|"新建"命令，在弹出的"新建文档"对话框中设置"宽度"为100mm，"高度"为100mm，新建一个空白画板，如图8.269所示。

图8.269 新建文档

02 选择工具箱中的"矩形工具" ，将"填色"更改为深黄色（R：140，G：96，B：64），在画板中绘制一个矩形，选择工具箱中的"自由变换工具" ，拖动变形框控制点将图形透视变形，如图8.270所示。

 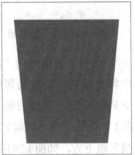

图8.270 绘制图形并变形

03 选择工具箱中的"添加锚点工具" ，在图形底部添加锚点，如图8.271所示。

04 选择工具箱中的"转换锚点工具" ，单击添加的锚点，选择工具箱中的"直接选择工具" ，拖动锚点将图形变形，如图8.272所示。

图8.271 添加锚点　　　　图8.272 将图形变形

05 执行菜单栏中的"文件"|"打开"命令，打开"花纹.ai"文件，将打开的素材图像拖入画板中图形位置并适当缩放，如图8.273所示。

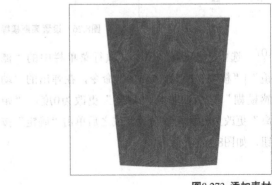

图8.273 添加素材

06 选中杯子轮廓，按Ctrl+C组合键将其复制，再按Ctrl+F组合键将其粘贴至原文字前方，再单击鼠标右键，从弹出的快捷菜单中"排列"|"置于顶层"命令，如图8.274所示。

07 同时选中所有对象，单击鼠标右键，从弹出的快捷菜单中选择"建立剪切蒙版"命令，将部分图像隐藏，如图8.275所示。

图8.274 复制并粘贴图形　图8.275 隐藏图形

8.14.2 绘制图形效果

01 选择工具箱中的"钢笔工具" ，在杯子靠右上角位置绘制一个不规则图形，如图8.276所示。

图8.276 绘制图形

02 选中图形，双击工具箱中的"镜像工具" 图标，在弹出的"镜像"对话框中勾选"垂直"单选按钮，单击"复制"按钮，将图像复制，再选中复制生成的图像移至右侧相对位置，完成之后单击"确定"按钮，如图8.277所示。

图8.277 设置镜像

03 同时选中两个图形，在"路径查找器"面板中单击"合并" 按钮，将图形合并，如图8.278所示。

图8.278 合并图形

04 选中文字，按Ctrl+C组合键将其复制，再按Ctrl+F组合键将其粘贴至原文字前方，如图8.279所示。

图8.279 复制并粘贴图形

05 选中图形，选择工具箱中的"渐变工具" ，在"渐变"面板中，将"渐变"更改为灰色（R：142，G：140，B：130）到灰色到（R：227，G：238，B：238）到灰色（R：127，G：127，B：130）到灰色（R：227，G：238，B：238），在图

形上拖动填充渐变,如图8.280所示。

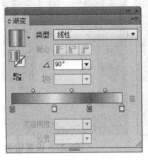

图8.280 设置并填充渐变

06 选择工具箱中的"直接选择工具" ,拖动锚点将图形缩小,如图8.281所示。

图8.281 缩小图形

07 选中绘制的图形,执行菜单栏中的"效果"|"模糊"|"高斯模糊"命令,在弹出的"高斯模糊"对话框中将"半径"更改为3像素,完成之后单击"确定"按钮,如图8.282所示。

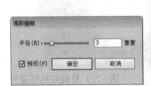

图8.282 设置高斯模糊

08 选择工具箱中的"钢笔工具" ,在刚才绘制的图形位置再次绘制一个不规则图形,如图8.283所示。

图8.283 绘制图形

09 选中图形,双击工具箱中的"镜像工具" 图标,在弹出的"镜像"对话框中勾选"垂直"单选按钮,单击"复制"按钮,将图像复制,再选中复制生成的图形移至右侧相对位置,完成之后单击"确定"按钮,如图8.284所示。

图8.284 设置镜像

10 同时选中两个图形,在"路径查找器"面板中单击"合并" 按钮,将图形合并,如图8.285所示。

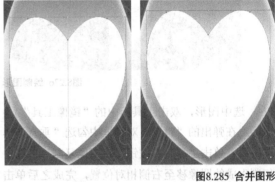

图8.285 合并图形

11 以同样的方法在图形底部位置再次绘制相同的图形,并将其合并制作水滴样式图形,如图8.286所示。

图8.286 绘制图形并合并

⑫ 选中图形，选择工具箱中的"渐变工具" 📊 ，在"渐变"面板中，将"渐变"更改为黄色（R：214，G：158，B：64）到黄色（R：150，G：88，B：26），"类型"更改为径向，在图形上拖动填充渐变，如图8.287所示。

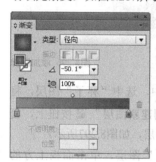

图8.287 设置并填充渐变

⑬ 选中水滴图形，在其图形上拖动添加渐变，如图8.288所示。

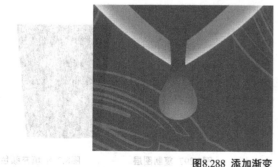

图8.288 添加渐变

⑭ 同时选中两个图形，在"路径查找器"面板中单击"合并" 📊 按钮，将图形合并，如图8.289所示。

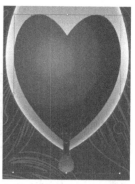

图8.289 合并图形

⑮ 选中心形图形，执行菜单栏中的"效果"|"风格化"|"内发光"命令，在弹出的"内发光"对话框中将"颜色"更改为白色，"模糊"更改为0.3mm，完成之后单击"确定"按钮，如图8.290所示。

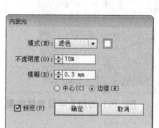

图8.290 设置内发光

⑯ 选择工具箱中的"钢笔工具" ✐ ，将"填色"更改为白色，在心形左侧位置绘制一个不规则图形，如图8.291所示。

图8.291 绘制图形

⑰ 选中绘制的图形，执行菜单栏中的"效果"|"模糊"|"高斯模糊"命令，在弹出的"高斯模糊"对话框中将"半径"更改为2像素，完成之后单击"确定"按钮，再将其图形"不透明度"更改为20%，如图8.292所示。

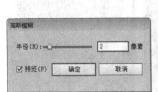

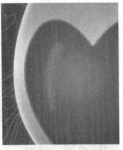

图8.292 添加高斯模糊

⑱ 选择工具箱中的"文字工具" **T**，在画板适当位置添加文字，这样就完成了效果制作，最终效果如图8.293所示。

图8.293 添加文字及最终效果

8.14.3 使用Photoshop制作背景并添加阴影

① 执行菜单栏中的"文件"|"新建"命令，在弹出的"新建"对话框中设置"宽度"为10厘米，"高度"为6.5厘米，"分辨率"为300像素/英寸，新建画个空白画布，如图8.294所示。

图8.294 新建画布

② 选择工具箱中的"渐变工具" **■**，编辑浅灰色（R：245，G：245，B：245）到浅黄色（R：226，G：208，B：190）的渐变，单击选项栏中的

"径向渐变" **■** 按钮，在画布中从中间向右下角方向拖动为画布填充渐变，如图8.295所示。

图8.295 填充渐变

③ 执行菜单栏中的"文件"|"打开"命令，打开"咖啡杯平面效果设计.ai"文件，将打开的素材图像拖入画板中适当位置，将其图层名称将更改为"杯子"，如图8.296所示。

图8.296 添加图像

④ 在"图层"面板中，选中"杯子"图层，将其拖至面板底部的"创建新图层" **■** 按钮上，复制一个"杯子 拷贝"图层，如图8.297所示。

⑤ 选中"杯子 拷贝"图层，单击面板上方的"锁定透明像素" **■** 按钮，将透明像素锁定，将图像填充为黑色，填充完成之后再次单击此按钮将其解除锁定，如图8.298所示。

图8.297 复制图层　　　　图8.298 填充颜色

⑥ 在"图层"面板中，选中"杯子 拷贝"图层，将图层混合模式改为"柔光"，单击面板底部的"添加图层蒙版" **■** 按钮，为其图层添加图层蒙版，如图8.299所示。

07 选择工具箱中的"画笔工具" ✏，在画布中单击鼠标右键，在弹出的面板中选择一种圆角笔触，将"大小"更改为150像素，"硬度"更改为0%，如图8.300所示。

图8.299 添加图层蒙版

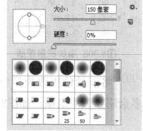

图8.300 设置笔触

08 将前景色更改为黑色，在其图像上部分区域涂抹将其隐藏，如图8.301所示。

图8.301 隐藏图像

8.14.4 绘制杯盖效果

01 选择工具箱中的"钢笔工具" ✏，在选项栏中单击"选择工具模式" [路径 ÷] 按钮，在弹出的选项中选择"形状"，将"填充"更改为白色，"描边"更改为无，在图形顶部位置绘制一个杯盖形状的不规则图形，此时将生成一个"形状1"图层，如图8.302所示。

图8.302 绘制图形

02 在"图层"面板中，选中"形状1"图层，单击面板底部的"添加图层样式" fx 按钮，在菜单

中选择"描边"命令，在弹出的"图层样式"对话框中将"大小"更改为1像素，"颜色"更改为深黄色（R：136，G：107，B：85），如图8.303所示。

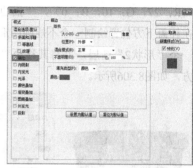

图8.303 设置描边

03 勾选"渐变叠加"命令，在弹出的"图层样式"对话框中将"渐变"更改为黄色（R：107，G：80，B：58）到深黄色（R：47，G：28，B：14）到黄色（R：105，G：82，B：64）到深黄色（R：20，G：8，B：2）到黄色（R：107，G：80，B：58），"角度"更改为0度，如图8.304所示。

图8.304 设置渐变叠加

04 勾选"投影"复选框，将"不透明度"更改为60%，取消"使用全局光"复选框，"角度"更改为90度，"距离"更改为4像素，"大小"更改为8像素，完成之后单击"确定"按钮，如图8.305所示。

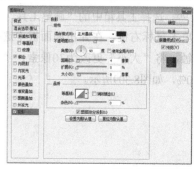

图8.305 设置投影

315

⑤　选择工具箱中的"钢笔工具" ✐，在选项栏中单击"选择工具模式" 路径◆ 按钮，在弹出的选项中选择"形状"，将"填充"更改为深黄色（R：27，G：10，B：0），"描边"更改为无，在杯盖下方位置绘制一个不规则图形，此时将生成一个"形状2"图层，并将其移至"杯子"图层下方，如图8.306所示。

图8.306 绘制图形

⑥　在"图层"面板中的"形状1"组图层样式名称上单击鼠标右键，从弹出的快捷菜单中选择"创建图层"命令，此时将生成"'形状1'的渐变填充""'形状1'的外描边"及"'形状1'的投影"图层，如图8.307所示。

图8.307 创建图层

⑦　在"图层"面板中，选中"'形状1'的投影"图层，单击面板底部的"添加图层蒙版" 按钮，为其图层添加图层蒙版，如图8.308所示。

⑧　选择工具箱中的"画笔工具" ✐，在画布中单击鼠标右键，在弹出的面板中选择一种圆角笔触，将"大小"更改为30像素，"硬度"更改为0%，如图8.309所示。

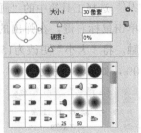

图8.308 添加图层蒙版　　　　图8.309 设置笔触

⑨　将前景色更改为黑色，在杯盖区域外涂抹将多余阴影效果隐藏，如图8.310所示。

图8.310 隐藏图像

⑩　选择工具箱中的"钢笔工具" ✐，在选项栏中单击"选择工具模式" 路径◆ 按钮，在弹出的选项中选择"形状"，将"填充"更改为白色，"描边"更改为无，在杯盖顶部位置绘制一个不规则图形，此时将生成一个"形状3"图层，将"形状3"移至"杯子"图层下方，如图8.311所示。

图8.311 绘制图形

⑪　在"图层"面板中，选中"形状3"图层，单击面板底部的"添加图层样式" fx 按钮，在菜单中选择"渐变叠加"命令，在弹出的"图层样式"对话框中将"渐变"更改为黄色（R：107，G：80，B：58）到深黄色（R：47，G：28，B：14）到黄色（R：105，G：82，B：64）到深黄色（R：20，G：8，B：2）到黄色（R：107，G：80，B：58），

"角度"更改为0度，完成之后单击"确定"按钮，如图8.312所示。

图8.312 设置渐变叠加

⑫ 同时选中除"背景"之外的所有图层，按Ctrl+G组合键将其编组，此时将生成一个"组1"组，如图8.313所示。

图8.313 将图层编组

8.14.5 添加杯子高光和倒影

① 选择工具箱中的"矩形工具" ，在选项栏中将"填充"更改为白色，"描边"为无，在杯子左侧边缘位置绘制一个矩形，此时将生成一个"矩形1"图层，适当旋转，如图8.314所示。

图8.314 绘制图形

② 选中"矩形1"图层，执行菜单栏中的"滤镜"|"模糊"|"高斯模糊"命令，在弹出的"高斯模糊"对话框中将"半径"更改为10像素，完成之后单击"确定"按钮，如图8.315所示。

图8.315 设置高斯模糊

③ 选中"矩形1"图层，将其图层混合模式更改为柔光，执行菜单栏中的"图层"|"创建剪贴蒙版"命令，为当前图层创建剪贴蒙版，将部分图像隐藏，如图8.316所示。

图8.316 创建剪贴蒙版

④ 以同样的方法绘制图形，为图形添加高光效果，如图8.317所示。

图8.317 绘制图形添加高光

技巧与提示

选中绘制的图形，直接按Ctrl+F组合键即可为图形添加高斯模糊效果，创建高光效果所需图像。

⑤ 同时选中除"背景"图层之外所有图层按Ctrl+G组合键将其编组，将生成的组名称更改为"立体效果"，如图8.318所示。

⑥ 在"图层"面板中，选中"立体效果"组，将其拖至面板底部的"创建新图层" ▣ 按钮上，复制一个"立体效果 拷贝"组，选中"立体效果"组按Ctrl+E组合键将其合并，此时将生成一个"立体效果"图层，如图8.319所示。

图8.318 将图层编组　　　图8.319 复制及合并组

⑦ 选中"立体效果"图层，在画布中按Ctrl+T组合键对其执行"自由变换"命令，将光标移至出现的变形框上单击鼠标右键，从弹出的快捷菜单中选择"垂直翻转"命令，完成之后按Enter键确认，再将图像与原图像底部对齐，如图8.320所示。

图8.320 变换图像

⑧ 在"图层"面板中，选中"立体效果"图层，单击面板底部的"添加图层蒙版" ▣ 按钮，为其图层添加图层蒙版，如图8.321所示。

⑨ 选择工具箱中的"渐变工具" ▣，编辑黑色到白色的渐变，单击选项栏中的"线性渐变" ▣ 按钮，在画布中其图像上从下至上拖动将部分图像隐藏，为包装制作倒影效果，如图8.322所示。

图8.321 添加图层蒙版　　　图8.322 隐藏图像

⑩ 选择工具箱中的"椭圆工具" ⬭，在选项栏中将"填充"更改为黑色，"描边"为无，在杯子底部绘制一个椭圆图形，此时将生成一个"椭圆1"图层，并将"椭圆1"移至"立体效果 拷贝"图层下方，如图8.323所示。

图8.323 绘制图形

⑪ 选中"椭圆 1"图层，执行菜单栏中的"滤镜"|"模糊"|"高斯模糊"命令，在弹出的"高斯模糊"对话框中将"半径"更改为3像素，完成之后单击"确定"按钮，再将其图层"不透明度"更改为80%，如图8.324所示。

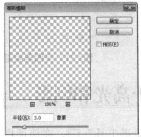 

图8.324 设置高斯模糊

⑫ 选中除"背景"之外所有图层，在画布中按住Alt+Shift组合键向右侧拖动将图像复制，如图8.325所示。

图8.325 复制图像

⑬ 同时选中除"背景"之外所有图层，按Ctrl+G组合键将其编组，将生成的组名称更改为"最终效果"，选中"最终效果"组将其拖至面板底部的"创建新图层" ▣ 按钮上，复制一个"最

终效果 拷贝"组，如图8.326所示。

图8.326 将图层编组并复制组

⑭ 在"图层"面板中，选中"最终效果 拷贝"组，将其图层混合模式设置为"叠加"，"不透明度"更改为30%，这样就完成了效果制作，最终效果如图8.327所示。

图8.327 最终效果

技巧与提示

设置图层混合模式的目的是让最终的展示效果立体感更强，可以根据实际的显示效果适当降低"最终效果 拷贝"组的不透明度。

8.15 本章小结

本章通过6个不同类型的包装案例讲解，详细讲解了包装设计的展开面与立体效果的制作方法，读者通过这些案例的学习，既可以掌握包装设计的设计技巧。

8.16 课后习题

经济全球化的今天，包装与商品已融为一体。包装作为实现商品价值和使用价值的手段，在生产、流通、销售和消费领域中，发挥着极其重要的作用，本章安排了3个课后习题供读者练习，以巩固包装设计的方法和技巧。

8.16.1 课后习题1——简约手提袋包装设计

本例讲解简约手提袋包装的设计制作，以浅灰色和绿色图形作为经典组合，整个正面效果十分简洁，文字与图形的结合完美地体现出简洁的特点，包装类展示效果的目的是通过将平面图像经过变换之后转换为立体图像，在视觉上形成一种十分直观的效果，最终效果如图8.328所示。

扫码看视频

图8.328 最终效果

素材位置 素材文件\第8章\简约手提袋
案例位置 案例文件\第8章\简约手提袋平面效果.ai、简约手提袋展示效果.psd
视频位置 多媒体教学\8.16.1 课后习题1——简约手提袋包装设计.avi
难易指数：★★★☆☆

步骤分解如图8.329所示。

图8.329 步骤分解图

8.16.2 课后习题2——巧克力包装设计

本例讲解巧克力包装的设计制作，食品类包装通常以体现食品的特点为制作重点，在本例中采用液体巧克力做背景，同时将巧克力图像与相

扫码看视频

319

对应的字体进行组合，整个最终效果透露着浓浓的"巧克力风味"，在展示效果制作过程中需要注意细节图像的处理，如阴影及高光的添加，同时在制作背景时采用液体巧克力图像也很好地衬托出包装主题，最终效果如图8.330所示。

图8.330 最终效果

素材位置　素材文件\第8章\巧克力包装
案例位置：案例文件\第8章\巧克力包装平面效果.ai、巧克力包装展示效果.psd
视频位置：多媒体教学\8.16.2 课后习题2——巧克力包装设计.avi
难易指数：★★☆☆☆

步骤分解如图8.331所示。

图8.331 步骤分解图

8.16.3 课后习题3——饼干包装设计

本例讲解饼干包装的设计制作，本例在设计上十分卡通化，以形象的卡通动物与实物饼干图像相结合，组合成一个简洁却十分可爱的包装效果，此款饼干以体现"酥脆"特点为主，所以在立体展示效果制作上采用与薯片包装相同的真空包装效果，在制作过程中表现出远近透视的视觉效果，最终展示效果如图8.332所示。

扫码看视频

图8.332 最终效果

素材位置　素材文件\第8章\饼干包装
案例位置：案例文件\第8章\饼干包装平面效果.ai、饼干包装展示效果.psd
视频位置：多媒体教学\8.16.3 课后习题3——饼干包装设计.avi
难易指数：★★★☆☆

步骤分解如图8.333所示。

图8.333 步骤分解图